Unsicherheit, Unschärfe
und rationales Entscheiden

Wirtschaftswissenschaftliche Beiträge

Informationen über die Bände 1–110 sendet Ihnen auf Anfrage gerne der Verlag.

Band 111: G. Georgi, Job Shop Scheduling in der Produktion, 1995. ISBN 3-7908-0833-4

Band 112: V. Kaltefleiter, Die Entwicklungshilfe der Europäischen Union, 1995. ISBN 3-7908-0838-5

Band 113: B. Wieland, Telekommunikation und vertikale Integration, 1995. ISBN 3-7908-0849-0

Band 114: D. Lucke, Monetäre Strategien zur Stabilisierung der Weltwirtschaft, 1995. ISBN 3-7908-0856-3

Band 115: F. Merz, DAX-Future-Arbitrage, 1995. ISBN 3-7908-0859-8

Band 116: T. Köpke, Die Optionsbewertung an der Deutschen Terminbörse, 1995. ISBN 3-7908-0870-9

Band 117: F. Heinemann, Rationalisierbare Erwartungen, 1995. ISBN 3-7908-0888-1

Band 118: J. Windsperger, Transaktionskostenansatz der Entstehung der Unternehmensorganisation, 1996. ISBN 3-7908-0891-1

Band 119: M. Carlberg, Deutsche Vereinigung, Kapitalbildung und Beschäftigung, 1996. ISBN 3-7908-0896-2

Band 120: U. Rolf, Fiskalpolitik in der Europäischen Währungsunion, 1996. ISBN 3-7908-0898-9

Band 121: M. Pfaffermayr, Direktinvestitionen im Ausland, 1996. ISBN 3-7908-0908-X

Band 122: A. Lindner, Ausbildungsinvestitionen in einfachen gesamtwirtschaftlichen Modellen, 1996. ISBN 3-7908-0912-8

Band 123: H. Behrendt, Wirkungsanalyse von Technologie- und Gründerzentren in Westdeutschland, 1996. ISBN 3-7908-0918-7

Band 124: R. Neck (Hrsg.) Wirtschaftswissenschaftliche Forschung für die neunziger Jahre, 1996. ISBN 3-7908-0919-5

Band 125: G. Bol, G. Nakhaeizadeh/ K.-H. Vollmer (Hrsg.) Finanzmarktanalyse und -prognose mit innovativen quantitativen Verfahren, 1996. ISBN 3-7908-0925-X

Band 126: R. Eisenberger, Ein Kapitalmarktmodell unter Ambiguität, 1996. ISBN 3-7908-0937-3

Band 127: M.J. Theurillat, Der Schweizer Aktienmarkt, 1996. ISBN 3-7908-0941-1

Band 128: T. Lauer, Die Dynamik von Konsumgütermärkten, 1996. ISBN 3-7908-0948-9

Band 129: M. Wendel, Spieler oder Spekulanten, 1996. ISBN 3-7908-0950-0

Band 130: R. Olliges, Abbildung von Diffusionsprozessen, 1996. ISBN 3-7908-0954-3

Band 131: B. Wilmes, Deutschland und Japan im globalen Wettbewerb, 1996. ISBN 3-7908-0961-6

Band 132: A. Sell, Finanzwirtschaftliche Aspekte der Inflation, 1997. ISBN 3-7908-0973-X

Band 133: M. Streich, Internationale Werbeplanung, 1997. ISBN 3-7908-0980-2

Band 134: K. Edel, K.-A. Schäffer, W. Stier (Hrsg.) Analyse saisonaler Zeitreihen, 1997. ISBN 3-7908-0981-0

Band 135: B. Heer, Umwelt, Bevölkerungsdruck und Wirtschaftswachstum in den Entwicklungsländern, 1997. ISBN 3-7908-0987-X

Band 136: Th. Christiaans, Learning by Doing in offenen Volkswirtschaften, 1997. ISBN 3-7908-0990-X

Band 137: A. Wagener, Internationaler Steuerwettbewerb mit Kapitalsteuern, 1997. ISBN 3-7908-0993-4

Band 138: P. Zweifel et al., Elektrizitätstarife und Stromverbrauch im Haushalt, 1997. ISBN 3-7908-0994-2

Band 139: M. Wildi, Schätzung, Diagnose und Prognose nicht-linearer SETAR-Modelle, 1997. ISBN 3-7908-1006-1

Band 140: M. Braun, Bid-Ask-Spreads von Aktienoptionen, 1997. ISBN 3-7908-1008-8

Band 141: M. Snelting, Übergangsgerechtigkeit beim Abbau von Steuervergünstigungen und Subventionen, 1997. ISBN 3-7908-1013-4

Fortsetzung auf Seite 233

Notburga Ott

Unsicherheit, Unschärfe und rationales Entscheiden

Die Anwendung von Fuzzy-Methoden in der Entscheidungstheorie

Mit 25 Abbildungen und 14 Tabellen

Springer-Verlag
Berlin Heidelberg GmbH

Reihenherausgeber
Werner A. Müller

Autor
Professorin Dr. Notburga Ott
Lehrstuhl für Sozialpolitik
und öffentliche Wirtschaft
Ruhr-Universität Bochum
44780 Bochum
Deutschland
E-mail: notburga.ott@ruhr-uni-bochum.de

ISSN 1431-2034
ISBN 978-3-7908-1337-1

Die Deutsche Bibliothek – CIP-Einheitsaufnahme
Ott, Notburga: Unsicherheit, Unschärfe und rationales Entscheiden: die Anwendung von Fuzzy-Methoden in der Entscheidungstheorie / Notburga Ott. – Heidelberg: Physica-Verl., 2001
(Wirtschaftswissenschaftliche Beiträge; Bd. 179)
ISBN 978-3-7908-1337-1   ISBN 978-3-642-57555-6 (eBook)
DOI 10.1007/978-3-642-57555-6

Dieses Werk ist urheberrechtlich geschützt. Die dadurch begründeten Rechte, insbesondere die der Übersetzung, des Nachdrucks, des Vortrags, der Entnahme von Abbildungen und Tabellen, der Funksendung, der Mikroverfilmung oder der Vervielfältigung auf anderen Wegen und der Speicherung in Datenverarbeitungsanlagen, bleiben, auch bei nur auszugsweiser Verwertung, vorbehalten. Eine Vervielfältigung dieses Werkes oder von Teilen dieses Werkes ist auch im Einzelfall nur in den Grenzen der gesetzlichen Bestimmungen des Urheberrechtsgesetzes der Bundesrepublik Deutschland vom 9. September 1965 in der jeweils geltenden Fassung zulässig. Sie ist grundsätzlich vergütungspflichtig. Zuwiderhandlungen unterliegen den Strafbestimmungen des Urheberrechtsgesetzes.

© Springer-Verlag Berlin Heidelberg 2001
Ursprünglich erschienen bei Physica-Verlag Heidelberg 2001
Die Wiedergabe von Gebrauchsnamen, Handelsnamen, Warenbezeichnungen usw. in diesem Werk berechtigt auch ohne besondere Kennzeichnung nicht zu der Annahme, daß solche Namen im Sinne der Warenzeichen- und Markenschutz-Gesetzgebung als frei zu betrachten wären und daher von jedermann benutzt werden dürften.

Umschlaggestaltung: Erich Kirchner, Heidelberg

SPIN 10783430   88/2202-5 4 3 2 1 0 – Gedruckt auf säurefreiem und alterungsbeständigem Papier

INHALT

1 Einleitung — 1

Teil I: Grundlagen der Fuzzy-Mathematik

2 Charakterisierung der Fuzzy-Methode — 10

3 Fuzzy-Mengen-Theorie — 14
  3.1 Basisbegriffe — 14
  3.2 Operationen für Fuzzy-Mengen — 18
    3.2.1 Maximum- und Minimumoperator — 18
    3.2.2 t-Normen und t-Conormen — 20
    3.2.3 Kompensatorische Operatoren — 32
  3.3 Erweiterungsprinzip und erweiterte Operatoren — 34
  3.4 Arithmetik bei Fuzzy-Zahlen und Fuzzy-Intervallen — 35

4 Fuzzy-Maßtheorie — 41
  4.1 Basisbegriffe — 41
  4.2 Sugeno's λ-Fuzzy-Maß — 44
  4.3 Zerlegbare Maße — 45
  4.4 Possibilitätsmaß — 58
  4.5 Untere und obere Wahrscheinlichkeiten — 63
  4.6 Zusammenhang der unscharfen Maße — 73

5 Zur Synthese von Fuzzy-Maß- und Fuzzy-Mengen-Theorie — 77
  5.1 Fuzzy-Menge als Äquivalenzklasse zufälliger Mengen — 77
  5.2 Fuzzy-Operatoren als Ausdruck unterschiedlicher Fuzzy-Maße — 86

6 Fuzzy-Relationen — 92

Schlußfolgerungen zu Teil I — 98

Teil II: Die Anwendung des Fuzzy-Ansatzes in der Entscheidungstheorie

7 Entscheidungen bei Unschärfe — 100

8 Wahlhandlungstheorie im Fuzzy-Kontext — 105
  8.1 Fuzzy-Präferenzrelationen — 106
    8.1.1 Interpretation von Fuzzy-Präferenzrelationen — 107
    8.1.2 Die Zerlegung einer schwachen Fuzzy-Präferenzrelation — 113
  8.2 Bestimmung von Auswahlfunktionen auf Präferenzrelationen — 122
    8.2.1 Existenz einer Fuzzy-Präferenzordnung — 122
    8.2.2 Auswahlfunktion und Auswahlmengen — 125
    8.2.3 Scharfe Auswahl bei Fuzzy-Präferenzen — 129

8.3 Unscharfe Nutzenbewertungen	131
8.3.1 Vorgehensweisen bei der Bestimmung von Rangfolgen	132
8.3.2 Rangordnungsverfahren	133
8.4 Unscharfer Erwartungsnutzen	147
8.4.1 Fuzzy-Zustände	148
8.4.2 Fuzzy-Erwartungswerte	149
8.4.3 Erwartete Zugehörigkeitswerte	150
8.4.4 Fuzzy-probabilistische Entscheidungen	151
8.4.5 Possibilistische Entscheidungsmodelle	151
8.4.6 Choquet-Erwartungsnutzen	153
8.5 Fuzzy-Optimierungsmodelle	159

9 Die Anwendung von Fuzzy-Ansätzen bei Social Choice Problemen   **165**

9.1 Aggregation von Fuzzy-Nutzen und Fuzzy-Präferenzrelationen	166
9.1.1 Aggregation von Fuzzy-Nutzen	166
9.1.2 Aggregation von Fuzzy-Präferenzrelationen	169
9.1.3 Fazit	171
9.2 Abstimmung über Verteilungen	173
9.3 Soziale Fuzzy-Präferenzrelation und Auswahlregel bei ordinalen individuellen Präferenzrelationen	176
9.4 Abstimmungen bei Unsicherheit	183

10 Zusammenfassung und Ausblick   **188**

11 Anhang   **191**

11.1 Notation	191
11.2 Maßtheoretische Definitionen	191
11.3 Die Frage nach subjektiver Einkommensbewertung im sozio-ökonomischen Panel	193
11.4 Beweis des Satzes: Archimedische Normen mit Nullteiler sind nilpotent	194
11.5 Archimedische t-Normen mit Nullteiler und konjugierte Funktionen	194
11.6 Bedingungen für die gleichzeitige t-Norm- und t-Conorm-Zerlegbarkeit von Fuzzy-Maßen	197
11.6.1 Nicht gleichzeitig t-Norm- und t-Conrom-zerlegbare Fuzzy-Maße	197
11.6.2 Gleichzeitig t-Norm- und t-Conrom-zerlegbare Fuzzy-Maße	198
11.7 Strikte Präferenzrelation und Indifferenzrelation mit unterschiedlichen Vernüpfungsoperatoren anhand des Beispiels	201
11.8 Fuzzy-Indifferenz- und strikte Fuzzy-Präferenzrelation	204
11.8.1 Ausgangspunkt: strikte Fuzzy-Präferenz	204
11.8.2 Ausgangspunkt: Fuzzy-Indifferenz	207
11.9 Programm zur Berechnung der "nächsten" scharfen Präferenzordnung	211
11.10 Berechnung des unteren Choquet-Integral für alle drei Individuen	215

12 Literatur   **217**

1 Einleitung

Wie Entscheidungen bei Ungewißheit getroffen werden, ist eine der Grundfragen der Ökonomie, da praktisch jedes menschliche Handeln ohne vollständige Sicherheit über die Folgen stattfindet. Entsprechend lange gibt es daher auch Versuche, dieses Verhalten in angemessener Weise in ökonomischen Modellen zu berücksichtigen, indem verschiedene Rationalitätskriterien entwickelt wurden, denen Entscheidungen bei Ungewißheit genügen sollen. Lange Zeit wurden dabei verschiedene Arten von Ungewißheit nebeneinander betrachtet, deren Extreme als Risiko bei Vorliegen von Wahrscheinlichkeiten und als Unsicherheit bei Fehlen jeglicher Information über Eintrittschancen von künftigen Zuständen bezeichnet wurden.[1] In den letzten Jahrzehnten hat sich jedoch das Erwartungsnutzenkonzept, dem unzweifelhaft ein überzeugendes Axiomensystem zugrunde liegt, als nahezu einziger Modellierungsrahmen für Entscheidungen bei Ungewißheit durchgesetzt, indem nämlich andere Arten von Ungewißheit, die nicht den Kriterien objektiver Wahrscheinlichkeiten genügen, durch das Konstrukt der subjektiven Wahrscheinlichkeiten ebenfalls dem Bernoulli-Prinzip unterworfen werden konnten.

Es gab jedoch immer Kritiker dieses Ansatzes, deren Anzahl in jüngerer Zeit wieder wächst. Ansätze der sogenannten "beschränkten Rationalität" nehmen in der ökonomischen Literatur mittlerweile einen breiten Raum ein. Allerdings handelt es sich dabei um eine Vielzahl von verschiedenen Ansätzen[2], die größtenteils nur die Kritik am Erwartungsnutzenkonzept gemeinsam haben. Diese Kritik entspringt der Tatsache, daß das beobachtbare Entscheidungsverhalten von Menschen in einigen Bereichen systematisch vom Erwartungsnutzenkonzept abweicht.

An dieser Kritik setzen auch die sogenannten Fuzzy-Entscheidungsmodelle an, die in jüngster Zeit vermehrt in der ökonomischen Literatur zu finden sind. Angesichts der Erfolge der Fuzzy-Logik beim Einsatz in der Regelungstechnik greifen auch viele Ökonomen zu dem neuen, intuitiv einsichtigen und vergleichbar leicht handhabbaren Instrumentarium, was allerdings, um es gleich vorweg zu nehmen, vielfach unreflektiert geschieht und teilweise zu Modellierungen führt, die schon vom Ansatz her abgelehnt werden müssen. Das größere Problem liegt jedoch in der mangelnden Vergleichbarkeit der Ansätze mit traditionellen Modellen, die eine Bewertung der neuen Konzepte sehr erschweren. Allein die Tatsache, daß ein in vieler Hinsicht bewährtes Instrumentarium wie das Erwartungsnutzenkonzept ein Verhalten postuliert, das in einigen Bereichen systematisch von beobachtbarem Verhalten abweicht, genügt noch nicht als Nachweis, daß ein beliebiges anderes Modellierungsinstrument, das in einigen spezifischen Fällen reales Verhalten besser abzubilden vermag, generell Vorteile aufweist und daher vorzuziehen ist. Hier fehlen bislang geeignete Kriterien, die eine vergleichende Bewertung ermöglichen. Zur Entwicklung solcher Kriterien beizutragen, ist Anliegen der vorliegenden Arbeit.

---

[1] Ausführliche Diskussionen der verschiedenen Ungewißheitsarten und der vielfältigen Vorschläge, entsprechende Entscheidungskriterien zu entwickeln sind z.B. noch bei Gäfgen (1963) und Krelle (1968) zu finden. Die Einengung zumindest auf die beiden Extreme Risiko und Unsicherheit war jedoch bereits offensichtlich. So schreibt Schneeweiß (1967: 24): "doch scheinen die Minimax- und die Bayes-Regel (bzw. das mit dieser zusammenhängende Bernoulli-Prinzip...) den anderen den Rang abgelaufen zu haben und in einem scharfen Wettstreit miteinander zu liegen."

[2] Ein systematischer Überblick ist z.B. bei Fishburn (1988) zu finden.

Um die Ansatzpunkte einer Fuzzy-Entscheidungstheorie aufzuzeigen, sei zunächst noch einmal auf die Problematik des Erwartungsnutzenkonzepts zurückgegangen. Ohne hier auf die grundsätzliche Schwierigkeit der Unterscheidbarkeit von objektiven und subjektiven Wahrscheinlichkeiten eingehen zu wollen, wird in Abgrenzung zu objektivistischen Deutungen von "Wahrscheinlichkeit", die auf einem empirische Daten erzeugenden Zufallsprozeß basieren, von den Vertretern der subjektivistische Konzeption, den sog. Bayesianern, unterstellt, daß Individuen ihr Vertrauen in eine ungewisse Situation durch ihre Wettbereitschaft ausdrücken.[3] Dabei wird vielfach das "Prinzip des unzureichenden Grundes" zur Begründung der Existenz subjektiver Wahrscheinlichkeiten herangezogen. So schlägt z.B. Sinn (1980: 1B) vor, mit diesem Prinzip alle Entscheidungen unter Ungewißheit auf Entscheidungen unter Risiko zu reduzieren, wobei er von folgenden Annahmen ausgeht:

- Sofern kein Grund vorliegt, einen Zustand gegenüber einem anderen für wahrscheinlicher zu halten, sind äquivalente Wahrscheinlichkeiten angebracht.

- Gibt es jedoch solche Gründe, so besteht zumindest eine Vorstellung über die Verteilung der in Frage kommenden Wahrscheinlichkeiten, die wieder als Wahrscheinlichkeitsverteilung angegeben werden kann.

Damit läßt sich eine Hierarchie der Wahrscheinlichkeiten über mehrere Stufen bis hin zu dem Punkt aufstellen, an dem keine begründeten Vorstellungen über die Verteilung bestehen. Dann kann wieder das Prinzip des unzureichenden Grundes angewendet werden.

Hierbei stellen sich nun folgende Fragen:

- Ist der Entscheider tatsächlich in der Lage, exakte Wahrscheinlichkeitsverteilungen höherer Ordnung anzugeben? Oder handelt es sich nicht um pure Approximationen, und der Entscheider kann eigentlich zwischen verschiedenen, ähnlichen Verteilungen gar nicht diskriminieren? Für die Berechnung des Risikos über mehrere Stufen hinweg kann dies aber einen erheblichen Unterschied ausmachen.

- Ist das "Prinzip des unzureichenden Grundes" aus normativer Sicht tragfähig? Ist es "rational", zwei Situationen indifferent gegenüber zu stehen, wenn in der einen bekannt ist, daß die Zustände mit gleicher Wahrscheinlichkeit eintreten, und in der anderen völlige Unkenntnis über die Eintrittswahrscheinlichkeit herrscht?

Gegen eine positive Beantwortung dieser Fragen sprechen eine Reihe empirisch beobachtbarer Verhaltensweisen, die als Verhaltensanomalien bekannt sind, obwohl sie systematisch, d.h. bei jeweils einer Mehrzahl von Versuchspersonen auftreten.[4]

---

[3] Zur Diskussion unterschiedlicher Wahrscheinlichkeitskonzepte und der Unterscheidbarkeit von objektiven und subjektiven Wahrscheinlichkeiten siehe z.B Fine (1973), Sinn (1980), Weatherford (1982), French (1986) und Borovcnik (1992).

[4] Für eine umfassende Diskussion von Verhaltensanomalien vgl. z.B. Eichenberger (1992).

Geht man weiterhin davon aus, daß, sofern objektive Wahrscheinlichkeiten für den Eintritt verschiedener Zustände existieren, rationale Entscheider sich gemäß dem Erwartungsnutzenkonzept verhalten, und daß der Entscheider eine Nutzenfunktion mit neoklassischen Eigenschaften - abnehmendem Grenznutzen oder, was bei Unsicherheit damit äquivalent ist, Risikoaversion - besitzt, so können die Verhaltensanomalien bedeuten, daß

- die subjektiven Bewertungen der unsicheren Zustände nicht den Anforderungen von Wahrscheinlichkeitsmaßen genügen,
  oder
- die Individuen nicht den Erwartungsnutzen maximieren.

Nun erscheinen subjektive Wahrscheinlichkeiten dann plausibel, wenn Zustände vorliegen, die mit Ergebnissen von Häufigkeitsauszählungen bewertet werden können, oder für die ein Zufallsprozeß unterstellt weren kann (frequentistische Begründung). Ist dies nicht der Fall, so handelt es sich um reine subjektive Bewertungen. Hier stellt sich dann die Frage, ob diese das Additivitätskriterium erfüllen, wie es ein Wahrscheinlichkeitsmaß voraussetzt.

Sofern Personen nicht den Erwartungsnutzen maximieren, kann dies bedeuten, daß sie entweder keine Maximierung des Nutzens anstreben, sondern ein anderes Entscheidungskriterium nehmen, oder daß sie sich bei ihrer Entscheidung nicht nur am Erwartungswert orientieren. Dies kann z.B. der Fall sein, wenn das Axiom der "Reduktion von zusammengesetzten Lotterien" verletzt ist, bzw. wenn das Risiko in die Nutzenfunktion nicht linear eingeht.

Dies soll kurz an einem der populärsten Paradoxa, dem sogenannten Ellsberg-Paradoxon diskutiert werden.

Beispiel: Ellsberg-Paradoxon

Das nach einem Experiment von Ellsberg (1961) so genannte Ellsberg-Paradoxon ist folgendermaßen gekennzeichnet: Es existiert ein Urne mit 90 Kugeln, wovon 30 die Farbe rot und 60 die Farbe blau oder gelb besitzen. Aus dieser Urne wird eine Kugel gezogen. Der Proband soll auf eine Farbe wetten, wobei er die Wahl zwischen zwei möglichen Auszahlungen hat, und zwar entweder die Wahl zwischen Spiel A und B oder zwischen Spiel C und D. Die Auszahlungen sind dabei folgendermaßen festgelegt:

	Auszahlung bei Ziehung einer Kugel der Farbe		
	rot	blau	gelb
Spiel A	100	0	0
Spiel B	0	0	100
Spiel C	100	0	100
Spiel D	0	100	100

In Experimenten zeigt sich, daß die Mehrheit aller Probanten Spiel A dem Spiel B, aber Spiel D dem Spiel C vorzieht.

Nun existiert für die Ziehung einer roten Kugel eine objektive Wahrscheinlichkeit, die sich aus der bekannten Verteilung über rote und nicht rote Kugeln in der Urne ergibt. Werden Wahrscheinlichkeiten mit $p(\ )$ und die Farben mit dem jeweiligen Anfangsbuchstaben gekennzeichnet, so gilt demnach

$$p(r) = \frac{1}{3}.$$

Für die Ziehung einer gelben oder blauen Kugel existieren keine objektiven Wahrscheinlichkeiten, da die Verteilung unbekannt ist. Im Erwartungsnutzenansatz werden jedoch subjektive Wahrscheinlichkeiten nach dem Prinzip des unzureichenden Grundes unterstellt:

$$p(b) = p(g) = \frac{1}{3}.$$

Spiel A und B wären damit äquivalente Spielsituationen ebenso wie Spiel C und D. Nach dem Erwartungsnutzenkonzept müßten daher die Spiele jeweils gleich bewertet werden, d.h. die Personen müßten indifferent sein.

Die beiden oben genannten Möglichkeiten zur Erklärung eines davon abweichenden Verhaltens lassen sich nun folgendermaßen erläutern:

a) Nicht mit subjektiven Wahrscheinlichkeiten bewertete Gewinnchancen:

Die Präferierung des Spieles A gegenüber Spiel B bedeutet, daß die Gewinnchancen im Spiel B geringer eingeschätzt werden, d.h. die Chance, eine gelbe Kugel zu ziehen, wird kleiner eingeschätzt als die Chance der Ziehung einer roten Kugel. Das gleiche gilt auch für eine Wette auf die Ziehung einer blauen Kugel. Wird die Bewertung der Chancen mit einem Maß $\mu(\ )$ ausgedrückt, so gilt

$$\mu(g) < \mu(r) \quad \text{und} \quad \mu(b) < \mu(r).$$

Weiterhin folgt aus der Präferierung des Spieles D gegenüber Spiel C eine Bewertung der Gewinnchancen

$$\mu(r \cup g) < \mu(b \cup g).$$

Da in jedem Spiel immer eine der drei Farben gezogen wird, gilt weiterhin

$$\mu(r \cup b \cup g) = 1.$$

Geht man nun davon aus, daß für Spiel A und Spiel D als Bewertung ein Wahrscheinlichkeitsmaß angebracht ist, da sich für das Eintreten des Gewinnereignisses aus der bekannten Anzahl der roten Kugeln in der Urne objektive Wahrscheinlichkeiten ableiten lassen, so gilt:

$$\mu(r) + \mu(b \cup g) = \mu(r \cup b \cup g) = 1.$$

Dann folgt aber mit den obigen Ungleichungen

$$\mu(b) + \mu(r \cup g) < 1 = \mu(r \cup b \cup g),$$

d.h. die Bewertung in Spiel B und C, also in den Situationen, in denen keine objektiven Wahrscheinlichkeiten existieren, erfüllt nicht die Additivitätsbedingung eines Wahrscheinlichkeitsmaßes.

b) Verletzung eines der Axiome der Erwartungsnutzentheorie:

Geht man davon aus, daß die Spieler für die Verteilung der 60 gelben und blauen Kugeln in der Urne verschiedene Verteilungen (60b, 59b+1g, 58b+2g, ... 1b+59g, 60g) für möglich halten, und nach dem Prinzip des unzureichenden Grundes allen die gleiche Wahrscheinlichkeit $1/60$ zuordnen, so kann das Spiel als eine zusammengesetzte Lotterie von 60 verschiedenen Spielen betrachtet werden. Der Erwartungswert einer so zusammengesetzten Lotterie ist dann identisch mit dem eines einfachen Spieles mit gleicher Anzahl gelber und blauer Kugeln. Werden aber die Einzelspiele zwischen den einzelnen Stufen mit ihren jeweiligen Nutzen bewertet, so ergibt sich bei einer konkaven Nutzenfunktion eine geringere Bewertung für die zusammengesetzte Lotterie.

Dies soll für eine vereinfachte, aber analoge Situation beschrieben werden (vgl. Abbildung 1.1). Man unterscheide zwei Spiele, die folgendermaßen gekennzeichnet sind:

Spiel 1: Lotterie mit $p=0.5$ für die beiden Auszahlungen x_0 und x_1

Spiel 2: Lotterie mit $p=0.5$ über
  zwei Lotterien mit $p_1 = 0.2$ bzw. $p_2 = 0.8$ für die Auszahlung x_1 und $1 - p_i$ für x_0

Wird im Spiel 2 entsprechend dem Reduktionsaxiom der Erwartungsnutzentheorie zuerst das zu der zusammengesetzten Lotterie äquivalente einfache Spiel bestimmt und dann die Nutzenbewertung vorgenommen, so sind beide Spiele identisch.

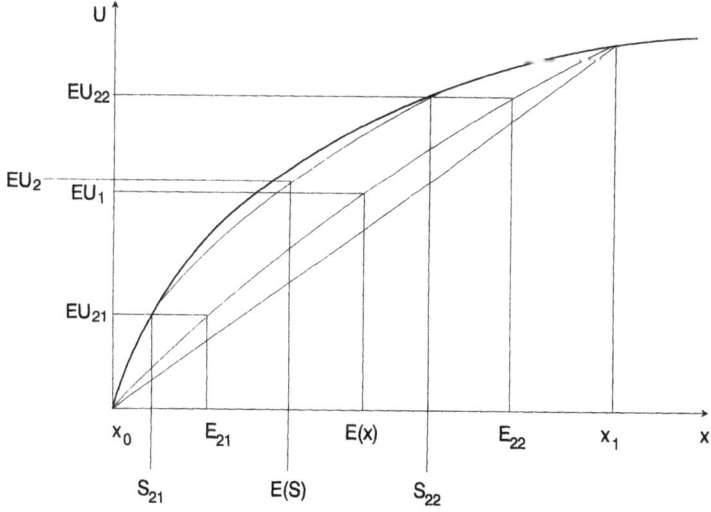

Abbildung 1.1: Zusammengesetzte Lotterie mit im Risiko nicht-linearer Nutzenfunktion

Wird aber in Spiel 2 jede Lotterie der Stufe 1 zuerst bewertet und die Lotterie auf Stufe 2 als Lotterie über die Sicherheitsäquivalente aufgefaßt, so ergibt sich bei einer nicht-linearen Berücksichtigung der "Wahrscheinlichkeiten" ein anderer "Erwartungsnutzen":

Sei $u(p;x)$ eine im Risiko nicht-lineare Nutzenfunktion mit konkaver Güterbewertungsfunktion $v(x)$, für die gilt $f(u(p;x),u(q;y)) \geq p \cdot v(x) + q \cdot v(y)$. Dann ergibt sich für den Erwartungsnutzen des zweiten Spiels:

$$\begin{aligned}
EU_2 &= f\big(u(0.5;S_{21}),u(0.5;S_{22})\big) \quad &\text{Spiel 2}\\
&\geq 0.5v(S_{21}) + 0.5v(S_{22})\\
&= 0.5v\big(v^{-1}\big(f(u(0.2;x_1),u(0.8;x_0))\big)\big) + 0.5v\big(v^{-1}\big(f(u(0.8;x_1),u(0.2;x_0))\big)\big)\\
&\geq 0.5v\big(v^{-1}\big(0.2v(x_1) + 0.8v(x_2)\big)\big) + 0.5v\big(v^{-1}\big(0.8v(x_1) + 0.2v(x_2)\big)\big)\\
&= 0.5\big(0.2v(x_1) + 0.8v(x_0)\big) + 0.5\big(0.8v(x_1) + 0.2v(x_0)\big)\\
&= 0.5 \cdot v(x_1) + 0.5 \cdot v(x_0)\\
&\leq f\big(u(0.5;x_1),u(0.5;x_0)\big) = EU_1 \quad &\text{Spiel 1}
\end{aligned}$$

Die Erwartungsnutzen EU_1 und EU_2 der beiden Spiele sind damit im allgemeinen nicht identisch, außer wenn

$$f(u(p;x),u(q;y)) = p \cdot v(x) + q \cdot v(y)$$

gilt, was die normale Linearitätsbedingung des Erwartungsnutzenkonzeptes ist.

An diesen beiden Problemtypen setzen nun auch die Ansätze der beschränkten Rationalität an, die daher im Prinzip in zwei Gruppen unterteilt werden können[5], in

- Ansätze, die zwar von der Existenz von Wahrscheinlichkeiten ausgehen, aber das Prinzip der Erwartungsnutzenmaximierung in Frage stellen. Bei diesen Ansätzen werden einzelne der von Neumann-Morgenstern-Axiome aufgegeben und durch schwächere Anforderungen ersetzt;

- Ansätze, die die Ungewißheit über zukünftige Zustände nicht mittels Wahrscheinlichkeiten berücksichtigen, sondern hier geringere Informationsanforderungen stellen.

---

[5] Teilweise lassen sich die Ansätze ineinander überführen, was man sich ebenfalls an Abbildung 1.1 verdeutlichen kann. Die nicht-lineare Verknüpfung der beiden zu berücksichtigenden Nutzenwerte ergibt sich sowohl bei direkter Verwendung von nicht-additiven Wahrscheinlichkeiten als auch bei Abschwächung einzelner Rationalitätskriterien, die letztlich eine Verzerrung der Wahrscheinlichkeiten zur Folge haben. Solche "verzerrte Wahrscheinlichkeiten" können dann als Transformationen von Wahrscheinlichkeiten in nicht-additive Wahrscheinlichkeiten dargestellt werden. Zu diesen Ansätzen zählen z.B. die Prospekt-Theorie (Kahneman/Tversky 1979), die Theorie des antizipierten Nutzens (Quiggin 1982), die Rangplatzabhängige Erwartungsnutzentheorie (Yaari 1987, Wakker 1991) und die Regret-Theorie (Loomes/Sudgen 1982).

Andere Ansätze schwächen jedoch die Rationalitätsaxiome in anderer Weise ab, was sich nicht mehr als einfache Verzerrung der Wahrscheinlichkeiten darstellen läßt. Hierzu gehören Ansätze der Anspruchsanpassungstheorie (Sauermann/Selten 1962) und die SSB-Nutzentheorie (Fishburn 1984).

Fuzzy-Methoden erheben nun den Anspruch, vage Informationen angemessen modellieren zu können, womit sie für Entscheidungsmodelle der zweiten Gruppe prädestiniert zu sein scheinen. In der Tat beschäftigt sich auch ein Großteil der Arbeiten mit der Modellierung der Ungewißheit über künftige Zustände oder künftige Handlungsergebnisse mittels der Fuzzy-Mathematik. Allerdings sind damit die Anwendungsmöglichkeiten der Fuzzy-Mathematik im Bereich der Entscheidungstheorie noch nicht erschöpft. Verschiedene Ansätze zeigen Ansatzpunkte zur Verallgemeinerung des Erwartungsnutzenkonzeptes auf, die teilweise einigen Ansätzen der beschränkten Rationalität der ersten Gruppe sehr nahe kommen und teilweise auch völlig neue Gesichtspunkte ansprechen.

Was nun insbesondere die Modellierung von künftigen unsicheren Zuständen betrifft, scheint es seit einiger Zeit fast einen Ideologiestreit zwischen Bayesianern und Fuzzy-Mathematikern zu geben. Während die Euphorie über ein neues und einfach zu handhabendes Instrumentarium manche Vertreter von Fuzzy-Methoden deren Nähe zu traditionellen stochastischen Verfahren übersehen läßt, bezeichnen Vertreter einer extremen bayesianischen Position die Fuzzy-Mathematik, sofern sie überhaupt formal konsistent formuliert ist, als schlichtweg überflüssig, da alle entsprechenden Probleme mit stochastischem Instrumentarium besser gelöst werden könnten. So schreibt z.B. Walley (1991: 266): "Fuzzy decision analysis may be seen as an elaboration of Bayesian sensitivity analysis, but it does not appear to add anything useful to sensitivity analysis. On the contrary, fuzzy analysis may obscure the decision problem, by adding second-order structure which is difficult to assess and whose meaning is unclear. The simpler structure of upper and lower previsions seems conceptually clearer, more realistic as a description of imprecise reasoning, and much better justified, through coherence and the behavioural interpretation."

Sofern es sich nun tatsächlich um formal äquivalente Modelle handelt, scheint die Art der Interpretation eher eine Geschmacksfrage zu sein. Mathematiker und Statistiker mögen eine probabilistische Interpretation vielleicht anschaulich finden. Ob man dies verallgemeinern darf, ist jedoch fraglich. Sofern eine Interpretation mit Fuzzy-Mengen intuitiv anschaulicher ist, mag nämlich allein dies schon ein Grund sein, den Fuzzy-Ansatz vorzuziehen.

Schwerwiegender dürfte jedoch ein anderes Argument sein. Selbst wenn der probabilistische und der Fuzzy-Ansatz prinzipiell zu äquivalenten Modellen führen, so legen die unterschiedlichen Herangehensweisen doch unterschiedliche Arten der Modellierung nahe. Zwar ist es richtig, daß man mit dem probabilistischen Ansatz Vagheit mit entsprechenden Intervallen modellieren kann, was aber in der praktischen Anwendung nicht versucht wird, weil es mathematisch kaum handhabbar ist. Literatur im Rahmen der Entscheidungstheorie, bei der eine Bayesianische Sensitivitätsanalyse durchgeführt wird, ist nicht zu finden[6]. Üblicherweise wird mit Erwartungswerten gearbeitet, so als seien es exakte Wahrscheinlichkeiten. Und meistens werden dabei mathematisch sehr einfache Wahrscheinlichkeitsverteilungen wie Normal- oder Exponentialverteilung verwendet, obwohl vom theoretischen Konzept her natürlich jede Form der Wahrscheinlichkeitsverteilung möglich ist. Dies bedeutet, daß in der praktischen Anwendung mit dem probabilistischen Ansatz ein ganz bestimmter Modellierungsansatz nahegelegt wird.

---

[6] Zumindest ist der Autorin keine entsprechende Literatur bekannt.

In ähnlicher Weise legt - wie in dieser Arbeit gezeigt wird - auch die Modellierung mittels Fuzzy-Mengen eine bestimmte, andere Art der Modellbildung nahe. So werden, auch aus Gründen der mathematisch leichten Handhabbarkeit, häufig Fuzzy-Zahlen oder Fuzzy-Intervalle mit stückweise linearen Zugehörigkeitsfunktionen bevorzugt, was konzeptionell der Annahme einer bestimmten Verteilungsannahme im probabilistischen Ansatz entspricht, inhaltlich jedoch völlig andere Implikationen haben kann.

In der Auseinandersetzung um die Vorteilhaftigkeit des einen oder des anderen Ansatzes werden dann die jeweils typischen Vorgehensweisen des bayesianischen und des Fuzzy-Ansatzes miteinander verglichen und deren Defizite von den Vertretern der jeweils anderen Richtung kritisiert. Dies erscheint jedoch unzulässig, solange keine brauchbaren Vergleichskriterien existieren. Um solche zu entwickeln, ist es notwendig, die prinzipielle Äquivalenz der Ansätze nicht nur zu postulieren, sondern die äquivalente Formulierung auch durchzuführen, um die Vorgehensweise des jeweils anderen Ansatzes im Rahmen der eigenen Theorie inhaltlich interpretieren zu können. Als Bindeglied zwischen beiden theoretischen Ansätzen erweisen sich dabei die sogenannten zufälligen Mengen, die zweifelsohne auf einem probabilistischen Ansatz beruhen, aber mittels der verwendeten mehrwertigen Abbildungen Topologien erzeugen, die formal mit Fuzzy-Mengen identisch sind und in diesem Sinne interpretiert werden können.

Anliegen der vorliegenden Arbeit ist es, einen Beitrag zur Entwicklung solcher Vergleichskriterien zu leisten. Dazu wird zunächst im ersten Teil das mathematische Instrumentarium der Fuzzy-Mengen- und Fuzzy-Maßtheorie vorgestellt und die Verbindungen zwischen beiden, soweit sie in der Literatur bereits erarbeitet sind, dargelegt und weiterentwickelt. Obwohl sich das mathematische Theoriegebäude in beiden Bereichen noch als sehr unzureichend darstellt, läßt sich doch das Potential der Fuzzy-Mathematik als übergreifendes Instrumentarium erkennen, mit dem Fuzzy-Mengen maßtheoretisch und Fuzzy-Maße im Sinne von Fuzzy-Mengen interpretiert werden können. Mit einer maßtheoretischen Interpretation von Fuzzy-Mengen wird dann im zweiten Teil der Arbeit eine vergleichende Analyse von verschiedenen entscheidungstheoretischen Ansätzen im Fuzzy-Kontext versucht. Obwohl man hier noch weit davon entfernt ist, eine Entscheidungstheorie im Fuzzy-Kontext anzubieten, da insbesondere eine angemessene Verallgemeinerung der Rationalitätskriterien noch aussteht, lassen sich doch erste Anwendungen einer solchen weicheren Modellierung aufzeigen. Diese erscheinen insbesondere im Bereich der Social Choice-Theorie fruchtbar, wo im Rahmen der klassischen Entscheidungstheorie letztlich vor allem Unmöglichkeitstheoreme nachgewiesen werden, die aber zur konkreten Entscheidungsunterstützung wenig hilfreich sind. Hier deutet sich ein großes Potential der Fuzzy-Mathematik an, dessen Umsetzung allerdings sicher noch vieler Forschungsarbeit bedarf.

Teil I:

Grundlagen der Fuzzy-Mathematik

2 Charakterisierung der Fuzzy-Methode

Die Fuzzy-Mathematik erfreut sich in jüngster Zeit zunehmender Beachtung. Vor allem im Bereich der Regelungstechnik aber auch der künstlichen Intelligenz finden Fuzzy-Methoden bereits vielfach Anwendung. Zunehmend findet man aber auch in der wirtschaftswissenschaftlichen Literatur, insbesondere im Bereich des Operations Research Fuzzy-Entscheidungs- und Optimierungsansätze. Dabei sind eine Vielzahl von Begriffen wie Fuzzy-Logic, Fuzzy-Mengen, Fuzzy-Control, Fuzzy-Regelung, Fuzzy-Steuerung, Fuzzy-Datenanalyse etc. zu finden. Teils handelt es sich dabei um Begriffe aus dem theoretischen Bereich der sog. Fuzzy-Mathematik, teils um Begriffe aus derem Anwendungsbereich. Um zur Klärung der Begriffsverwirrung beizutragen, sollen daher zunächst die theoretischen Gundlagen des Fuzzy-Ansatzes dargestellt werden.

Die Fuzzy-Mathematik hat drei Wurzeln: die Fuzzy-Logik, die Fuzzy-Mengenlehre und die Fuzzy-Maßtheorie. Alle drei Bereiche stellen sich dabei als Verallgemeinerung der jeweils klassischen Teilgebiete der Mathematik dar.

Zeitlich am weitesten zurück reicht die *Fuzzy-Logik*, die auf den in den 20er Jahren von Lukasiewicz veröffentlichten Arbeiten zur mehrwertigen Logik basiert, aber historisch noch ältere Wurzeln hat[7]. Im Gegensatz zur klassischen Logik wird die Zweiwertigkeit aufgegeben[8], d.h. daß es neben den Wahrheitswerten "wahr" und "falsch" ein Kontinuum von Quasiwahrheitswerten gibt, die eine Wertigkeit von mehr oder weniger wahr ausdrücken.[9] Wie bei der klassischen Logik werden für alle Junktoren wie Konjunktion, Disjunktion, Negation und Implikation sogenannte Wahrheitswertfunktionen definiert, wobei unterschiedliche Zuordnungsvorschriften gebräuchlich sind.[10] Die auf der Basis der Fuzzy-Logik fußenden Inferenzregeln werden als Methoden des "approximativen Schlusses" bezeichnet, die vor allem bei technischen Reglern und im Bereich der Künstlichen Intelligenz Anwendung finden.[11]

Obwohl offensichtlich in der Praxis einige dieser Inferenzmechanismen sehr erfolgreich eingesetzt werden, erscheint der theoretische Hintergrund teilweise noch etwas unzureichend, insbesondere was die Auswahl der zu verwendenden Operatoren betrifft. Während für Konjunktion und Disjunktion üblicherweise Operatoren verwendet werden, die als weiter unten noch zu definierende t-Normen angesehen werden können und damit einer maßtheoretischen Interpretation zugänglich sind, existiert für die Implikation eine Vielzahl von Operatoren, deren Konstruktion teilweise sehr heuristisch anmutet. Daher ist es nicht verwunderlich, daß die gemeinsame Auswahl aller Junktoren häufig inkonsistent erscheint und verschiedenen Kriterien für Inferenzverfahren nicht genügt. Allerdings ist dabei anzumerken, daß

---

7 Vgl. zur Entwicklung der mehrwertigen Logik Gottwald (1989: Kap. 1.2).

8 Das Extensionalitätsprinzip, d.h. daß der Wahrheitswert einer Aussage ausschließlich von den Wahrheitswerten der Teilaussagen abhängt, wird dagegen beibehalten. Vgl. zu Ansätzen einer Logik, die das Extensionalitätsprinzip aufweicht, insbesondere auch in Verbindung mit mehrwertiger Logik, Kreiser u.a. (1990).

9 Vgl. zu einer ausführlichen mathematischen Darstellung Gottwald (1989).

10 Vgl. z.B. Böhme (1993)

11 Vgl. zu einem Überblick neuerer Fuzzy-Technologien Zimmermann (1993).

selbst über den Katalog der zu fordernden Kriterien in der Literatur bislang keine Einigkeit herrscht.[12] In der praktischen Anwendung haben sich jedoch einige der Inferenzverfahren deutlich bewährt, so daß in absehbarer Zeit eine Schließung dieser Theorielücke erwartet werden darf.

Der Ursprung der *Fuzzy-Mengentheorie* ist in den 60er Jahren zu finden. Vor allem die Arbeiten von Zadeh (1965), aber auch von Klauda (1965) und Goguen (1969) waren grundlegend für die weitere Entwicklung.[13] Die Fuzzy-Mengentheorie stellt eine Verallgemeinerung der Mengenlehre dar und basiert auf der Fuzzy-Logik, indem die Idee der Mehrwertigkeit auf die Zugehörigkeit eines Elements zu einer Menge übertragen wird. Mit einer derartigen Verallgemeinerung der charakteristischen Funktion, auch Zugehörigkeitsfunktion genannt, wird ein "gleitender Übergang" zwischen einer Menge und deren Komplement modelliert. Für die Fuzzy-Mengentheorie ist mittlerweile eine umfangreiche Arithmetik entwickelt worden, die auf den Grundoperationen der Durchschnitts-, Vereinigungs- und Komplementbildung beruht. Für diese Grundoperationen existieren eine Vielzahl von unterschiedlichen Operatoren, die im folgenden Abschnitt dargestellt werden. Die für Fuzzy-Mengen entwickelte Arithmetik wird zu weiten Teilen wieder auf die Fuzzy-Logik übertragen, indem wie auch im klassischen Fall die logischen Junktoren Konjunktion, Disjunktion und Negation wie die Mengenoperationen Vereinigung, Durchschnitt und Komplement behandelt werden.

Als jüngstes Teilgebiet der Fuzzy-Mathematik bleibt noch die *Fuzzy-Maßthoerie* zu nennen, deren Anfänge in den 70er Jahren durch die Arbeiten von Sugeno[14] gelegt wurden. Allerdings lassen sich auch hier frühere Arbeiten finden, die der Idee von "nicht-additiven" verallgemeinerten Maßen nachgingen.[15] Sie sind vor allem unter den Namen "Choquet-Kapazitäten", "upper and lower probabilities" und "Belief-Funktionen" bekannt. Wie bei der klassischen Maßtheorie geht es auch bei den Fuzzy-Maßen darum, den Teilmengen einer gegebenen Grundmenge Maße zuzuordnen, die bestimmten Anforderungen genügen. Im Vergleich zur klassischen Maßtheorie wird dabei lediglich die Forderung nach Additivität durch eine schwächere Forderung ersetzt. Allerdings ist die Fuzzy-Maßtheorie noch weit davon entfernt, ein geschlossenes Theoriegebäude zu liefern.[16] Insbesondere beschränkt sich ein Großteil der Theoreme bislang auf endliche Grundgesamtheiten. Jedoch scheint die Fuzzy-Maßtheorie das Potential einer umfassenden mathematischen Fundierung verschiedenster Ansätze der Modellierung unsicheren Wissens zu besitzen.

---

[12] Vgl. hierzu die Diskussion bei Dubois/Prade (1991), Böhme (1993: Kap. 8.9), Zimmermann (1993: Kap. 2.4.2) und Kruse et al. (1993: Kap. 2.7 und 3.6.2).

[13] Vgl. zur Entwicklung Bandemer/Gottwald (1993: Kap. 1.2).

[14] Siehe z.B. Sugeno (1977).

[15] Zu nennen sind hier vor allem Choquet (1953), Shackle (1953), Strassen (1964), Dempster (1967), Shafer (1976).

[16] Den aktuellen Stand der Forschung dokumentieren z.B. Wang/Klir (1992).

	Fuzzy-Logik	Fuzzy-Mengentheorie	Fuzzy-Maßtheorie
Beschreibung	vage Bewertung von Aussagen bzgl. ihres Wahrheitsgehaltes	vage Bewertung von Elementen bzgl. ihrer Zugehörigkeit zu einer Menge	vage Inhaltsbestimmung von Teilmengen einer Grundgesamtheit
$\mu: M \to [0,1]$	Wahrheitswertfunktion	charakteristische Funktion, Zugehörigkeitsfunktion	Fuzzy-Maß, nichtadditives Maß, Choquet-Kapazität
$\mu(\,.\,)$	Wahrheitswert einer Aussage	Zugehörigkeitswert eines Elements zu einer Menge	Bewertung von Teilmengen einer Grundgesamtheit
Grundoperatoren	$\wedge, \vee, \neg$	$\cap, \cup, C$	$\mu(A \cap B), \mu(A \cup B)$

Der Zusammenhang zwischen den drei Teilbereichen der Fuzzy-Mathematik kann nun folgendermaßen charakterisiert werden. Die Fuzzy-Logik ist zunächst einmal vor allem als Verallgemeinerung der Aussagenlogik zu verstehen. Einzelnen Aussagen werden mittels der Wahrheitswertfunktion Werte zwischen 0 und 1 zugewiesen, die den Wahrheitsgehalt der Aussage bewerten. Die Fuzzy-Mengentheorie betrachtet dagegen sogenannte "unscharfe Mengen", für deren Elemente es unterschiedliche Grade der Zugehörigkeit zu dieser Menge gibt, die ebenfalls zwischen 0 und 1 liegen. Diese Zugehörigkeitsgrade zur Fuzzy-Menge werden den einzelnen Elementen der Grundgesamtheit mittels der charakteristischen Funktion zugewiesen. Der Zusammenhang zur Fuzzy-Logik besteht nun wie im klassischen zweiwertigen Fall über die Prädikatenlogik. Unter dem Umfang eines Prädikats (bzw. eines Begriffs) wird dabei die Klasse aller derjenigen Objekte verstanden, auf die jenes Prädikat zutrifft. Diese Klasse kann direkt als Menge im Sinne der Mengenlehre betrachtet werden. Ganz analog lassen sich auch Fuzzy-Mengen als Umfang von mehrwertigen Prädikaten, d.h. vagen Begriffen, interpretieren.[17] Die Zugehörigkeitswerte der Elemente entsprechen dann den Wahrheitswerten der Aussage, das Prädikat treffe auf das Element zu.[18]

Nach wie vor ist jedoch, zumindest aus theoretischer Sicht, nicht befriedigend geklärt, was die Zugehörigkeitswerte nun bedeuten und wie sie ermittelt werden können.[19] Gottwald (1989: 340) schreibt: "der Übergang zu unscharfen Mengen als Umfängen unscharfer Begriffe gestattet zwar, Grenzfälle des Zutreffens eines Begrif-

---

[17] Vgl. Gottwald (1989: Kap. 4.1 und 5.8).

[18] So läßt sich z.B. ein Wahrheitswert von 0,5 der Aussage "x gehört zur Menge Y" als Zugehörigkeitsgrad 0,5 von Element x zur Menge Y interpretieren.

[19] Vgl. zu einem Überblick über die theoretischen Ansätze und einige empirische Aquisitionsverfahren Turksen (1991), sowie Dubois/Prade (1980a: Kap. IV.1.B) zu empirischen Verfahren.

fes dadurch zu modellieren, daß jenen Grenzfällen ein 'zwischen' wahr und falsch gelegener Enthaltenseinswert im (verallgemeinerten) Begriffsumfang zugeordnet wird, aber welcher Wert dies sein soll, ist damit noch nicht geklärt und wird durch die bisherige Theorie auch nicht aufgezeigt."

Hier lassen sich nun einige Interpretationsmöglichkeiten durch den Zusammenhang zur Fuzzy-Maßtheorie aufzeigen. Wenn sich in Anlehnung an den gewöhnlichen Inhaltsbegriff Fuzzy-Maße als vage Inhaltsbestimmung von Teilmengen einer Grundgesamtheit auffassen lassen, so kann das einer Einermenge zugeordnete Fuzzy-Maß als Zugehörigkeitswert des in der Einermenge enthaltenen Elements zu einer Fuzzy-Menge angesehen werden. Insbesondere wird damit für die unterschiedlichen Operatoren der Arithmetik auf Fuzzy-Mengen eine einheitliche maßtheoretische Interpretation möglich, die eine vergleichende Analyse erlaubt. Dies soll vor allem in den nachfolgenen Abschnitten dargelegt werden.

3 Fuzzy-Mengen-Theorie

3.1 Basisbegriffe

Daß es sich bei der Fuzzy-Mathematik um ein relativ junges Gebiet handelt, dem noch kein allgemein akzeptiertes, geschlossenes theoretisches Grundgerüst zugrunde liegt, zeigt sich bereits bei der Notation und der Abgrenzung der Begriffe, die in der Literatur in unterschiedlichen Varianten zu finden sind. Wir wollen uns hier an die Notation halten, die am weitesten verbreitet ist. Eine Fuzzy-Menge wird dabei definiert als eine Menge geordneter Tupel von Elementen einer Grundmenge und den jeweils zugehörigen Funktionswerten, die angeben, zu welchem Grad diese Elemente der unscharf abgegrenzten Teilmenge angehören.[20]

Definition 3-1:

Ist X eine klassische Menge, so heißt die Menge der geordneten Tupel

$$\tilde{A} = \{(x, \mu_A(x)) | x \in X\} \quad \text{mit} \quad \mu_A : X \to [0,1]$$

unscharfe Menge auf X oder *Fuzzy-Menge auf X* (*fuzzy set in X*).

Die Bewertungsfunktion μ_A heißt *Zugehörigkeitsfunktion* (*membership function*), *charakteristische Funktion* oder *Kompatibilitätsfunktion*.

Der mittels dieser Funktion einem Element zugewiesene Wert $\mu_A(x)$ wird *Zugehörigkeitswert* oder *Zugehörigkeitsgrad* genannt.

Beispiel: Einkommensbewertung

Betrachtet man beispielsweise den Begriff "hohes Einkommen", wie er bei Analysen zur Einkommensverteilung häufig verwendet wird, so wurde er nach Umfrageergebnissen in der ersten Hälfte der 90er Jahre auf monatliche Nettoeinkommen von

---

[20] Einige Autoren (z.B. Terano et al. 1992) bezeichnen nur diese Teilmenge als Fuzzy-Menge, andere (z.B. Kruse et al. 1993; Novák 1986; Kaufmann/Gupta 1988) ausschließlich die Zuordnungsfunktion, die den Grad der Zugehörigkeit angibt. Obgleich die erste dieser Abgrenzungen der intuitiven Interpretation einer unscharfen Menge als Verallgemeinerung von klassischen Mengen am nächsten kommt, hat die Darstellung als Menge geordneter Tupel den Vorteil einer formal kompakten Schreibweise in bekannter mathematischer Notation, was der Klarheit und Unmißverständlichkeit dient, da stets betrachtetes Element und zugehöriger Funktionswert gleichzeitig benannt werden müssen. Die andere Definition, bei der die Zugehörigkeitsfunktion als Fuzzy-Menge bezeichnet wird, ist zwar sicherlich mathematisch präzise, insbesondere da die gesamte Arithmetik auf Fuzzy-Mengen eine Arithmetik eben dieser Zugehörigkeitsfunktionen ist, sie widerspricht aber der intuitiven Bedeutung des Begriffs "Menge", die auch dann vorhanden ist, wenn klar ist, daß gerade keine klassische Menge im mathematischen Sinne gemeint ist. Daher kann eine derartige Definition leicht zu Mißverständnissen führen. Weitere Darstellungen, für die teilweise neue Notationen entwickelt wurden (wie die Summen- bzw. Integraldarstellung, siehe z.B. Zadeh 1972), haben sich jedoch nicht durchgesetzt.

etwa DM 5000.- und mehr angewendet[21]. Zur Abgrenzung der Menge aller "hohen Einkommen" muß dann genau ein DM-Betrag, z.B. 5000.- festgelegt werden, ab dem ein Einkommen als "hoch" bezeichnet wird. Liegt das Einkommen jedoch nur einen Pfennig unter dieser Grenze, wird es genauso als "nicht hoch" angesehen wie eines, das mehrere hundert DM unter dieser Grenze liegt. Für Verteilungsanalysen mag dieser Unterschied aber u.U. sehr bedeutsam sein. Dies gilt umso mehr, als die Schwellenwerte zur Abgrenzung der verschiedenen Einkommensklassen ohne allgemein verbindliche Kriterien festgelegt werden müssen, womit eine gewisse Willkür unvermeidlich ist.

Im Gegensatz dazu wird bei einer "unscharfen Menge" ein gleitender Übergang modelliert. Die Werte um jenen Schwellenwert herum werden nur zu einem bestimmten Grad als der Menge der "hohen Einkommen" zugehörig angesehen. Erst wenn die Einkommen den Schwellenwert um einen gewissen Betrag übersteigen, gelten sie als sicher der Menge zugehörig. Die charakteristische Funktion hat für diese Elemente wie im klassischen Fall den Wert 1. Umgekehrt zählen Einkommen, die in einem bestimmten Abstand unter dem Schwellenwert liegen, sicher nicht zur Menge der "hohen Einkommen". Sie erhalten den Zugehörigkeitswert 0. Im Zwischenbereich nimmt die charakteristische Funktion Werte zwischen 0 und 1 an, wobei der Zugehörigkeitswert mit steigendem Einkommen zunimmt. In Abbildung 3.1 sind die charakteristischen Funktionen sowohl der klassischen Menge wie einer Fuzzy-Menge abgebildet.

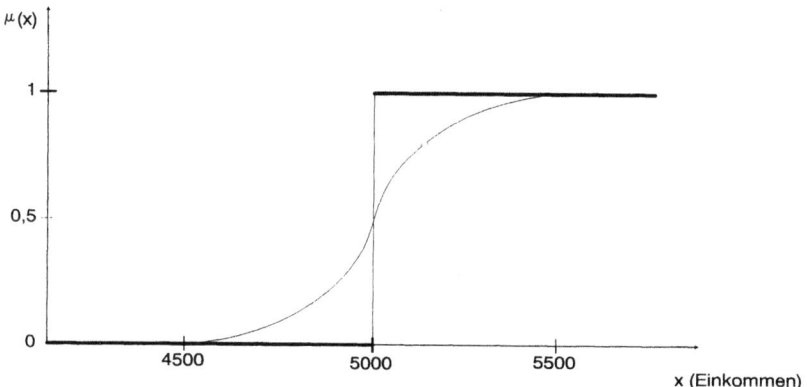

Abbildung 3.1: Charakteristische Funktion einer klassischen Menge und einer Fuzzy-Menge "hohe Einkommen"

---

[21] In der 9. Welle des Sozio-ökonomischen Panels von 1992 wird für die Einkommenklasse, die als "sehr gut" angesehen wird, durchschnittlich der Wert von DM 5124.- angegeben (vgl. zur genauen Fragestellung Anhang 11.3). Da es sich dabei um die obere Randkategorie handelt, die nach oben hin offen ist, kann dieser Wert als Schwellenwert interpretiert werden, ab dem etwa Einkommen als "sehr gut" angesehen werden.

Betrachtet man nur die Elemente der Grundmenge X, die positive Zugehörigkeitsgrade zur Fuzzy-Menge aufweisen, so lassen sich weitere Begriffe abgrenzen.

Definition 3-2:

Als *stützende Menge* oder *Träger* von $\tilde{A}$ bezeichnet man die Menge

$$S(\tilde{A}) = \{x \in X | \mu_A(x) > 0\},$$

als α-*Niveau-Menge* oder α-*Schnittmenge* die Menge

$$A_\alpha = \{x \in X | \mu_A(x) \geq \alpha\}$$

und als *Kern* von $\tilde{A}$ die Menge

$$A_K = \{x \in X | \mu(x) = 1\}.$$

Im obigen Beispiel der "hohen Einkommen" gehören demnach zum Träger von $\tilde{A}$ alle Einkommen ab DM 4500.-, zur α-Niveau-Menge für α=0.5 alle Einkommen ab DM 5000.- und zum Kern alle Einkommen ab DM 5500.- .

Definition 3-3:

Eine unscharfe Menge $\tilde{A}$ heißt *konvex*, wenn

$$\mu_A(\lambda x_1 + (1-\lambda)x_2) \geq \min(\mu_A(x_1), \mu_A(x_2)) \quad \forall x_1, x_2 \in X \quad \forall \lambda \in [0,1].$$

Die *Höhe* einer unscharfen Menge $\tilde{A}$ ist das Supremum der Zugehörigkeitswerte

$$\text{hgt}(\tilde{A}) = \sup_{x \in X} \mu_A(x).$$

Eine unscharfe Menge $\tilde{A}$ mit $\text{hgt}(\tilde{A}) = 1$ heißt *normalisiert*.

Definition 3-4

Eine konvexe, normalisierte unscharfe Menge $\tilde{A}$ auf $\mathbb{R}$ heißt *Fuzzy-Intervall*, wenn gilt
1) $\exists\, m_1, m_2 \in \mathbb{R}: m_1 < m_2 \;\wedge\; \mu(x) = 1 \quad \forall x \in [m_1, m_2]$
2) $\mu(x)$ ist stückweise stetig.

Ein Fuzzy-Intervall heißt *Fuzzy-Zahl*, wenn gilt

$\exists$ genau ein x_o mit $\mu(x_o) = 1$.

Definition 3-5:

Eine unscharfe Menge $\tilde{B}$ heißt *Teilmenge* von $\tilde{A}$, wenn gilt:

$$\tilde{B} \subseteq \tilde{A} \;\Leftrightarrow\; \mu_B(x) \leq \mu_A(x) \quad \forall x \in X.$$

Ein m-Tupel $(\tilde{A}_1, ..., \tilde{A}_m)$ von unscharfen Mengen heißt *Fuzzy-Partition*, wenn gilt

$$\sum_{i=1}^{m} \mu_{A_i}(x) = 1 \quad \forall x \in X.$$

Die Mengen $\tilde{A}_i$ $i = 1,...,m$ heißen dann *orthogonal*.

Beispiel: Einkommensbewertung

Bleibt man beim Beispiel der subjektiven Einkommensklassifizierung, so stellen die Fuzzy-Mengen für die einzelnen Einkommensgruppen außer den Randkategorien, die nach einer Seite offen sind, Fuzzy-Intervalle dar. Während jedoch bei klassischer Modellierung durch die Kategorien "sehr schlecht" bis "sehr gut" eine disjunkte Zerlegung der Menge aller Einkommen definiert wird, existieren bei der Fuzzy-Modellierung Elemente, die mehreren Fuzzy-Mengen angehören. Die stützenden Mengen der jeweiligen Fuzzy-Mengen haben also Überlappungsbereiche, deren Elemente jeweils zu einem geringeren Grad als 1 zwei der Einkommenskategorien zugewiesen werden. In Abbildung 3.2 sind die Kategorien der Frage zur subjektiven Einkommensbewertung aus dem Sozio-ökonomischen Panel (vgl. Anhang 11.3) als Fuzzy-Mengen dargestellt.

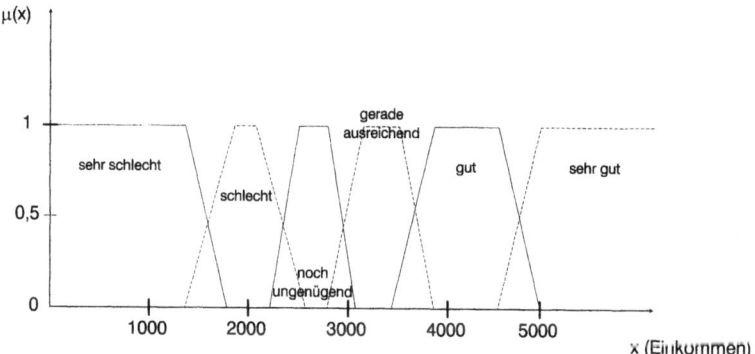

Abbildung 3.2: Fuzzy-Repräsentation subjektiver Einkommensbewertung

Bei diesem Beispiel wird durch die Fuzzy-Mengen eine sogenannte "linguistische Variable" beschrieben, die dadurch gekennzeichnet ist, daß die Ausprägungen keine Werte, sondern sprachliche Terme sind. Dies gilt für viele Begriffe, wie sie in der Alltagssprache verwendet werden und durchaus zur Verständigung und auch zur Entscheidungsfindung genügen. Sie sind häufig nicht scharf abgegrenzt und können mit Fuzzy-Mengen angemessen modelliert werden.

Insbesondere bei der Erhebung von empirischen Daten ist es vielfach nur mit linguistischen Variablen möglich, die gewünschte Information zu erfragen. Ein Beispiel aus dem Bereich der Wirtschaftsforschung sind hier die Fragen des Konjunkturtests des Ifo-Instituts. Hier wird der überwiegende Teil der Fragen mit solch unscharfen Kategorien abgefragt wie z.B.: "zu klein", "ausreichend", "zu groß" oder "eher günstiger", "etwa gleich", "eher ungünstig" (vgl. Anhang 11.3).

Auch bei wirtschaftspolitischen Entscheidungen hat man es vielfach mit derartigen unscharfen Begriffen zu tun. So sind z.B. die im Stabilitätsgesetz festgelegten Ziele äußerst vage formuliert: "Stabilität des Preisniveaus", "hoher Beschäftigungsstand", "außenwirtschaftliches Gleichgewicht" und "stetiges und angemessenes Wachstum". Diese Begriffe sind zwar alle quantitativ operationalisierbar, jedoch ist es in der Praxis nahezu unmöglich, hier genaue scharfe Zielwerte vorzugeben.

3.2 Operationen für Fuzzy-Mengen

Für Fuzzy-Mengen ist mittlerweile eine umfangreiche Arithmetik[22] entwickelt worden, die wie auch im klassischen Fall auf den Basisoperationen Durchschnitts-, Vereinigungs- und Komplementbildung basieren. Hier existieren eine Vielzahl unterschiedlicher Operatoren, die mittlerweile in dem übergreifenden Konzept der sogenannten t-Norm-basierten Operatoren integriert wurden. Die ursprünglich von Zadeh (1965) vorgeschlagene Methode ist jedoch die Verwendung von Minimum- und Maximumoperatoren, die im Rahmen der Fuzzy-Mathematik unter verschiedensten Gesichtspunkten eine herausragende Stellung besitzen.

3.2.1 Maximum- und Minimumoperator

Definition 3-6:

Seien $\tilde{A}$ und $\tilde{B}$ unscharfe Mengen auf X. Dann wird die *Fuzzy-Mengen-Vereinigung* definiert als

$$\tilde{D} := \tilde{A} \cap \tilde{B} \quad \text{mit} \quad \mu_D(x) = \min\{\mu_A(x), \mu_B(x)\} \quad \forall x \in X,$$

der *Fuzzy-Mengen-Durchschnitt* als

$$\tilde{C} := \tilde{A} \cup \tilde{B} \quad \text{mit} \quad \mu_C(x) = \max\{\mu_A(x), \mu_B(x)\} \quad \forall x \in X$$

und das *Fuzzy-Mengen-Komplement* als

$$\tilde{K} := \tilde{A}^C \quad \text{mit} \quad \mu_K(x) = 1 - \mu_A(x) \quad \forall x \in X.$$

Diese Operatoren haben gegenüber allen anderen den Vorteil, daß dafür nur ordinales Meßniveau der Zugehörigkeitsgrade notwendig ist, und damit relativ geringe Anforderungen an die Informationsbasis gestellt werden. Darüber hinaus gelten für diese Operatoren fast alle der klassischen Rechengesetze:

Kommutativität: $\tilde{A} \cup \tilde{B} = \tilde{B} \cup \tilde{A}$
$\tilde{A} \cap \tilde{B} = \tilde{B} \cap \tilde{A}$

Assoziativität: $(\tilde{A} \cup \tilde{B}) \cup \tilde{C} = \tilde{A} \cup (\tilde{B} \cup \tilde{C})$
$(\tilde{A} \cap \tilde{B}) \cap \tilde{C} = \tilde{A} \cap (\tilde{B} \cap \tilde{C})$

Idempotenz: $\tilde{A} \cup \tilde{A} = \tilde{A}$
$\tilde{A} \cap \tilde{A} = \tilde{A}$

Adjunktivität: $\tilde{A} \cap (\tilde{A} \cup \tilde{B}) = \tilde{A}$
$\tilde{A} \cup (\tilde{A} \cap \tilde{B}) = \tilde{A}$

---

[22] Vgl. zu ausführlicheren Darstellungen Rommelfanger (1988), Bandemer/Gottwald (1993) und Böhme (1993).

Distributivität: $\tilde{A} \cap (\tilde{B} \cup \tilde{C}) = (\tilde{A} \cap \tilde{B}) \cup (\tilde{A} \cap \tilde{C})$

$\tilde{A} \cup (\tilde{B} \cap \tilde{C}) = (\tilde{A} \cup \tilde{B}) \cap (\tilde{A} \cup \tilde{C})$

De Morgan'sche Gesetze: $(\tilde{A} \cap \tilde{B})^C = \tilde{A}^C \cup \tilde{B}^C$

$(\tilde{A} \cup \tilde{B})^C = \tilde{A}^C \cap \tilde{B}^C$

Allerdings gilt das Gesetz der Komplementarität nicht mehr, da es Überlappungen zwischen einer Fuzzy-Menge und ihrem Komplement gibt, sofern es sich nicht um den Spezialfall einer klassischen Menge handelt:

Für $\tilde{A} \neq \emptyset$ und $\tilde{A} \neq X$ gilt: $\tilde{A} \cap \tilde{A}^C \neq \emptyset$

$\tilde{A} \cup \tilde{A}^C \neq X$

Wird die Vereinigung oder der Durchschnitt über ganze Familien von unscharfen Mengen gebildet, so lassen sich Maximum- und Minimumoperator folgendermaßen verallgemeinern:

Definition 3-7:

Sei $(\tilde{A}_j)_{j \in J}$ eine Familie von Fuzzy-Mengen über der klassischen Menge J als Indexbereich. Die *allgemeine Vereinigung* ist dann definiert als

$$\tilde{C} := \bigcup_{j \in J} \tilde{A}_j \quad \text{mit} \quad \mu_C(x) = \sup_{j \in J} \mu_{A_j}(x) \quad \forall x \in X$$

und der *allgemeine Durchschnitt*

$$\tilde{D} := \bigcap_{j \in J} \tilde{A}_j \quad \text{mit} \quad \mu_C(x) = \inf_{j \in J} \mu_{A_j}(x) \quad \forall x \in X.$$

<u>Kritik an den *min-max*-Operatoren</u>

Vielfach wurde die Verwendung von *min-max*-Operatoren zur Durchschnitts- und Vereinigungsbildung mit dem Argument kritisiert, daß dabei intuitiv widersinnige Ergebnisse entstehen. So zeigt Hisdal (1986 und 1988) eine ganze Reihe von verschiedenen Problemen der *min-max*-Operatoren auf. Vor allem für die Verknüpfung von Fuzzy-Mengen, die von der Intention her zueinander komplementär sind, wie die Ausprägungen von linguistischen Variablen, macht die Verwendung von *min-max*-Operatoren für Durchschnitt und Vereinigung häufig keinen Sinn. Bildet man im obigen Beispiel der Einkommensklassifizierung die Vereinigungsmenge "hoch oder sehr hoch", so sollte man erwarten, daß dieser Fuzzy-Menge alle Einkommen mit Sicherheit angehören, die mindestens so hoch oder höher sind als die Einkommen mit Zugehörigkeitswert 1 zur Menge "hoch". Die Zugehörigkeitsfunktion bei Verknüpfung mit dem *max*-Operator hat aber folgende Gestalt, die zu der intuitiven Bedeutung der Vereininigungsmenge "hoch oder sehr hoch" im Widerspruch steht:

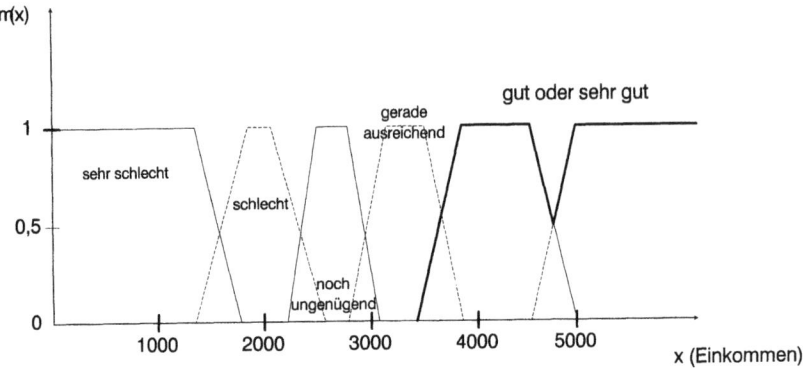

Abbildung 3.3: Unplausible Vereinigungsbildung mit max-Operator

3.2.2 t-Normen und t-Conormen

Neben diesen elementaren Fuzzy-Operatoren wurden von verschiedenen Autoren eine Reihe weiterer Verknüpfungsoperatoren vorgeschlagen, die verschiedene Nachteile der *min-max*-Operatoren vermeiden, jedoch durchweg ein kardinales Meßniveau verlangen. Es handelt sich dabei um die sogenannten t-Normen und t-Conormen, die die *min-max*-Operatoren als Spezialfall enthalten.

Das Konzept der t-Normen (triangular norms) ist ebenfalls älter als die Fuzzy-Mathematik und hat seine Wurzeln im Bereich der statistischen Verallgemeinerung von metrischen Räumen[23]. Bei diesem Konzept wird eine Funktion definiert, die bestimmte Anforderungen erfüllt. Da dies die Anforderungen sind, die sinnvollerweise an Mengenoperationen gestellt werden, ist es nicht erstaunlich, daß sich die Ansätze, die von verschiedenen Autoren zur Durchschnitts- und Vereinigungsbildung vorgeschlagen wurden, als spezielle t-Normen herausgestellt haben.[24]

Definition 3-8:

Unter einer *t-Norm* versteht man eine binäre Operation

$$t:[0,1] \times [0,1] \to [0,1],$$

für die gilt

$t(x,y) = t(y,x)$ \qquad Kommutativität

$t(t(x,y),z) = t(x,t(y,z))$ \qquad Assoziativität

---

[23] Erste Ansätze finden sich in den Arbeiten von Menger (1942) und Wald (1943). Allerdings wird hier der Begriff der t-Norm für eine allgemeinere Funktion verwendet, für die noch nicht Assoziativität gefordert wird und auch Eins- und Nullelement nicht definiert sind. Die Eigenschaften, anhand derer t-Normen heute definiert sind, wurden erstmals von Schweizer/Sklar (1960: 318) aufgestellt, die damit den sog. *Menger-Raum* definieren. Auch die Vektorintegration basiert auf diesem Konzept (vgl. Dvoretzky et al. 1951).

[24] Vgl. z.B. Weber (1983).

$x \leq y \Rightarrow t(x,z) \leq t(y,z)$ Monotonie

$t(x,1) = x, \quad t(x,0) = 0$ Eins- und Nullelement.

Unter einer *t-Conorm* (*s-norm*) versteht man die binäre Operation

$s:[0,1] \times [0,1] \to [0,1]$

mit

$s(x,y) = s(y,x)$ Kommutativität

$s(s(x,y),z) = s(x,s(y,z))$ Assoziativität

$x \leq y \Rightarrow s(x,z) \leq s(y,z)$ Monotonie

$s(x,0) = x, \quad s(x,1) = 1$ Eins- und Nullelement.

Wendet man eine t-Norm auf die charakteristischen Funktionen von Fuzzy-Mengen an, so läßt sich das Ergebnis als Zugehörigkeitswert zur Durchschnittsmenge der Fuzzy-Mengen interpretieren. Eine t-Conorm erzeugt dagegen die Vereinigungsmenge

$\tilde{C} = \tilde{A} \cup_s \tilde{B}$ mit $\mu_C(x) = s(\mu_A(x), \mu_B(x))$ $\forall x \in X$

$\tilde{D} = \tilde{A} \cap_t \tilde{B}$ mit $\mu_D(x) = t(\mu_A(x), \mu_B(x))$ $\forall x \in X$.

Für die Komplementbildung ist in der Literatur allerdings kaum eine vergleichbare Verallgemeinerung zu finden. Einige Autoren[25] versuchen, diese theoretische Lücke zu füllen mit der Definition einer Negationsfunktion, die in Verbindung mit einem t-Norm/t-Conorm-Paar Eigenschaften wie die De Morgan'schen Gesetze und die Komplementgesetze erfüllen.[26]

Definition 3-9:

Eine Funktion $c:[0,1] \to [0,1]$ heißt *Negation*, wenn gilt

$c(0) = 1$

$c(c(x)) = x$ Involution

c ist stetig

c ist streng monoton fallend.

Mittels einer solchen Negationsfunktion lassen sich dann eine t-Norm und eine t-Conorm so ineinander überführen, daß zusätzlich die De Morgan'schen Gesetze erfüllt sind:

$$s(x,y) = c(t(c(x),c(y))). \tag{3.1}$$

Sie werden zueinander "c-duale" Operatoren genannt, das Tripel (t, s, c) heißt *De Morgan-Tripel*.

---

[25] Zu nennen sind hier vor allem Trillas (1979), Alsina et al. (1980), Dubois/Prade (1982a), Dombi (1982) und Weber (1983).

[26] Zur allgemeinen Charakterisierung von "verallgemeinerten (Fuzzy-)Mengensystemen" als Tripel der Operatoren (C, ∩, ∪) siehe Goodman/Nguyen (1985: Kap. 2.3.6).

Die meisten in der Literatur vorgeschlagenen dualen t-Norm/t-Conorm-Paare basieren auf der Komplementbildung aus Definition 3-6: $c(x) = 1-x$. Sie werden meist einfach zueinander "dual" genannt. Die t-Conormen lassen sich dann gemäß (3.1) aus den t-Normen berechnen:

$$s(x,y) = 1 - t(1-x, 1-y). \qquad (3.2)$$

Teilweise wird (3.2) direkt zur Definition von t-Conormen verwendet[27], wodurch die Betrachtung von vorne herein auf solche Operationen-Paare beschränkt wird, die mit dem Fuzzy-Mengen-Komplement $c(x) = 1-x$ gebildet werden. Welche theoretischen Implikationen dies hat, ist bislang noch nicht systematisch untersucht worden.

---

[27] Insbesondere verwendeten Schweizer/Sklar (1961), die als erste den Begriff t-Conorm gebrauchen, die Gleichung (3.2) als Definition.

Tabelle 3-1: Zusammenfassung der wichtigsten t-Normen/t-Conormen

	t-Norm: "∩"-Operator	t-Conorm: "∪"-Operator
ordinal		
	$\min\{x,y\}$	$\max\{x,y\}$
kardinal		
algebraisch	$x \cdot y$	$x + y - xy$
beschränkt	$\max\{0, x+y-1\}$	$\min\{1, x+y\}$
drastisch	x falls $y=1$ y falls $x=1$ 0 sonst	x falls $y=0$ y falls $x=0$ 1 sonst
parametrisiert		
Hamacher (1978) $0 \leq \lambda < \infty$	$\dfrac{xy}{\lambda + (1-\lambda)(x+y-xy)}$	$\dfrac{x+y-(2-\lambda)xy}{1-(1-\lambda)xy}$
Yager (1980a) $0 < \lambda < \infty$	$1 - \min\left\{1, \left((1-x)^\lambda + (1-y)^\lambda\right)^{1/\lambda}\right\}$	$\min\left\{1, \left(x^\lambda + y^\lambda\right)^{1/\lambda}\right\}$
Weber (1983) $-1 < \lambda < \infty$	$\max\left\{0, \dfrac{x+y-1+\lambda xy}{1+\lambda}\right\}$	$\min\{1, x+y+\lambda xy\}$
Dubois/Prade (1980b/82) $0 < \lambda < 1$	$\dfrac{xy}{\max(x,y,\lambda)}$	$\dfrac{x+y-xy-\min(x,y,1-\lambda)}{\max(1-x,1-y,\lambda)}$
Frank (1979) $0 < \lambda < \infty, \lambda \neq 1$	$\log_\lambda\left[1 + \dfrac{(\lambda^x - 1)(\lambda^y - 1)}{\lambda - 1}\right]$	$1 - \log_\lambda\left[1 + \dfrac{(\lambda^{1-x} - 1)(\lambda^{1-y} - 1)}{\lambda - 1}\right]$
Dombi (1982) $0 < \lambda < \infty$	$\left(1 + \left(\left(\dfrac{1}{x}-1\right)^\lambda + \left(\dfrac{1}{y}-1\right)^\lambda\right)^{1/\lambda}\right)^{-1}$	$\left(1 + \left(\left(\dfrac{1}{x}-1\right)^{-\lambda} + \left(\dfrac{1}{y}-1\right)^{-\lambda}\right)^{-1/\lambda}\right)^{-1}$
Schweizer/Sklar (1963) $-\infty < \lambda < \infty, \lambda \neq 0$	$\max\left\{0, \left(x^\lambda + y^\lambda - 1\right)^{1/\lambda}\right\}$	$1 - \max\left\{0, \left((1-x)^\lambda + (1-y)^\lambda - 1\right)^{1/\lambda}\right\}$
ordinale Summe von t-Normen und t-Conormen (Climestcu 1946)		
I höchs. abzählb. Indexmenge $]a_i, b_i[\subset [0,1]$ $]a_i, b_i[\cap]a_j, b_j[= \emptyset$ $\forall i \neq j \in I$ t_i/s_i beliebige t-Norm/Conorm	$a_i + (b_i - a_i) t_i\left(\dfrac{x-a_i}{b_i - a_i}, \dfrac{y-a_i}{b_i - a_i}\right)$ wenn $x,y \in \,]a_i, b_i[$ für einige $i \in I$ $\min\{x,y\}$ sonst	$a_i + (b_i - a_i) s_i\left(\dfrac{x-a_i}{b_i - a_i}, \dfrac{y-a_i}{b_i - a_i}\right)$ wenn $x,y \in \,]a_i, b_i[$ für einige $i \in I$ $\max\{x,y\}$ sonst

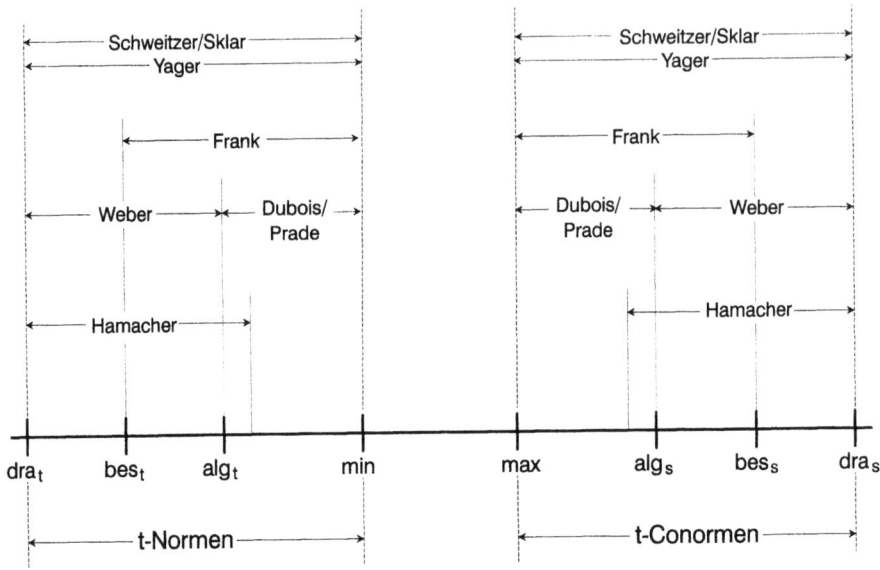

Abbildung 3.4: Laufbereiche ausgewählter t-Normen und t-Conormen

In Tabelle 3-1 sind die gebräuchlichsten t-Normen dargestellt, wobei mit Ausnahme der Weber'schen Operatoren[28] die hier genannten Paare zueinander dual sind, d.h. mit der Negation $c(x) = 1-x$ gebildet werden. Alle Operatoren erfüllen aufgrund der Definition 3-8 Kommutativität und Assoziativität und aufgrund der Bedingung (3.1) die De Morgan'schen Gesetze. Distributivität und Idempotenz gelten dagegen nur für die *min-max*-Operatoren. Auf ordinalem Meßniveau operieren nur die *min*- bzw. *max*-Operatoren. Alle anderen verlangen kardinales Meßniveau. Zu erwähnen ist noch, daß im Fall von klassischen Mengen, soweit sie hierfür definiert sind, alle t-Normen den klassischen Durchschnitt und alle t-Conormen die klassische Vereinigung liefern.

Die "algebraischen", "beschränkten" und "drastischen" Operatoren werden auch "Summe" für die Vereinigung und "Produkt" oder "Differenz" für den Durchschnitt genannt. Da der Zugehörigkeitswert im allgemeinen nicht mit einem der beiden Zugehörigkeitswerte μ_A oder μ_B identisch ist, sondern von beiden abhängt, werden diese Operatoren auch als "interaktive Verknüpfungen" bezeichnet.

---

[28] Bezüglich der Weber'schen Operatoren scheint in der Literatur einige Verwirrung zu herrschen, da sie vielfach auch von Autoren genannt werden, die sich auf "duale" t-Normen/Conormen-Paare beschränken, z.B. Böhme (1993: 54 u. 59) oder Bandemer/Gottwald (1993: 55), die auch den Laufbereich der Weber'schen t-Conorm falsch angeben. Obwohl Weber (1983: 123) explizit darauf aufmerksam macht, daß dieses Operationenpaar nicht zu jenen gehört, die sich durch das Fuzzy-Mengen-Komplement $C(x)=1-x$ ineinander überführen lassen, rührt die Verwirrung wohl daher, daß er selbst (ibid.: 125) eine t-Conorm andeutet, die diese Bedingung erfüllt. Diese ist bei Weber (1984a) und Kruse et al. (1993: 26) zu finden. Zu den in Tabelle 3-1 dargestellten Weber'schen Operatoren gehört die Negation $C(x)=(1-x)/(1+\lambda x)$.

Tabelle 3-2: Wichtige Grenzwerte parametrischer Operatoren

	$\lambda \to -\infty$	$\lambda = -1$	$\lambda = 0$	$\lambda = 1$	$\lambda \to \infty$
Hamacher					
t-Norm			$\frac{\text{alg}_t(x,y)}{\text{alg}_s(x,y)}$	$\text{alg}_t(x,y)$	$\text{dra}_t(x,y)$
t-Conorm			$\frac{\text{alg}_s(x,y) - \text{alg}_t(x,y)}{1 - \text{alg}_t(x,y)}$	$\text{alg}_s(x,y)$	$\text{dra}_s(x,y)$
Yager					
t-Norm			$\text{dra}_t(x,y)$	$\text{bes}_t(x,y)$	$\min(x,y)$
t-Conorm			$\text{dra}_s(x,y)$	$\text{bes}_s(x,y)$	$\max(x,y)$
Weber					
t-Norm		$\text{dra}_t(x,y)$	$\text{bes}_t(x,y)$		$\text{alg}_t(x,y)$
t-Conorm		$\text{alg}_s(x,y)$	$\text{bes}_s(x,y)$		$\text{dra}_s(x,y)$
Dubois/Prade					
t-Norm			$\min(x,y)$	$\text{alg}_t(x,y)$	
t-Conorm			$\max(x,y)$	$\text{alg}_s(x,y)$	
Frank					
t-Norm			$\min(x,y)$	$\text{alg}_t(x,y)$	$\text{bes}_t(x,y)$
t-Conorm			$\max(x,y)$	$\text{alg}_s(x,y)$	$\text{bes}_s(x,y)$
Schweizer/Sklar					
t-Norm	$\min(x,y)$		$\text{alg}_t(x,y)$	$\text{bes}_t(x,y)$	$\text{dra}_t(x,y)$
t-Conorm	$\max(x,y)$		$\text{alg}_s(x,y)$	$\text{bes}_s(x,y)$	$\text{dra}_s(x,y)$

Bezüglich der ersten vier Operatoren in Tabelle 3-1 lassen sich folgende Ordnungen angeben[29], die generell, d.h. für alle Kombinationen von $x, y \in [0,1]$ gelten:

$$\text{dra}_t(x,y) \leq \text{bes}_t(x,y) \leq \text{alg}_t(x,y) \leq \min(x,y) \tag{3.3}$$
$$\max(x,y) \leq \text{alg}_s(x,y) \leq \text{bes}_s(x,y) \leq \text{dra}_s(x,y).$$

Bei den Durchschnittsoperatoren liefert also der *min*-Operator immer den größten und der drastische Operator den kleinsten Wert, während es bei den Vereinigungsoperatoren genau umgekehrt ist, d.h. der *max*-Operator liefert den kleinsten und der drastische Operator den größten Wert.

Neben diesen vier Basisoperatoren gibt es eine Reihe parametrisierter Operatoren, die jeweils ganze Familien von t-Normen und t-Conormen erzeugen. Die eben besprochenen t-Normen ergeben sich dabei als Sonderfälle für bestimmte Parameterwerte bzw. als Grenzwerte an den Definitionsrändern oder bei Definitionslücken. Dabei läßt sich zeigen, daß alle t-Normen zwischen dem drastischen Produkt und dem *min*-Operator liegen und alle t-Conormen zwischen dem *max*-Operator und der drastischen Summe. Die wichtigsten Grenzwerte einiger der parametrisierten Operatoren sind in Tabelle 3-2 und ihre Laufbereiche in Abbildung 3.4 dargestellt. Daraus ist zu ersehen, daß sich alle Werte zwischen dem drastischen und dem

---

[29] Zum Beweis siehe z.D. Böhme (1993: Kap.2).

min- bzw. *max*-Operator durch einen geeigneten parametrisierten Operator erzeugen lassen.[30]

Diese Rangordnung der Operatoren erscheint intuitiv sinnvoll, wenn man sich vergegenwärtigt, daß t-Normen eine Durchschnittsmenge und t-Conormen eine Vereinigungsmenge von Fuzzy-Mengen erzeugen. Wie auch im klassischen Fall sollen dabei Durchschnitte dem logischen "und" und Vereinigungen dem logischen "oder" entsprechen. Je nachdem, welche Art Unschärfe durch die Fuzzy-Menge repräsentiert wird, sind für Durchschnitt oder Vereinigung jeweils unterschiedliche Operatoren zu verwenden.

Beispiel: Gütereigenschaften

Repräsentieren beispielsweise die Fuzzy-Mengen Eigenschaften, die ein Gut haben kann, und drücken die Zugehörigkeitswerte den Grad aus, mit dem für ein Gut die jeweilige Eigenschaft erfüllt ist, so kennzeichnet die charkteristische Funktion der Durchschnittmenge den Grad, mit dem ein Gut zwei Eigenschaften gleichzeitg hat, und die der Vereinigungsmenge den Grad, mit dem wenigstens eine der beiden Eigenschaften erfüllt ist.

- Handelt es sich nun bei der zugrundeliegenden Information um die individuelle Bewertung einer einzelner Person, so scheint für den Durchschnitt das Minimum der Zugehörigkeitsgrade und für die Vereinigung das Maximum sinnvoll. Schätzt z.B. die Person einen Wagen mit einem Grad 0,8 als "sportlich" und mit 0,5 als "energiesparend" ein, so darf man davon ausgehen, daß diese Person den Wagen ebenfalls mit Grad 0,5 als "sportlich und gleichzeitig energiesparend" einschätzt. Da es sich um die Bewertung des logischen "und", also das gleichzeitige Zutreffen beider Eigenschaften handelt, macht ein höherer Zugehörigkeitswert keinen Sinn. Umgekehrt erscheint es aber auch nicht plausibel, daß für das gemeinsame Vorhandensein beider Eigenschaften ein niedriger Zugehörigkeitsgrad angegeben wird, als für jede einzelne der beiden Eigenschaften. Mit ganz analogen Überlegungen läßt sich auch begründen, daß als Zugehörigkeitsgrad für das Zutreffen wenigstens einer der beiden Eigenschaften das Maximum der beiden einzelnen Grade angegeben wird. Beim vorliegenden Beispiel würde der Wagen mit Grad 0,8 als "entweder sportlich oder energiesparend" eingeschätzt.

- Anders zeigt sich die Situation, wenn die zur Verfügung stehenden Informationen Aggregationsergebnisse sind, d.h. daß die bekannten Zugehörigkeitswerte zu den beiden Fuzzy-Mengen angeben, zu welchem Grad der Wagen im Durchschnitt der befragten Stichprobe als "sportlich" und als "energiesparend" eingestuft wird. Hier scheinen Minimum- und Maximum-Operator nicht mehr angebracht, da nicht davon auszugehen ist, daß alle Personen bezüglich der beiden Eigenschaften die gleiche Rangordnung bilden. Gibt es im obigen Beispiel eine zweite Person, die den Wagen mit 0,6 als "sportlich" und mit 0,5 als "energiesparend" einschätzt, so zeigt sich folgendes Ergebnis:

---

[30] Zur ausführlichen Darstellung der Verläufe von einzelnen t-Normen und t-Conormen siehe Butnariu/Klement (1993) und Mizumoto (1989), die noch eine Reihe weiterer t-Normen vorstellen.

	sportlich	energie-sparend	sportlich und energiesparend	sportlich oder energiesparend
Person A	0,5	0,8	0,5	0,8
Person B	0,6	0,5	0,5	0,6
⌀	0,55	0,65	0,5	0,7

Sind nur die Aggregatswerte für "sportlich" und "energiesparend" bekannt, so liefert die Verwendung des Minimums für das logische "und" einen Wert von 0,55, während der wahre Durchschnittswert nur 0,5 beträgt. Umgekehrt unterschätzt der Maximum-Operator den wahren Wert für die Vereinigung. Es ist daher offensichtlich, daß im Fall von Aggregatsdaten sinnvollerweise für den Durchschnitt ein Operator gewählt wird, der kleinere Werte als der Minimum-Operator liefert, und für die Vereinigung ein Operator mit größeren Werten als dem Maximum. Dies leisten die t-Normen und t-Conormen.

Bereits hier wird deutlich, daß es einen Unterschied macht, in welcher Reihenfolge verknüpft wird. Werden zuerst verschiedene Eigenschaften aggregiert und anschließend die Bewertungen der Personen, so sollten andere Operatoren verwendet werden als im umgekehrten Fall. Hat man aber nur die Aggregationsinformation zur Verfügung, sollten sinnvollerweise nicht die Minimum- und Maximum-Operatoren verwendet werden.

Archimedische t-Normen

Für die praktische Anwendung sind jedoch nicht alle t-Normen von gleicher Bedeutung. Eine herausragende Rolle spielen die strikten und die sogenannten archimedischen t-Normen, die eine Reihe von besonderen Eigenschaften aufweisen.

Definition 3-10:

Eine t-Norm t heißt *archimedisch*, wenn gilt
    t ist stetig
    $t(x,x) < x \quad \forall x \in (0,1)$,

sie heißt *strikt*, wenn gilt
    t ist stetig
    t ist streng monoton steigend in $(0,1) \times (0,1)$,

und sie hat *Nullteiler*, wenn gilt
    $\exists x, y > 0: \quad t(x,y) = 0$.

Eine t-Conorm s heißt *archimedisch*, wenn gilt
    s ist stetig
    $s(x,x) > x \quad \forall x \in (0,1)$,

und sie heißt *strikt*, wenn gilt
    s ist stetig
    s ist streng monoton steigend in $(0,1) \times (0,1)$.

Mit dieser Definition gilt, daß strikte t-Normen und t-Conormen auch gleichzeitig archimedisch sind (Weber 1984b: 116), t-Normen mit Nullteiler aber niemals strikt. Von besonderer Bedeutung sind archimedische t-Normen vor allem deshalb, weil sie sich mittels einer einfachen Funktion erzeugen lassen (Ling 1965):

Zu jeder archimedischen t-Norm existiert eine stetige, monoton fallende Funktion $f:[0,1] \to [0,\infty]$ mit $f(1) = 0$ und

$$t(x,y) = f^{(-1)}(f(x) + f(y)), \qquad (3.4)$$

wobei die *Pseudoinverse* $f^{(-1)}$ definiert ist als

$$f^{(-1)}(y) = \begin{cases} f^{-1}(y) & \text{für } y \in [0, f(0)] \\ 0 & \text{für } y \in (f(0), \infty] \end{cases}. \qquad (3.5)$$

Entsprechend existiert auch zu jeder archimedischen t-Conorm eine stetige, monoton steigende Funktion $g:[0,1] \to [0,\infty]$ mit $g(0) = 0$ und

$$s(x,y) = g^{(-1)}(g(x) + g(y)) \qquad (3.6)$$

mit der *Pseudoinversen* $g^{(-1)}$

$$g^{(-1)}(y) = \begin{cases} g^{-1}(y) & \text{für } y \in [0, g(1)] \\ 1 & \text{für } y \in (g(1), \infty] \end{cases}. \tag{3.7}$$

Die erzeugenden Funktionen f und g sind bis auf die Multiplikation mit einem positiven Faktor eindeutig.

Wie Goodman und Nguyen (1985: 108) zeigen, sind alle stetigen t-Normen außer dem *max*-Operator und der *ordinalen Summe* archimedisch, so daß die dafür abgeleiteten Eigenschaften für eine große Klasse von Fuzzy-Operatoren gelten. Dies spielt vor allem bei den auf t-Normen basierenden Fuzzy-Maßen (siehe Abschnitt 4.3) eine wichtige Rolle. Für strikte t-Normen und t-Conormen zeigen Schweizer und Sklar (1961) zudem die Eigenschaften der erzeugenden Funktionen

$$\lim_{x \to 0} f(x) = +\infty, \quad f(1) = 0 \quad \text{und}$$

$$\lim_{x \to 1} g(x) = \infty, \quad g(0) = 0.$$

Die Pseudoinversen sind in diesem Fall identisch mit den Inversen f^{-1} und g^{-1}.

t-Normen mit $f(0) < \infty$ und $f(1) = 0$ werden dagegen *nilpotent* genannt. Für diese gilt (vgl. Dubois/Prade 1982):

$$\forall \{a_i\}_{i \in \mathbb{N}}, a_i \in (0,1): \quad \exists n_o \in \mathbb{N} \text{ mit } \sum_{i=1}^{n_o} f(a_i) > f(0) \text{ so daß } t(a_o, a_1, \ldots, a_{n_o}) = 0.$$

In Tabelle 3-3 sind die Eigenschaften und die erzeugenden Funktionen der wichtigsten t-Norm/t-Conorm-Paare aufgelistet.

Von besonderem Interesse ist dabei die Gruppe der sog. *fundamentalen Operatoren*, die die Frank'schen Operatoren und deren Grenzwerte an den Rändern des Definitionsbereichs (die beschränkten, algebraischen, *min-max*-Operatoren) umfassen, da sie eine sehr günstige Eigenschaft aufweisen, die vor allem bei der Analyse von Fuzzy-Koalitionsspielen von Bedeutung ist (vgl. Butnariu/Klement 1993). Die fundamentalen Operatoren basieren auf der Negation $c(x) = 1 - x$ und erfüllen die Beziehung

$$t(x,y) + s(x,y) = x + y. \tag{3.8}$$

Wie Frank (1979) zeigt, erfüllen stetige duale t-Norm/t-Conorm-Paare genau dann diese Beziehung, wenn sie fundamental oder die ordinale Summe von fundamentalen Operatoren sind.

Tabelle 3-3: Eigenschaften und erzeugende Funktionen der wichtigsten t-Normen und t-Conormen

	stetig	strikt	archi-medisch	$f(x)$	$g(x)$
max/min	+	-	-	-	-
algebraisch	+	+	+	$-\ln x$	$-\ln(1-x)$
beschränkt	+	-	+	$1-x$	x
drastisch	-	-	-	-	-
Hamacher ($\lambda > 0$)	+	+	+	$\frac{1}{\lambda}\ln\frac{\lambda+(1-\lambda)x}{x}$	$\frac{1}{\lambda}\ln\frac{\lambda+(1-\lambda)(1-x)}{1-x}$
Yager	+	-	+	$(1-x)^\lambda$	x^λ
Weber ($\lambda \neq 0$)	+	-	+	$1-\frac{\ln(1+\lambda x)}{\ln(1+\lambda)}$	$\frac{\ln(1+\lambda x)}{\ln(1+\lambda)}$
Dubois/Prade	+	-	-	-	-
Frank	+	+	+	$-\log_\lambda\left(\frac{\lambda^x - 1}{\lambda - 1}\right)$	$-\log_\lambda\left(\frac{\lambda^{1-x} - 1}{\lambda - 1}\right)$
Dombi	+	+	+	$\left(\frac{1-x}{x}\right)^\lambda$	$\left(\frac{x}{1-x}\right)^\lambda$
Schweizer Sklar	+	-	+	$\frac{1}{\lambda}(1-x^\lambda)$	$\frac{1}{\lambda}(1-(1-x)^\lambda)$

Eine weitere Untergruppe von archimedischen t-Normen mit sehr hilfreichen Eigenschaften sind die *archimedischen t-Normen mit Nullteiler*. Diese ist identisch mit der Klasse der nilpotenten t-Normen (vgl. Anhang 11.4). Wie Ovchinnikov/Roubens (1991) zeigen, lassen sich diese t-Normen als isotone Transformation der beschränkten Differenz darstellen:

$$t(x,y) = W^\phi(x,y) = \phi^{-1}\left(W(\phi(x),\phi(y))\right)$$

mit ϕ Automorphismus
und $W(x,y) = \max\{x+y-1, 0\}$ beschränkte Differenz.

Ein geeigneter Automorphismus ϕ läßt sich dabei mittels der erzeugenden Funktion konstruieren

$$\phi = 1 - \frac{f(x)}{f(0)}.$$

Verwendet man denselben Automorphismus auch zur Bildung der Negation

$$c(x) = N^\phi(x) = \phi^{-1}(1-\phi(x))$$

und damit zur Bildung der konjugierten t-Conorm, so erhält man ein De Morgan-Tripel $\langle t, s, c \rangle$, das zudem auch die Komplementgesetze erfüllt, was für viele Anwendungen eine sinnvolle Anforderung ist:

$$t(a, c(a)) = 0 \quad \Rightarrow \tilde{A} \cap \tilde{A}^C = \varnothing$$
$$s(a, c(a)) = 1 \quad \Rightarrow \tilde{A} \cup \tilde{A}^C = X.$$

Die Mengenoperationen wie auch die logischen Operationen lassen sich dann als Transformation der jeweiligen beschränkten Operationen ausdrücken, was insbesondere bei der Bildung von Fuzzy-Präferenzrelationen genutzt wird (vgl. Kapitel 9):

$$\alpha \wedge \beta = t(\alpha, \beta) = \phi^{-1}\left(\max\{\phi(\alpha) + \phi(\beta) - 1, 0\}\right)$$
$$\neg \alpha = c(\alpha) = \phi^{-1}(1 - \phi(\alpha))$$
$$\alpha \vee \beta = s(\alpha, \beta) = c(t(c(\alpha), c(\beta))) = \phi^{-1}\left(\min\{\phi(\alpha) + \phi(\beta), 1\}\right)$$
$$\alpha \to \beta = s(c(\alpha), \beta) = \phi^{-1}\left(\min\{\phi^{-1}(1 - \phi(\alpha)) + \phi(\beta), 1\}\right).$$

In Tabelle 3-4 sind die archimedischen t-Normen mit Nullteiler aus Definition 3-10 enthalten, sowie die mit demselben Automorphismus gebildeten konjungierten Funktionen (vgl. Anhang 11.6.2). Außer bei den beschränkten Operatoren ergibt sich als Negation nicht $c(x) = 1 - x$. Bei den Weber'schen Operatoren erhält man die von Weber selbst vorgeschlagenen Funktionen. Für die t-Normen von Yager und von Schweizer/Sklar ergeben sich jedoch als konjugierte t-Conormen die wechselseitig anderen, d.h. für die Yager'sche t-Norm die t-Conorm von Schweizer/Sklar und umgekehrt.

Tabelle 3-4: Archimedische t-Normen mit Nullteiler und konjungierte Funktionen

	t-Norm	$\phi(x)$	Negation	t-Conorm
beschränkt	$\max\{0, x + y - 1\}$	x	$1 - x$	$\min\{1, x + y\}$
Weber ($\lambda \neq 0$)	$\max\left\{0, \dfrac{x + y - 1 + \lambda xy}{1 + \lambda}\right\}$	$\dfrac{\ln(1 + \lambda x)}{\ln(1 + \lambda)}$	$\dfrac{1 - x}{1 + \lambda x}$	$\min\{1, x + y + \lambda xy\}$
Yager	$1 - \min\left\{1, \left((1-x)^\lambda + (1-y)^\lambda\right)^{1/\lambda}\right\}$	$1 - (1-x)^\lambda$	$1 - \left(1 - (1-x)^\lambda\right)^{1/\lambda}$	$1 - \max\left\{0, \left((1-x)^\lambda + (1-y)^\lambda - 1\right)^{1/\lambda}\right\}$
Schweizer Sklar	$\max\left\{0, \left(x^\lambda + y^\lambda - 1\right)^{1/\lambda}\right\}$	x^λ	$\left(1 - x^\lambda\right)^{1/\lambda}$	$\min\left\{1, \left(x^\lambda + y^\lambda\right)^{1/\lambda}\right\}$

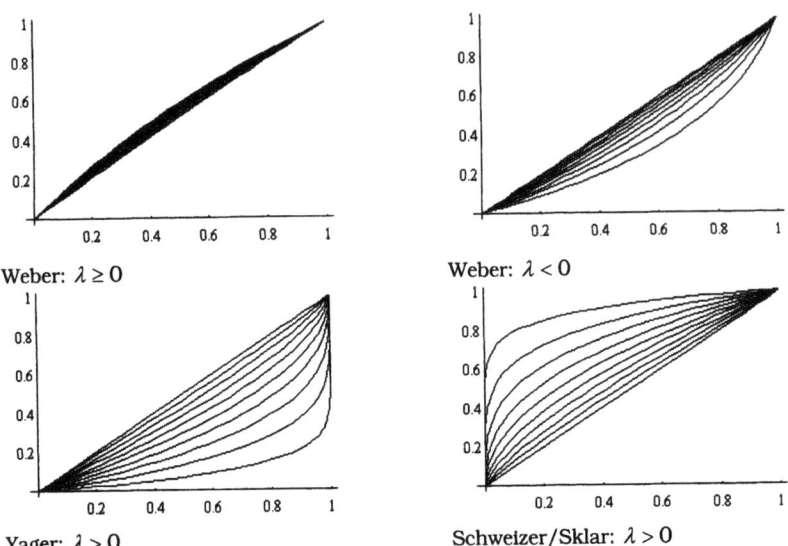

Abbildung 3.5: *Automorphismen ausgewählter archimedischer t-Normen mit Nullteiler für variierende Parameterwerte λ*

3.2.3 Kompensatorische Operatoren

Neben diesen bisher behandelten Operatoren, die dem logischen "und" und dem logischen "oder" entsprechen, finden sich in der Literatur noch weitere, sogenannte kompensatorische Operatoren, deren Werte zwischen den Werten der Durchschnitts- und der Vereinigungsoperatoren liegen. Diese sind durch die Tatsache motiviert, daß in der Alltagssprache die Worte "und" und "oder" nicht nur im strengen logischen Sinn benutzt werden, sondern häufig kompensatorischen Charakter haben, d.h. daß die geringe Erfüllung eines Kriteriums häufig für eine entsprechend höhere bei einem anderem Kriterium in Kauf genommen wird.

So darf man im obigen Beispiel vermuten, daß eine Bewertung eines Wagens bezüglich der Eigenschaften "sportlich und energiesparend" eher im Sinne eines kompensatorischen "und" zu verstehen ist, daß also eine schlechte Erfüllung eines der beiden Merkmale durch eine bessere bei anderen Merkmal kompensiert werden kann. Es ist dann sinnvoll anzunehmen, daß der Zugehörigkeitswert zu der Verknüpfungsmenge der beiden Fuzzy-Mengen durch einen "mittelnden" Operator erzeugt wird. Daß ein "und" in vielen Fällen in genau solch einem Sinn verstanden wird, wurde durch Experimentalstudien mehrfach nachgewiesen[31]. Die häufigsten in der Literatur genannten kompensatorischen Operatoren sind in Tabelle 3-5 zusammengefaßt.

---

[31] Vgl. zu einem Überblick z.B. Rommelfanger/Unterharnscheidt (1988) oder Zimmermann (1991a: Kap. 13.4).

Tabelle 3-5: Zusammenfassung der wichtigsten kompensatorischen Operatoren

arithmetisches Mittel	$\tilde{C} := \dfrac{\tilde{A}+\tilde{B}}{2}$ mit $\mu_C = \tfrac{1}{2}(\mu_A + \mu_B)$
geometrisches Mittel	$\tilde{C} := \sqrt{\tilde{A} \cdot \tilde{B}}$ mit $\mu_C = \sqrt{\mu_A \cdot \mu_B}$
min-max-Kompensations-Operator	$\tilde{C} := \tilde{A} k_\gamma \tilde{B}$ mit $\mu_C = \left(\min(\mu_A, \mu_B)\right)^{1-\gamma} \cdot \left(\max(\mu_A, \mu_B)\right)^\gamma$, $\gamma \in [0,1]$
konvexer min-max-Kompensations-Operator	$\tilde{C} := \tilde{A} k K_\gamma \tilde{B}$ mit $\mu_C = (1-\gamma)\min(\mu_A, \mu_B) + \gamma \max(\mu_A, \mu_B)$, $\gamma \in [0,1]$
algebraischer Kompensations-Operator	$\tilde{C} := \tilde{A} \cdot_\gamma \tilde{B}$ mit $\mu_C = (\mu_A \cdot \mu_B)^{1-\gamma} \cdot (\mu_A + \mu_B - \mu_A \cdot \mu_B)^\gamma$, $\gamma \in [0,1]$
Verallgemeinerung	$\tilde{C} := \tilde{A}_1 \cdot_\gamma \tilde{A}_2 \cdot_\gamma \ldots \cdot_\gamma \tilde{A}_n$ mit $\mu_C = \left(\prod_{i=1}^{n} \mu_i\right)^{1-\gamma} \cdot \left(1 - \prod_{i=1}^{n}(1-\mu_i)\right)^\gamma$, $\gamma \in [0,1]$
uñd -Verknüpfung	$\tilde{C} :=_{u\tilde{n}d} \tilde{A}_i$ mit $\tilde{A}_i, i=1,\ldots,m$ Fuzzymengen auf X $\mu_C = \delta \min(\mu_1,\ldots,\mu_m) + (1-\delta)\tfrac{1}{m}\sum_{i=1}^{m}\mu_i$, $\delta \in [0,1]$
odẽr -Verknüpfung	$\tilde{C} :=_{od\tilde{e}r} \tilde{A}_i$ mit $\tilde{A}_i, i=1,\ldots,m$ Fuzzymengen auf X $\mu_C = \delta \max(\mu_1,\ldots,\mu_m) + (1-\delta)\tfrac{1}{m}\sum_{i=1}^{m}\mu_i$, $\delta \in [0,1]$

Mit diesen Operatoren ist es dann möglich, jede beliebige Verknüpfung von Fuzzy-Mengen vorzunehmen. Dies ist insbesondere bei multikriterieller Entscheidungsfindung notwendig, wenn z.B. unterschiedliche, vage formulierte Ziele miteinander verknüpft und dabei z.B. lexikographische, kompensatorische und andere Zielkombinationen modelliert werden sollen.

3.3 Erweiterungsprinzip und erweiterte Operatoren

Aufbauend auf diesen verallgemeinerten mengentheoretischen Grundoperationen lassen sich auch andere Verknüpfungen im Grundbereich der Fuzzy-Mengen verallgemeinern. Für Abbildungen wurden von Zadeh (1965) Generalisierungen nach dem sogenannten Erweiterungsprinzip oder Extensionsprinzip vorgeschlagen:

Sei $g: X_1 \times ... \times X_n \to Y$ eine Abbildung vom kartesischen Produkt der klassischen Mengen $X_1 \times ... \times X_n$ in die klassische Menge Y. Die erweiterte Abbildung nach Zadeh ergibt sich dann als

$$\hat{g}: \tilde{A}_1 \times ... \times \tilde{A}_n \to \tilde{B}$$

mit

$$\tilde{A}_i = \left\{ x_i, \mu_{A_i}(x_i) \big| x_i \in X_i \right\} \qquad \forall i = 1,...,n$$

$$\tilde{B} = \left\{ y, \mu_B(y) \big| y = g(x_1,...,x_n), x_i \in X_i \right\} \text{ und}$$

$$\mu_B(y) = \sup\left\{ \min\left(\mu_{A_1}(x_1),...,\mu_{A_n}(x_n)\right) \big| (x_1,...,x_n) \in X^n \wedge y = g(x_1,...,x_n) \right\}$$

Mit dieser erweiterten Abbildung $\hat{g}$ wird also bei gegebener Abbildung g eine Zuordnungsvorschrift definiert, nach der den Bildern der zugrunde liegenden Abbildung ein Zugehörigkeitswert zu einer Bild-Fuzzy-Menge $\tilde{B}$ zugeordnet wird. Der Träger dieser Bild-Fuzzy-Menge ist die Bildmenge Y der zugrunde liegenden Abbildung g. Der zugeordnete Zugehörigkeitswert berechnet sich dabei aus den Zugehörigkeitswerten der Elemente des Urbildes der zugrunde liegenden Abbildung g zu den über den Basismengen X_i des kartesischen Produkts im Grundbereich definierten Fuzzy-Mengen A_i. Jedem Bild $y = g(x_1,...,x_n)$ wird nach diesem Prinzip von Zadeh also der Zugehörigkeitswert $\mu_B(y)$ zugeordnet, der sich als Minimum der Zugehörigkeitswerte der jeweiligen Elemente des Urbildes ergibt. Existieren mehrere Urbilder zum Wert y, und damit im allgemeinen auch mehrere nach diesem Prinzip ermittelte Zugehörigkeitswerte, so wird der größte dieser Werte bzw. das Supremum genommen.

Mehrfach wurde vorgeschlagen[32], statt des Minimumoperators einen anderen Verknüpfungsoperator zu verwenden, was nach der vorangegangenen Diskussion der t-Normen durchaus sinnvoll erscheint. Das Tupel $(x_1,...,x_n)$ ist ein Element des kartesischen Produkts $X_1 \times ... \times X_n$ und sollte daher sinnvollerweise einen Zugehörigkeitswert zugeordnet bekommen, der mit einem Durchschnittsoperator ermittelt wurde, so daß prinzipiell jede t-Norm in Frage kommt[33]. Ebenso läßt sich auch das Supremum durch jede t-Conorm ersetzen, da bei Vorliegen mehrerer Urbilder der Zugehörigkeitswert sinnvollerweise aus der Vereinigungsmenge dieser Urbilder bestimmt wird. Bei klassischen Mengen entspricht dieses Vorgehen der in der Intervallarithmetik bekannten "vereinigten Erweiterung"[34], womit das Extensionsprinzip auch als Verallgemeinerung dieses Verfahrens angesehen werden kann.

---

[32] Vgl. Rommelfanger (1988: 34).

[33] So definiert z.B. Gottwald (1989: 316) das Erweiterungsprinzip über t-Normen. Rommelfanger (1988: 34) schlägt dagegen auch die Verwendung von kompensatorischen Operatoren vor. Inwiefern dies sinnvoll ist, hängt im Einzelfall von den zugrunde liegenden Dimensionen des kartesischen Produkts ab.

[34] Vgl. Moore (1969: 31).

Damit läßt sich das Erweiterungsprinzip nun in allgemeinerer Form aufstellen:

Definition 3-11:

Sei $g: X_1 \times ... \times X_n \to Y$ eine Abbildung vom kartesischen Produkt der klasssischen Mengen $X_1 \times ... \times X_n$ in die klassische Menge Y. Die *erweiterte Abbildung* ergibt sich dann als

$$\hat{g}: \tilde{A}_1 \times ... \times \tilde{A}_n \to \tilde{B}$$

mit

$$\tilde{A}_i = \left\{ x, \mu_{A_i}(x) \mid x \in X_i \right\} \qquad \forall i = 1,...,n$$

$$\tilde{B} = \left\{ y, \mu_B(y) \mid y = g(x_1,...,x_n) \right\} \quad \text{und}$$

$$\mu_B(y) = \mathbf{s}\left\{ \mathbf{t}\left(\mu_{A_1}(x_1),..., \mu_{A_n}(x_n) \right) \mid (x_1,...,x_n) \in X^n \land y = g(x_1,...,x_n) \right\}$$

Mit diesem Erweiterungsprinzip lassen sich sehr viele der Operationen, die auf klassischen Mengen definiert sind, auf unscharfe Mengen ausdehnen. Insbesondere spielt das Erweiterungsprinzip für Operationen auf den reelen Zahlen eine große Rolle, da es damit möglich ist, auch algebraische Operationen wie Addition und Multiplikation für unscharfe Objekte wie Fuzzy-Zahlen und Fuzzy-Intervalle zu definieren.

3.4 Arithmetik bei Fuzzy-Zahlen und Fuzzy-Intervallen

Definition 3-12:

Seien $\tilde{A}$ und $\tilde{B}$ Fuzzy-Intervalle über $\mathbb{R}$, dann lassen sich nach dem Erweiterungsprinzip in der Zadeh'schen Form folgende Operationen definieren:

Summe

$$\tilde{S} := \tilde{A} \oplus \tilde{B} \quad \text{mit}$$

$$\mu_S(t) = \sup\left\{ \min(\mu_A(x_1), \mu_B(x_2)) \mid x_1, x_2 \in \mathbb{R} \land x_1 + x_2 = t \right\} \qquad \forall t \in \mathbb{R}$$

- *Produkt*

$$\tilde{P} := \tilde{A} \odot \tilde{B} \quad \text{mit}$$

$$\mu_P(t) = \sup\left\{ \min(\mu_A(x_1), \mu_B(x_2)) \mid x_1, x_2 \in \mathbb{R} \land x_1 x_2 = t \right\} \qquad \forall t \in \mathbb{R}$$

- *Negation*

$$\tilde{N} := -\tilde{A} \quad \text{mit}$$

$$\mu_N(t) = \sup\left\{ \mu_A(x) \mid x \in \mathbb{R} \land t = -x \right\} \qquad \forall t \in \mathbb{R}$$

$$= \mu_A(-t)$$

$\Rightarrow$ *Differenz*

$$\tilde{D} := \tilde{A} \ominus \tilde{B} = \tilde{A} \oplus (-\tilde{B}) \quad \text{mit}$$

$$\mu_D(t) = \sup\left\{ \min(\mu_A(x_1), \mu_B(-x_2)) \mid x_1, x_2 \in \mathbb{R} \land x_1 + x_2 = t \right\} \qquad \forall t \in \mathbb{R}$$

$$= \sup\left\{ \min(\mu_A(x_1), \mu_B(x_2)) \mid x_1, x_2 \in \mathbb{R} \land x_1 - x_2 = t \right\}$$

- *Kehrwert*

    $\tilde{K} := \tilde{A}^{-1}$ mit

    $\mu_K(t) = \sup\left\{\mu_A(x) \big| x \in \mathbb{R} \setminus \{0\} \wedge \frac{1}{x} = t\right\} \quad \forall t \in \mathbb{R}$

    $= \mu_A\left(\frac{1}{t}\right) \quad \forall \frac{1}{t} \in \mathbb{R} \setminus \{0\}$

⇒ *Quotient*

    $\tilde{Q} := \tilde{A} \oslash \tilde{B} = \tilde{A} \odot \left(\tilde{B}^{-1}\right)$ mit

    $\mu_Q(t) = \sup\left\{\min\left(\mu_A(x_1), \mu_B\left(\frac{1}{x_2}\right)\right) \big| x_1 \in \mathbb{R} \wedge x_2 \in \mathbb{R} \setminus \{0\} \wedge x_1 x_2 = t\right\}$

    $= \sup\left\{\min(\mu_A(x_1), \mu_B(x_2)) \big| x_1 \in \mathbb{R} \wedge x_2 \in \mathbb{R} \setminus \{0\} \wedge \frac{x_1}{x_2} = t\right\} \quad \forall t \in \mathbb{R}$

- *Maximum*

    $\tilde{C} := \widetilde{\max}(\tilde{A}, \tilde{B})$ mit

    $\mu_C(z) = \sup\left\{\min(\mu_A(x_1), \mu_B(x_2)) \big| x_1, x_2 \in \mathbb{R} \wedge z = \max(x_1, x_2)\right\}$

    $= \max\left\{\sup_{x_2 < z} \min(\mu_A(x_1), \mu_B(x_2)), \sup_{x_1 < z} \min(\mu_A(x_1), \mu_B(x_2))\right\} \quad \forall t \in \mathbb{R}$

- *Minimum*

    $\tilde{C} := \widetilde{\min}(\tilde{A}, \tilde{B})$ mit

    $\mu_C(z) = \sup\left\{\min(\mu_A(x_1), \mu_B(x_2)) \big| x_1, x_2 \in \mathbb{R} \wedge z = \min(x_1, x_2)\right\}$

    $= \min\left\{\sup_{x_2 < z} \min(\mu_A(x_1), \mu_B(x_2)), \sup_{x_1 < z} \min(\mu_A(x_1), \mu_B(x_2))\right\} \quad \forall t \in \mathbb{R}$

Sofern es sich bei beiden Fuzzy-Intervallen $\tilde{A}$ und $\tilde{B}$ um Fuzzy-Zahlen handelt, ist auch das Ergebnis wieder eine Fuzzy-Zahl.

Die Rechenoperationen auf gewöhnlichen Zahlen sind als Spezialfälle in diesen Operationen enthalten. Umgekehrt gelten viele der Rechengesetze auf gewöhnlichen Zahlen auch für die Arithmetik auf Fuzzy-Zahlen allgemein, wie z.B. die Kommutativ- und Assoziativgesetze. Allerdings ergeben sich gegenüber der normalen Arithmetik auch einige Unterschiede, die in der praktischen Anwendung sehr bedeutsam werden können[35]:

- Die Differenz identischer Fuzzy-Zahlen ergibt keine Null, sondern eine Fuzzy-Null, d.h. es sind auch positive und negative Werte als Ergebnis der Differenz möglich, wenngleich für diese nur Zugehörigkeitswerte <1 bestehen.

- Die Division einer Fuzzy-Zahl durch dieselbe Fuzzy-Zahl ergibt keine Eins, sondern eine Fuzzy-Eins.

- Distributivität gilt nur unter bestimmten Bedingungen, es gilt jedoch immer die folgende Inklusionsbeziehung:

---

[35] Vgl. z.B. Bandemer/Gottwald (1993: Kap. 2.5).

$$\tilde{A} \odot (\tilde{M} \oplus \tilde{N}) \subseteq (\tilde{A} \odot \tilde{M}) \oplus (\tilde{A} \odot \tilde{N}).$$

Die auf den in Definition 3-12 beschriebenen Operationen basierende Fuzzy-Arithmetik kann auch als Verallgemeinerung der gewöhnlichen Intervallarithmetik angesehen werden. Sowohl die stützende Menge wie auch jeder α-Schnitt einer Fuzzy-Zahl bzw. eines Fuzzy-Intervalls ist ein gewöhnliches Intervall, das mittels der Intervallarithmetik[36] mit α-Schnitten anderer Fuzzy-Intervalle verknüpft werden kann. Diese Verknüpfung von α-Schnitten ist dann identisch zu einer mit Fuzzy-Arithmetik. Da sich mit diesem Verfahren der schnittweisen Verknüpfung mittels Intervallarithmetik sämtliche Verknüpfungen von Fuzzy-Intervallen erzeugen lassen, lassen sich auch sämtliche Rechengesetze der Intervallarithmetik auf die Fuzzy-Arithmetik übertragen.

Dies gilt allerdings nur für die Fuzzy-Arithmetik in der oben definierten Form. Verwendet man zur Bildung der Operatoren gemäß des allgemeinen Erweiterungsprinzips (Definition 3-12) andere t-Normen, so lassen sich diese Operationen nicht mehr auf die gewöhnliche Intervallarithmetik zurückführen. Allerdings werden derartige Operationen auf Fuzzy-Zahlen bislang kaum verwendet.

L-R-Fuzzy-Zahlen

In der praktischen Anwendung häufiger sind dagegen die sogenannten L-R-Fuzzy-Zahlen, und hier wiederum die triangulären L-R-Fuzzy-Zahlen. Für diese ist die Durchführung der algebraischen Operationen besonders einfach, und für viele praktische Anwendungen ist eine Approximation mit einer solchen Zahl hinreichend genau.

Definition 3-13:

Eine Fuzzy-Zahl $\tilde{M} = (m; \alpha; \beta)_{LR}$ heißt *L-R-Fuzzy-Zahl*, wenn sich ihre Zugehörigkeitsfunktion darstellen läßt als

$$\mu_M(x) = \begin{cases} L\left(\frac{m-x}{\alpha}\right) & \text{für } x \leq m \\ R\left(\frac{x-m}{\beta}\right) & \text{für } x > m \end{cases}$$

mit $\mu_M(m) = 1$, $\alpha, \beta > 0$

und L, R sind *Referenzfunktionen* mit den Eigenschaften

$L, R: [0, +\infty[\to [0,1]$

$L(0) = R(0) = 1$ und L, R ist nicht steigend in $[0, +\infty[$

Die Größen α und β heißen *linke und rechte Spannweite* von $\tilde{M}$.

L-R-Fuzzy-Zahlen mit linearen Referenzfunktionen werden *trianguläre* oder *trapezförmige* Fuzzy-Zahlen genannt. Ihre Schreibweise ist:

$$\tilde{M} = (m; \alpha; \beta)_{LR} = \langle m; m - \alpha, \beta - m \rangle = \langle m; m_1, m_2 \rangle.$$

---

[36] Vgl. zu den Operationen der Intervallarithmetik Moore (1969: 18f.).

Definition 3-14:

Ein Fuzzy-Intervall $\tilde{M} = (m_1; m_2; \alpha; \beta)_{LR}$ heißt *L-R-Fuzzy-Intervall*, wenn sich seine Zugehörigkeitsfunktion darstellen läßt als

$$\mu_M(x) = \begin{cases} L\left(\frac{m_1-x}{\alpha}\right) & \text{für } x \leq m_1 \\ 1 & \text{für } m_1 < x \leq m_2 \\ R\left(\frac{x-m_2}{\beta}\right) & \text{für } x > m \end{cases}$$

mit $\alpha, \beta > 0$ und L, R sind Referenzfunktionen wie oben definiert.

L-R-Fuzzy-Intervalle werden auch dargestellt als

$$\tilde{M} = [m; c; \alpha; \beta]_{LR} \quad \text{mit} \quad m = \frac{m_1 + m_2}{2} \quad \text{und} \quad c = \frac{m_2 - m_1}{2}.$$

L-R-Fuzzy-Intervalle mit linearen Referenzfunktionen werden auch als *trapezförmige* Fuzzy-Intervalle bezeichnet.

Die algebraischen Operatoren vereinfachen sich für derartige L-R-Fuzzy-Zahlen bzw. Fuzzy-Intervalle folgendermaßen:

- *Summe*

$$\tilde{M} \oplus \tilde{N} = (m; \alpha_M; \beta_M)_{LR} \oplus (n; \alpha_N; \beta_N)_{LR} = (m+n; \alpha_M + \alpha_N; \beta_M + \beta_N)_{LR}$$

bzw. für Fuzzy-Intervalle

$$\tilde{M} \oplus \tilde{N} = (m_1; m_2; \alpha_M; \beta_M)_{LR} \oplus (n_1; n_2; \alpha_N; \beta_N)_{LR}$$
$$= (m_1 + n_1; m_2 + n_2; \alpha_M + \alpha_N; \beta_M + \beta_N)_{LR}$$

- *Subtraktion*

$$\tilde{M} \ominus \tilde{N} = (m; \alpha_M; \beta_M)_{LR} \ominus (n; \alpha_N; \beta_N)_{LR} = (m-n; \alpha_M + \beta_N; \beta_M + \alpha_N)_{LR}$$

bzw. für Fuzzy-Intervalle

$$\tilde{M} \ominus \tilde{N} = (m_1; m_2; \alpha_M; \beta_M)_{LR} \ominus (n_1; n_2; \alpha_N; \beta_N)_{LR}$$
$$= (m_1 - n_1; m_2 - n_2; \alpha_M + \alpha_N; \beta_M + \beta_N)_{LR}$$

Für positive L-R-Fuzzy-Zahlen und -Intervalle lassen sich für Multiplikation und Division Näherungsformeln angeben:

- *Multiplikation*

$$\tilde{M} \odot \tilde{N} = (m; \alpha_M; \beta_M)_{LR} \odot (n; \alpha_N; \beta_N)_{LR} \approx$$
$$\approx (mn; m\alpha_N + n\alpha_M - \alpha_M \alpha_N; m\beta_N + n\beta_M + \beta_M \beta_N)_{LR}$$

bzw. für Fuzzy-Intervalle

$$\tilde{M} \odot \tilde{N} = (m_1; m_2; \alpha_M; \beta_M)_{LR} \odot (n_1; n_2; \alpha_N; \beta_N)_{LR} \approx$$
$$\approx (m_1 n_1; m_2 n_2; m_1 \alpha_N + n_1 \alpha_M - \alpha_M \alpha_N; m_2 \beta_N + n_2 \beta_M + \beta_M \beta_N)_{LR}$$

- Division

$$\tilde{M} \oslash \tilde{N} = (m; \alpha_M; \beta_M)_{LR} \oslash (n; \alpha_N; \beta_N)_{LR} \approx$$

$$\approx \left(\frac{m}{n}; \frac{m\beta_N + n\alpha_M}{n(n+\beta_n)}; \frac{m\alpha_N + n\beta_M}{n(n-\alpha_n)} \right)_{LR}$$

- Kehrwert

$$\tilde{M}^{-1} = (m; \alpha_M; \beta_M)_{LR}^{-1} \approx \left(\frac{1}{m}; \frac{\beta_M}{m^2}; \frac{\alpha_M}{m^2} \right)_{LR}$$

Für sehr kleine Spannweiten können die Näherungsformeln weiter vereinfacht werden:

- Multiplikation

$$\tilde{M} \odot \tilde{N} \approx (mn; m\alpha_N + n\alpha_M; m\beta_N + n\beta_M)_{LR}$$

- Division

$$\tilde{M} \oslash \tilde{N} \approx \left(\frac{m}{n}; \frac{m\beta_N + n\alpha_M}{n^2}; \frac{m\alpha_N + n\beta_M}{n^2} \right)_{LR}$$

und für trianguläre Fuzzy-Zahlen reduzieren sich die Näherungsformeln weiter auf:

- Multiplikation

$$\tilde{M} \odot \tilde{N} \approx \langle mn; m_1 n_1, m_2 n_2 \rangle$$

- Division

$$\tilde{M} \oslash \tilde{N} \approx \left\langle \frac{m}{n}; \frac{m_1}{n_2}, \frac{m_2}{n_1} \right\rangle.$$

Die Fuzzy-Mathematik stellt somit eine Fülle von Operationen bereit, Fuzzy-Mengen, und das heißt die damit dargestellten Informationen, miteinander zu verknüpfen und Schlußfolgerungen daraus zu ziehen. Für die praktische Anwendung stellt sich allerdings die Frage nach Kriterien zur Auswahl der geeigneten Operatoren. Hier gibt die Fuzzy-Literatur nur wenig Hilfestellung. Sofern überhaupt Kriterien genannt werden, sind diese vor allem an der praktischen Handhabarkeit und dem empirischen Ergebnis orientiert (vgl. z.B. Zimmermann 1991a: 39-43) und nicht an axiomatischen Rationalitätskriterien. Eine solche Vorgehensweise mag für technische Anwendungen durchaus angemessen, ja sogar empfehlenswert sein, da es hier möglich ist, die empirischen Eigenschaften verschiedener Systeme in hinreichendem Umfang auszutesten.

Dies gilt jedoch nicht für entscheidungstheoretische Fragen, auch wenn der Anspruch kein normativer ist, sondern es "nur" um die Entwicklung entscheidungsunterstützender Modelle geht mit dem Anspruch, systematisches menschliches Verhalten soweit abzubilden, daß Entscheidungsprozesse im Rahmen interaktiver Mensch-Maschinen-Systeme schneller und effizienter ablaufen können. Soziale und ökonomische Entscheidungssituationen sind im allgemeinen so komplex, daß Entscheidungsregeln weder in Laborsituationen ausgetestet noch die Erfahrungen aus vergangenen Entscheidungssituationen direkt adaptiert werden können. So kann z.B. ein Investor seine Finanzentscheidung nicht mehr revidieren, wenn sich im nachhinein herausstellt, daß für die konkrete Entscheidungssituation andere Verknüpfungsoperatoren angemessen gewesen wären. Ohne gewisse Rationalitätskriterien, wie sie eine normative Theorie anbietet, bleiben Entscheidungen letztendlich der Intuition des Entscheiders oder, sofern die Regeln im System fest implementiert sind, des Systementwicklers verhaftet, womit der Anspruch einer echten Entscheidungsunterstützung wohl kaum eingelöst werden kann. Angemessene Rationalitätskriterien zu entwickeln, erscheint daher im Fuzzy-Kontext angesichts der Fülle der möglichen Modellierungen umso notwendiger.

4 Fuzzy-Maßtheorie

Unscharfe Maße wurden mit einer etwas anderen Intention als Fuzzy-Mengen entwickelt. Sie stellen eine Verallgemeinerung der üblichen Maße dar. Als Aufgabe der Maßtheorie wird dabei verstanden, den "Teilmengen einer gegebenen Grundmenge (reelle) Zahlen als Maße so zuzuordnen, daß gewisse einfache vom elementargeometrischen Inhaltsbegriff her geläufige Beziehungen gelten" (Bronstein/ Semendjajew 1986: E62). Ganz analog läßt sich auch die Aufgabe der Fuzzy-Maßtheorie beschreiben, wobei allerdings im Vergleich zur herkömmlichen Maßtheorie eine der geforderten Eigenschaften, die sogenannte Additivitätseigenschaft, zugunsten weicherer Anforderungen fallengelassen wird. Da auch das Wahrscheinlichkeitsmaß ein Maß im üblichen Sinn ist, läßt sich die Fuzzy-Maßtheorie auch als Verallgemeinerung der Wahrscheinlichkeitstheorie auffassen.

Die Fuzzy-Maßtheorie kann noch lange nicht als geschlossenes Theoriegebäude betrachtet werden, sondern sie besteht aus verschiedenen Entwicklungsrichtungen, die jeweils unterschiedliche Aspekte in den Mittelpunkt der Betrachtung stellen und auch mit leicht unterschiedlichen Begriffsabgrenzungen arbeiten. Zu unterscheiden sind dabei: die λ-Fuzzy-Maße, die von Sugeno (1974) vorgeschlagen wurden und stark am gewöhnlichen Wahrscheinlichkeitsmaß angelehnt sind; die zerlegbaren Fuzzy-Maße, die auf Dubois/Prade (1982a) und Weber (1984b) zurückgehen; das Possibilitätsmaß von Zadeh (1978) und die oberen und unteren Wahrscheinlichkeiten, deren Ursprung nicht in der Fuzzy-Mathematik zu finden ist, sondern die auf Choquet (1953) zurückgehen.

4.1 Basisbegriffe

Definition 4-1:

Eine Funktion $\mu: \mathcal{A} \to [0, \infty]$, $\mathcal{A} \subseteq \mathcal{P}(\Omega)$ heißt *Fuzzy-Maß* auf $\mathcal{A}$, wenn gilt:

(1) $\mu(\emptyset) = 0$

(2) Monotonie: $A, B \in \mathcal{A} \land A \subseteq B \Rightarrow \mu(A) \leq \mu(B)$

(3) ist die Grundgesamtheit Ω nicht endlich, so ist noch *Stetigkeit* erforderlich:

$$A_1, A_2, \ldots \in \mathcal{A} \subseteq \mathcal{P}(\Omega) \land \left(A_1 \subseteq A_2 \subseteq \ldots \lor A_1 \supseteq A_2 \supseteq \ldots\right)$$
$$\Rightarrow \lim_{i \to \infty} \mu(A_i) = \mu\left(\lim_{i \to \infty} A_i\right)$$

μ heißt *reguläres Fuzzy-Maß*, wenn zusätzlich gilt:

(4) $\mu(\Omega) = 1$.

Für $\mathcal{A}$ wird dabei üblicherweise eine geeignete σ-Algebra gewählt. $(\Omega, \mathcal{A})$ wird dann *Meßraum* und $(\Omega, \mathcal{A}, \mu)$ *unscharfer Maßraum* genannt.

Im folgenden sollen ausschließlich auf σ-Algebren über lokal-kompakten Räumen definierte Fuzzy-Maße betrachtet werden. Dies erscheint berechtigt, da bei entscheidungstheoretischen Fragestellungen entweder auf diskreten, meist endlichen Grundgesamtheiten oder im stetigen Fall auf Teilmengen des euklidischen Raumes

$\mathbb{R}^d$ operiert wird, so daß für die jeweilige Grundgesamtheit Lokal-Kompaktheit gegeben ist. Weiterhin werden ausschließlich Probleme betrachtet, für die die Anforderungen einer σ-Algebra erfüllt sind, wie der Begriff der "Alternativenmenge" oder des "Aktionsraumes" mit der damit implizierten logischen Struktur zeigt. Viele Autoren definieren Fuzzy-Maße ausschließlich auf σ-Algebren, was einige sehr angenehme Eigenschaften zur Folge hat. So ist z.B. das im nachfolgenden noch zu definierende λ-Fuzzy-Maß nur dann ein Fuzzy-Maß, wenn es zumindest auf einem Halbring definiert ist (vgl. Wang/Klir 1992: 45). Derartige Probleme können bei einer Beschränkung auf Fuzzy-Maße, die auf σ-Algebren definiert sind, umgangen werden.

Vielfach wird auch das reguläre Fuzzy-Maß als Definition für das Fuzzy-Maß verwendet. In Analogie zu den gewöhnlichen Maßen scheint jedoch die allgemeinere Definition besser. Wang/Klir (1992), wie auch einige andere Autoren, zerlegen die Forderung nach Stetigkeit in die Forderung nach *Stetigkeit von oben* und *Stetigkeit von unten* und definieren damit zusätzlich *halbstetige Fuzzy-Maße*.

Definition 4-2:

Eine Funktion $\mu: \mathcal{A} \to [0, \infty], \mathcal{A} \subseteq \mathcal{P}(\Omega)$ heißt *halbstetig von unten*, wenn gilt:

$$A_1, A_2, \ldots \in \mathcal{A} \subseteq \mathcal{P}(\Omega) \quad \wedge \quad A_1 \subseteq A_2 \subseteq \ldots \quad \wedge \quad \bigcup_{n=1}^{\infty} A_i \in \mathcal{P}(\Omega)$$

$$\Rightarrow \lim_{i \to \infty} \mu(A_i) = \mu\left(\bigcup_{n=1}^{\infty} A_i\right)$$

und sie heißt *halbstetig von oben*, wenn gilt:

$$A_1, A_2, \ldots \in \mathcal{A} \subseteq \mathcal{P}(\Omega) \quad \wedge \quad A_1 \supseteq A_2 \supseteq \ldots \quad \wedge \quad \mu(A_1) < \infty \quad \wedge \quad \bigcap_{n=1}^{\infty} A_i \in \mathcal{P}(\Omega)$$

$$\Rightarrow \lim_{i \to \infty} \mu(A_i) = \mu\left(\bigcap_{n=1}^{\infty} A_i\right)$$

Sofern beide Eigenschaften gleichzeitig erfüllt sind, entsprechen sie der Bedingung (3) aus Definition 4-1:

Für die meisten Fragestellungen ist diese Definition allerdings noch zu weit. Zwar gelten viele der bislang abgeleiteten mathematischen Theoreme für Fuzzy-Maße in dieser ganz allgemeinen Form, andere Eigenschaften treffen jedoch nur für ganz bestimmte Klassen von Fuzzy-Maßen zu. Für die praktische Anwendung interessant - insbesondere weil sie einer für entscheidungstheoretische Fragen anschaulichen Interpretation zugänglich sind - sind jene Klassen von Fuzzy-Maßen, die gewisse Additivitätsbedingungen erfüllen, d.h. die hinsichtlich der Bewertung der Vereinigung von Teilmengen gewissen Beschränkungen genügen.[37] Dazu sollen zunächst die Begriffe der Subadditivität und der Superadditivität eingeführt werden.

---

[37] Zwar gibt es einige Ansätze, auch allgemeine Fuzzy-Maße zur Modellierung von entscheidungstheoretischen Fragen zu verwenden (z.B. Murofushi et al. 1994, Grabisch 1995), die jedoch nicht sehr überzeugend sind. Wie später noch gezeigt wird, lassen sich die dort dargestellten Situationen auch mit additiven Maßen adäquat darstellen.

Definition 4-3:

Eine Funktion $\mu: \mathcal{A} \to [0, \infty], \mathcal{A} \subseteq \mathcal{P}(\Omega)$ heißt

additiv	$\forall A, B \subseteq \mathcal{A}, A \cap B = \varnothing: \quad \mu(A \cup B) = \mu(A) + \mu(B)$
subadditiv	$\forall A, B \subseteq \mathcal{A}, A \cap B = \varnothing; \quad \mu(A \cup B) \leq \mu(A) + \mu(B)$
superadditiv	$\forall A, B \subseteq \mathcal{A}, A \cap B = \varnothing; \quad \mu(A \cup B) \geq \mu(A) + \mu(B)$
stark subadditiv	$\forall A, B \subseteq \mathcal{A}: \quad \mu(A \cup B) + \mu(A \cap B) \leq \mu(A) + \mu(B)$
stark superadditiv	$\forall A, B \subseteq \mathcal{A}: \quad \mu(A \cup B) + \mu(A \cap B) \geq \mu(A) + \mu(B)$

Fuzzy-Maße, die additiv sind, entsprechen genau der Definition gewöhnlicher Maße (z.B. Bauer 1992), die sich damit als Spezialfall von Fuzzy-Maßen herausstellen. Insbesondere ist ein Wahrscheinlichkeitsmaß, das ein auf 1 normiertes gewöhnliches Maß ist, auch ein spezielles reguläres Fuzzy-Maß. Damit wird es dann möglich, Entscheidungsmodelle, die auf dem wahrscheinlichkeitstheoretischen Ansatz basieren, mit solchen auf der Basis nicht-additiver Maße zu vergleichen.

Um nun zu veranschaulichen, was man sich unter einem nicht-additiven regulären Maß im Vergleich zu einem gewöhnlichen Wahrscheinlichkeitsmaß vorzustellen hat, greifen wir auf das in Kapitel 1 beschriebene Ellsberg-Paradoxon zurück, und zwar auf den Fall (a), bei dem unterstellt wird, daß die Verhaltensanomalien auf einer vom wahrscheinlichkeitstheoretischen Kalkül abweichenden Bewertung der Gewinnchancen beruht.

Beispiel: Ellsberg-Paradoxon

Die Präferierung des Spieles A gegenüber Spiel B bedeutet, daß die Gewinnchancen im Spiel B, d.h. die Chancen eine gelbe Kugel zu ziehen, gegenüber den Chancen der Ziehung einer roten Kugel geringer eingeschätzt werden. Das gleiche gilt auch für eine Wette auf die Ziehung einer blauen Kugel:

$$\mu(g) < \mu(r) \quad \text{und} \quad \mu(b) < \mu(r).$$

Weiterhin folgt aus der Präferierung des Spieles D gegenüber Spiel C eine Bewertung der Gewinnchancen

$$\mu(r \cup g) < \mu(b \cup g).$$

Da in jedem Spiel immer eine der drei Farben gezogen wird (d.h. $\Omega = \{r, b, g,\}$), gilt weiterhin

$$\mu(r \cup b \cup g) = 1.$$

Im Spiel A und Spiel D lassen sich nun für das Eintreten des Gewinnereignisses und des Gegenereignisses aus der bekannten Anzahl der roten Kugeln in der Urne objektive Wahrscheinlichkeiten ableiten, weshalb man annehmen kann, daß ein rationaler Entscheider diese zur Bewertung seiner Gewinnchancen zugrundelegt. In Spiel A und D kann daher von der Gültigkeit der Additivität ausgegangen werden:

$$\mu(r) + \mu(b \cup g) = p(r) + p(b \cup g) = \frac{1}{3} + \frac{2}{3} = 1 = \mu(r \cup b \cup g).$$

Dann folgt aber mit den obigen Ungleichungen

$$\mu(b) + \mu(r \cup g) < \mu(r) + \mu(b \cup g) = 1 = \mu(r \cup b \cup g).$$

Dies bedeutet, daß die Bewertung in Spiel C und ganz analog in Spiel B, also in den Situationen, für die keine objektiven Wahrscheinlichkeiten existieren, nicht die Additivitätsbedingung erfüllt. Im vorliegenden Fall ist das zugrundeliegende Maß superadditiv.

4.2 Sugeno's λ-Fuzzy-Maß

Von Sugeno (1974) wurde bereits sehr früh ein spezielles Fuzzy-Maß vorgeschlagen, das in Abhängigkeit eines Parameters λ definiert ist und damit ganze Klassen von Fuzzy-Maßen abdeckt. Insbesondere enthält es gewöhnliche additive Maße als Spezialfall. Praktische Bedeutung hat das Maß vor allem deshalb, weil es einige mathematisch leicht handhabbare Eigenschaften besitzt.

Definition 4-4:

Ein auf der σ-Algebra $\mathcal{A}$ definiertes Fuzzy-Maß μ_λ heißt λ-*Fuzzy-Maß* auf $\mathcal{A}$, wenn gilt:

$$\mu_\lambda(A \cup B) = \mu_\lambda(A) + \mu_\lambda(B) + \lambda \cdot \mu_\lambda(A) \cdot \mu_\lambda(B) \qquad \forall A, B \in \mathcal{A}: A \cap B = \emptyset, \quad \lambda > -1.$$

Allgemein gilt dann für die Vereinigung von disjunkten Teilmengen

$$\mu_\lambda\left(\bigcup_{i=1}^n A_i\right) = \begin{cases} \dfrac{1}{\lambda}\left[\prod_{i=1}^n \left(1 + \lambda\mu_\lambda(A_i)\right) - 1\right] & \text{für } \lambda \neq 0 \\ \sum_{i=1}^n \mu_\lambda(A_i) & \text{für } \lambda = 0 \end{cases} \qquad \forall A_i \in \mathcal{A}, A_i \cap A_j = \emptyset,$$

und für nicht disjunkte Teilmengen

$$\mu_\lambda(A \cup B) = \frac{\mu_\lambda(A) + \mu_\lambda(B) - \mu_\lambda(A \cap B) + \lambda\mu_\lambda(A)\mu_\lambda(B)}{1 + \lambda\mu_\lambda(A \cap B)} \qquad \forall A, B \in \mathcal{A}.$$

Wie man leicht sieht, ist dann μ_λ
     subadditiv   für $\lambda < 0$
     additiv   für $\lambda = 0$ und
     superadditiv für $\lambda > 0$.

Das heißt, daß für $\lambda = 0$ das λ-Fuzzy-Maß ein gewöhnliches Maß ist und, sofern es auf 1 normiert ist, ein Wahrscheinlichkeitsmaß. Zudem läßt sich zeigen, daß es für normierte λ-Fuzzy-Maße eine eindeutige, nur vom Parameter λ abhängige Transformation von μ_λ in ein Wahrscheinlichkeitsmaß gibt (vgl. Kruse 1982, Wenxiu/Lushu 1992):

$$p(A) = \begin{cases} \dfrac{\ln\left(1 + \lambda \cdot \mu_\lambda(A)\right)}{\ln(1 + \lambda)} & \text{für } \lambda \neq 0 \\ \mu_\lambda(A) & \text{für } \lambda = 0 \end{cases} \qquad (4.1)$$

Umgekehrt läßt sich dann jedes λ-Fuzzy-Maß als Transformation eines Wahrscheinlichkeitsmaßes darstellen:

$$\mu_\lambda(A) = \begin{cases} \frac{1}{\lambda}\left[(1+\lambda)^{p(A)} - 1\right] & \text{für } \lambda \neq 0 \\ p(A) & \text{für } \lambda = 0 \end{cases} \qquad (4.2)$$

Da in (4.1) und (4.2) der Ausdruck für den Fall $\lambda = 0$ jeweils gleichzeitig auch den Grenzwert für $\lambda \to 0$ darstellt, kann λ als ein Gradmesser dafür angesehen werden, wie weit das λ-Fuzzy-Maß von einem Wahrscheinlichkeitsmaß entfernt ist.

4.3 Zerlegbare Maße

Die zerlegbaren Fuzzy-Maße basieren auf t-Normen und t-Conormen, die auch als Operatoren zur Verknüpfung von Fuzzy-Mengen verwendet werden und in Abschnitt 3.2.1 definiert wurden. Derartige Fuzzy-Maße wurden zuerst von Dubois und Prade (1982a) unter dem Namen "triangular norm based measures" eingeführt. Da dieser Begriff aber auch für auf t-Normen basierende Fuzzy-Maße, die über Fuzzy-Mengen definiert sind, verwendet wird, hat sich für auf gewöhnlichen Mengen definierte t-Norm- und t-Conorm-basierte Fuzzy-Maße der von Weber (1984b) vorgeschlagene Begriff der t-Norm- bzw. t-Conorm-zerlegbaren Fuzzy-Maße durchgesetzt.

Im Kapitel 3 wurden, wie es in der Literatur üblich ist, t-Normen und t-Conormen auf dem kartesischen Produkt von 2 Einheitsintervallen definiert, was aus dem stochastischen Hintergrund herrührt, aber auch für die Anwendung auf Zugehörigkeitsfunktionen durchaus sinnvoll ist, da diese ja ebenfalls auf das Einheitsintervall beschränkt sind. Es ist jedoch sofort einsichtig, daß die Definition ohne Einschränkung für die Eigenschaften einer t-Norm auf beliebige beschränkte, positive Intervalle ausgedehnt werden kann.[38] Dies ist vor allem bei der Bildung von t-Norm-basierten Maßen nützlich, wenn diese in Analogie zu gewöhnlichen Maßen nicht auf das Einheitsintervall beschränkt sein sollen.[39] Im folgenden soll daher unter einer t-Norm bzw. t-Conorm eine Funktion $[0, M] \times [0, M] \to [0, M]$ mit den in

---

[38] Desweiteren ist auch eine Ausweitung auf das kartesische Produkt von mehr als zwei Mengen ohne weiteres möglich, indem man die Komposition einer t-Norm mit sich selbst betrachtet (d.h. $t_n = t \circ t \circ \ldots \circ t$).

[39] Eine solche Definition benutzen z.B. Klement/Weber (1991). Wang/Klir (1992: 50-54) gehen sogar noch weiter und definieren in Anlehnung an t-Normen eine sog. T-Funktion auf dem gesamten reellen positiven Zahlenbereich und darauf aufbauend sog. Quasi-Maße. Die Eigenschaften dieser Quasi-Maße sind jedoch axiomatisch festgelegt und nicht wie bei der Verwendung von t-Normen aus der T-Funktion, die nur wesentlich schwächere Eigenschaften aufweist, abgeleitet worden. Letztendlich handelt es sich eigentlich um eine sog. Verzerrungsfunktion, wie sie im nächsten Abschnitt noch behandelt wird.

Abschnitt 3.2.2 definierten Eigenschaften verstanden werden.[40] Auf Einheitsintervalle beschränkte t-Normen werden im folgenden normiert genannt.

t-Conorm-zerlegbare Maße

Definition 4-5:

Eine Funktion $\mu: \mathcal{A} \to [0, \infty]$, $\mathcal{A} \subseteq \mathcal{P}(\Omega)$ heißt *t-Conorm-zerlegbares Maß*, wenn gilt[41]

(1) $\mu(\emptyset) = 0$

(2) $\mu(A \cup B) = \mathbf{s}\big(\mu(A), \mu(B)\big) \qquad \forall A, B \in \mathcal{A}: A \cap B = \emptyset$.

Ist Ω endlich, so ist μ ein Fuzzy-Maß, da die Bedingung (2) Monotonie impliziert. Im infiniten Fall entsprechen jedoch nicht alle t-Conorm-zerlegbare Maße den Bedingungen eines Fuzzy-Maßes. So ist z.B. ein auf dem *max*-Operator basierendes t-Conorm-zerlegbares Maß, das von Zadeh (1978) unter dem Begriff Possibilitätsmaß eingeführt wurde (siehe nächster Abschnitt), kein Fuzzy-Maß, sondern nur halbstetig von unten (vgl. Puri/Ralescu 1982). Welche der infiniten t-Conorm-zerlegbaren Maße auch Fuzzy-Maße sind, wird jedoch in der Literatur nicht weiter untersucht.

t-Conorm-zerlegbare Maße haben die Eigenschaft (vgl. Dubois/Prade 1982a: 48):

$$\mathbf{s}\big(\mu(A \cup B), \mu(A \cap B)\big) = \mathbf{s}\big(\mu(A), \mu(B)\big). \qquad (4.3)$$

Aus dieser Gleichung ist sofort ersichtlich, daß ein gewöhnliches additives Maß ein Spezialfall eines t-Conorm-zerlegbaren Maßes bei Verwendung der beschränkten Summe $\mathbf{s}(x, y) = \min\{M, x + y\}$ mit $\mu(\Omega) = M$ ist, nämlich dann, wenn die Grenze M nur für Ω bindend ist. Dann gilt nämlich:

$$\forall A \cap B = \emptyset: \mu(A \cup B) + \mu(A \cap B) =$$
$$= \min\{M, \mu(A) + \mu(B)\} + \mu(\emptyset) =$$
$$= \begin{cases} \mu(A) + \mu(B) < M & \text{für } A \cup B \neq \Omega \\ \mu(A) + \mu(B) = M & \text{für } A \cup B = \Omega \end{cases}$$

Insbesondere gilt dies auch für Wahrscheinlichkeitsmaße, die sich daher auch als Spezialfälle von bes_S-zelegbaren Maßen bei Normierung auf 1 herausstellen.

---

[40] Zu bedenken ist dabei, daß auch die erzeugende Funktion auf $[0, M]$ definiert ist, weshalb die Pseudoinverse folgende Gestalt hat:

$$g^{(-1)}(y) = \begin{cases} g^{-1}(y) & \text{für } y \in [0, g(M)] \\ M & \text{für } y \in (g(M), \infty] \end{cases}.$$

[41] Auch die Definiton von t-Conorm-zerlegbaren Maßen ist in der Literatur nicht übereinstimmend. Teilweise werden nur normierte Funktionen betrachtet (Weber 1984a), teilweise nur solche, die auf archimedischen t-Normen basieren (Klement/Weber 1991), teilweise werden sie nur auf Fuzzy-Maße beschränkt (Dubois/Prade 1982a), was allerdings nur für den endlichen Fall sinnvoll ist.

Interessant sind vor allem die auf archimedischen t-Conormen basierenden zerlegbaren Maße, die sich durch die erzeugenden Funktionen repräsentieren lassen (siehe Abschnitt 3.2.2). Die Vereinigungsbedingung lautet dann

$$\mu(A \cup B) = g^{(-1)}(g(\mu(A)) + g(\mu(B))). \tag{4.4}$$

Jedes archimedische t-Conorm-zerlegbare Maß läßt sich damit als die Transformation eines gewöhnlichen additiven Maßes, und im normierten Fall als Transformation eines Wahrscheinlichkeitsmaßes darstellen (vgl. Weber 1984a, Klement/Weber 1991):

$$\mu = g^{(-1)} \circ \nu \quad \text{mit } \nu \text{ additives Maß.} \tag{4.5}$$

Umgekehrt ist aber $g \circ \mu$ nicht immer ein additives Maß. Zwischen μ und ν besteht kein Isomorphismus, da, wie aus der Definition der Pseudoinversen in Gleichung (3.7) zu erkennen ist, $g^{(-1)}$ keine bijektive Abbildung ist. Schreibt man μ in seiner Repräsentation durch die erzeugende Funktion, so ergibt sich

$$\begin{aligned}(g \circ \mu)(A \cup B) &= g\big(g^{(-1)}(g(\mu(A)) + g(\mu(B)))\big) \\ &= g\big(g^{(-1)}(\nu(A) + \nu(B))\big) \\ &= \big(g \circ g^{(-1)} \circ \nu\big)(A \cup B),\end{aligned} \tag{4.6}$$

woraus man leicht sieht, wie die Komposition $g \circ \mu$ von den Eigenschaften der Pseudoinversen abhängt. Weber (1984a,b) unterscheidet daher drei Gruppen von zerlegbaren Maßen:

(S) Strikte archimedische t-Conorm-zerlegbare Maße μ. Für diese sind die erzeugende Funktion g und ihre Inverse $g^{(-1)}$ bijektiv, weshalb sich aus der Komposition $g \circ \mu : \mathcal{A} \to [0,\infty]$ ein σ-additives Maß ergibt.

(NSA) Nicht-strikte archimedische t-conorm-zerlegbare Maße μ mit $g(M) \geq \nu(\Omega)$. In diesem Fall kommt bei der Komposition $g \circ \mu$ nur der streng monoton steigende Teil der Pseudoinversen zur Anwendung, und es ergibt sich ein endliches σ-additives Maß $g \circ \mu : \mathcal{A} \to [0, M]$.

(NSP) Nicht-strikte archimedische t-conorm-zerlegbare Maße μ mit $g(M) < \nu(\Omega)$. In diesem Fall kommt auch der konstante Teil der Pseudoinversen zur Anwendung, d.h. es gibt eine Folge von disjunkten Teilmengen

$(A_n)_{n \in \mathbb{N}}, A_n \subset \mathcal{A}$, für die gilt $(g \circ \mu)\left(\bigcup_{n \in \mathbb{N}} A_n\right) = g(M) < \sum_{n \in \mathbb{N}}(g \circ \mu)(A_n)$.

Weber nennt dies ein *pseudo-σ-additives Maß* $g \circ \mu : \mathcal{A} \to [0, M]$.

Vor diesem Hintergrund läßt sich nun auch eine erste Antwort auf die Frage geben, welche infiniten t-conorm-zerlegbare Maße zugleich Fuzzy-Maße sind, d.h. die Stetigkeitsbedingungen erfüllen. Geht man noch einmal zur Gleichung (4.5) zurück, so sieht man sofort, daß offensichtlich alle t-Conorm-zerlegbaren Maße der Gruppen (S) und (NSA) Fuzzy-Maße sind. Diese sind als Komposition einer stetigen Funktion und eines additiven, d.h. stetigen Maßes, wiederum stetig. Aber auch aus der Gruppe (NSP) sind einige Funktionen Fuzzy-Maße, nämlich die, für deren erzeugende Funktion $g(M) = M$ gilt. Denn auch in diesem Fall ist $g^{(-1)}$ stetig. Wegen der Linksstetigkeit der Pseudoinversen der übrigen archimedischen t-Conormen sind darauf basierende Maße halbstetig von unten.

Beispiel: λ-Fuzzy-Maß

Im folgenden soll nun die Konstruktion eines zerlegbaren Maßes anhand eines Beispiels veranschaulicht werden. Das im vorletzten Abschnitt beschriebene λ-Fuzzy-Maß ist ein spezielles, auf der Weber'schen t-Conorm[42] basierendes zerlegbares Fuzzy-Maß; es ergibt sich nämlich dann, wenn die Beschränkung nach oben nicht oder nur für $\mu(\Omega)$ zutrifft. Eine erzeugende Funktion lautet, wie aus (4.1) leicht abzulesen ist:

$$g_\lambda(x) = \begin{cases} \dfrac{\ln(1+\lambda \cdot x)}{\ln(1+\lambda)} & \text{für } \lambda \neq 0, \lambda > -1 \\ x & \text{für } \lambda = 0 \end{cases} \qquad (4.7)$$

mit der Pseudoinversen

$$g_\lambda^{(-1)}(y) = \begin{cases} \left. \begin{array}{ll} \dfrac{1}{\lambda}\left[(1+\lambda)^y - 1\right] & \text{für } \lambda \neq 0, \lambda > -1 \\ y & \text{für } \lambda = 0 \end{array} \right\} & \text{für } y \leq 1 \\ 1 & \text{für } y > 1 \end{cases} \qquad (4.8)$$

Da die erzeugende Funktion nur eindeutig bis auf Multiplikation mit einem positiven Faktor ist, kann sie in einer allgemeineren und für die Konstruktion von konkreten Maßen angenehmeren Form auch folgendermaßen geschrieben werden:

$$g_{\lambda,\alpha}(x) = \begin{cases} \dfrac{\alpha}{\lambda} \cdot \ln(1+\lambda x) & \text{für } \lambda \neq 0, \lambda > -1 \\ \alpha \cdot x & \text{für } \lambda = 0 \end{cases} \quad \text{mit } \alpha > 0 \qquad (4.9)$$

mit der Pseudoinversen

$$g_{\lambda,\alpha}^{(-1)}(y) = \begin{cases} \left. \begin{array}{ll} \dfrac{1}{\lambda}\left[\exp\left(\dfrac{\lambda}{\alpha} \cdot y\right) - 1\right] & \text{für } \lambda \neq 0, \lambda > -1 \\ \dfrac{y}{\alpha} & \text{für } \lambda = 0 \end{array} \right\} & \text{für } y \leq \dfrac{\alpha}{\lambda} \cdot \ln(1+\lambda) \cdot M \\ M & \text{für } y > \dfrac{\alpha}{\lambda} \cdot \ln(1+\lambda) \cdot M \end{cases} \qquad (4.10)$$

Wie man leicht sieht, ist die erste Form ein Spezialfall der zweiten, nämlich für $\alpha = \lambda / \ln(1+\lambda)$ für $\lambda \neq 0$ bzw. $\alpha = 1$ für $\lambda = 0$ unter Beschränkung auf das Einheitsintervall, d.h. $M = 1$. In diesem Fall ergibt sich dann ein normiertes λ-Fuzzy-Maß.

Um nun die Bedeutung der Parameter α und λ genauer zu verstehen, sei von einer diskreten, endlichen oder abzählbar unendlichen Grundmenge Ω und einem einfa-

---

[42] Von der Entstehungsgeschichte her ist der Zusammenhang allerdings umgekehrt. Die von Weber (1983) vorgeschlagene t-Conorm geht auf das λ-Fuzzy-Maß von Sugeno (1974) zurück wie auch die darauf basierenden zerlegbaren Maße (Weber 1984a,b; Dubois/Prade 1982a). In der Literatur findet man daher auch häufig die Bezeichnung als Sugeno's t-Conorm. Im deutschsprachigen Raum hat sich jedoch der Begriff der Weber'schen Conorm durchgesetzt.

chen additiven Maß, dem sog. Zählmaß $\nu(A) = |A|$ ausgegangen, das die Kardinalität einer Menge angibt.[43] Mit der Normierung $M = 1$ läßt sich dann aus Gleichung (4.5) und (4.10) folgendes λ-Fuzzy-Maß berechnen:

$$\mu_{\lambda,\alpha}(A) = \begin{cases} \left. \begin{cases} \frac{1}{\lambda}\left[\exp\left(\frac{\lambda}{\alpha}\cdot|A|\right)-1\right] & \text{für } \lambda \neq 0 \\ \frac{1}{\alpha}\cdot|A| & \text{für } \lambda = 0 \end{cases} \right\} & \text{für } |A| \leq \frac{\alpha}{\lambda}\cdot\ln(1+\lambda) \\ 1 & \text{für } |A| > \frac{\alpha}{\lambda}\cdot\ln(1+\lambda) \end{cases} \quad (4.11)$$

d.h. das λ-Fuzzy-Maß $\mu_{\lambda\alpha}$ ist eine Transformation des normalen additiven Zählmaßes mit $g^{(-1)}$. Umgekehrt ergibt aber die Komposition des λ-Fuzzy-Maßes $\mu_{\lambda\alpha}$ mit der erzeugenden Funktion (4.9) nur unter bestimmten Bedingungen wieder das additive Zählmaß:

$$(g \circ \mu_{\lambda,\alpha})(A) = \begin{cases} |A| & \text{für } |A| \leq \frac{\alpha}{\lambda}\cdot\ln(1+\lambda) \\ \frac{\alpha}{\lambda}\cdot\ln(1+\lambda) & \text{für } |A| > \frac{\alpha}{\lambda}\cdot\ln(1+\lambda) \end{cases} \quad (4.12)$$

Die Bedeutung der Parameter λ und α soll im folgenden an graphischen Darstellungen erläutert werden. Auf der Abszisse wird dazu das Zählmaß abgetragen, da nur dieses aber nicht die zugrunde liegenden Mengen im Koordinatensystem abgebildet werden können.[44] Die Werte des λ-Fuzzy-Maßes $\mu_{\lambda\alpha}$ stehen auf der Ordinate. Die Graphiken zeigen damit die Transformation des additiven Maßes in das Fuzzy-Maß.[45] Für alle Graphiken wurde die Kardinalität der Grundgesamtheit auf 200 beschränkt, d.h. $|\Omega| = 200$.

---

[43] Das Beispiel ist Klement/Weber (1991) entlehnt.

[44] Genaugenommen bestehen die Kurven nicht aus durchgezogenen Linien sondern aus einzelnen Punkten, da die zugrunde liegende Grundgesamtheit und auch das darauf definierte Zählmaß diskret ist. Sofern der Maßstab nur hinreichend klein ist und die zugrundeliegende Grundgesamtheit hinreichend groß, ist dies in der graphischen Darstellung jedoch nicht mehr zu erkennen, was hier durchaus der Anschaulichkeit dient.

[45] Damit zeigen diese Graphiken nicht nur die Transformation des hier vorliegenden konkreten Beispiels eines Zählmaßes, sondern jedes gewöhnlichen Maßes, sofern dessen Bilder nur hinreichend dicht auf der Zahlengeraden liegen. Ein anderes denkbares Beispiel wäre ein Maß, das die Länge von abgeschlossenen Intervallen auf der reellen Zahlenachse angibt: $\mu([0,x]) = x$.

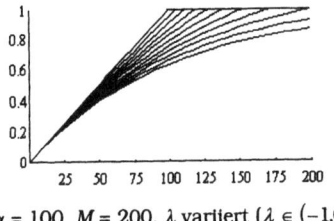 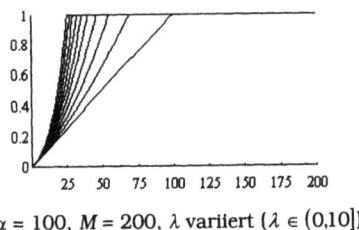

$\alpha = 100$, $M = 200$, λ variiert ($\lambda \in (-1,0)$) $\alpha = 100$, $M = 200$, λ variiert ($\lambda \in (0,10]$)

Abbildung 4.1: Variation von λ beim λ-Fuzzy-Maß

Eine Variation des Parameters λ bei konstantem α ist in Abbildung 4.1 dargestellt. Dieser ist, wie bereits im vorherigen Abschnitt gezeigt, ein Gradmesser für die Stärke der Sub- bzw. Superadditivität des Fuzzy-Maßes. Für $\lambda = 0$ ist das λ-Fuzzy-Maß im unbeschränkten Fall durch den Grenzwert

$$\lim_{x \to 0} \mu_{\lambda,\alpha} = \frac{x}{\alpha}$$

definiert und damit additiv. Die entsprechende Linie in den Graphiken ist dann eine Gerade mit Steigung $1/\alpha$. Gibt es eine obere Schranke, so knickt diese Gerade an der Schranke in eine waagerecht verlaufende Linie ab. Das λ-Fuzzy-Maß ist dann in diesem Bereich nicht mehr additiv.

Ist $\lambda < 0$, so ist das λ-Fuzzy-Maß subadditiv und die dazugehörigen Kurven liegen unterhalb des durch $\lambda = 0$ definierten Fuzzy-Maßes (linke Abbildung). Für $\lambda > 0$ liegen sie oberhalb (rechte Abbildung) und sind im unbeschränkten Bereich superadditiv. Man sieht deutlich, daß die Stärke der Abweichung vom additiven Maß mit zunehmenden Werten des Maßes überproportional steigt, was mit dem multiplikativen Faktor in der t-Conorm $\min\{M, x+y+\lambda xy\}$ zusammenhängt.

Der Parameter α hat dagegen eine ganz andere Funktion. Durch ihn wird der Bereich festgelegt, in welchem das λ-Fuzzy-Maß monoton steigend ist. In Kombination mit der Mächtigkeit von Ω ergeben sich dann die oben beschriebenen drei Typen von zerlegbaren Maßen. Betrachtet man zuerst den linearen Fall für $\lambda = 0$ (vgl. Abbildung 4.2, Mitte links), so sieht man sofort, daß $\mu_{\lambda,\alpha}$ im gesamten Bereich additiv ist, wenn α mindestens so groß wie $|\Omega|$ ist. Für $\lambda \neq 0$ muß dagegen

$$\alpha \geq \frac{\lambda |\Omega|}{\ln(1+\lambda)}$$

gelten, damit die obere Schranke nicht bindend wird. Dies trifft zu, wenn gilt:

$$v(\Omega) = |\Omega| \leq \frac{\alpha}{\lambda} \cdot \ln(1+\lambda) = g(1) = g(M).$$

Hieran sieht man sofort, daß es sich um λ-Fuzzy-Maße vom Typ (NSA) handelt, da das Fuzzy-Maß im Prinzip nach oben durch M beschränkt ist, diese Beschränkung aber durch die Endlichkeit von $|\Omega|$ nicht zum Tragen kommt. Bezieht man jedoch den Grenzwert $\lambda = -1$ mit in die Betrachtung ein, so erhält man in diesem Fall ein Fuzzy-Maß vom Typ (S), da es auch bei unendlicher Grundgesamtheit strikt ist, d.h. nicht nach oben von M eingeschränkt wird. Für $\alpha < \lambda|\Omega|/\ln(1+\lambda)$ handelt es sich um ein Fuzzy-Maß vom Typ (NSP).

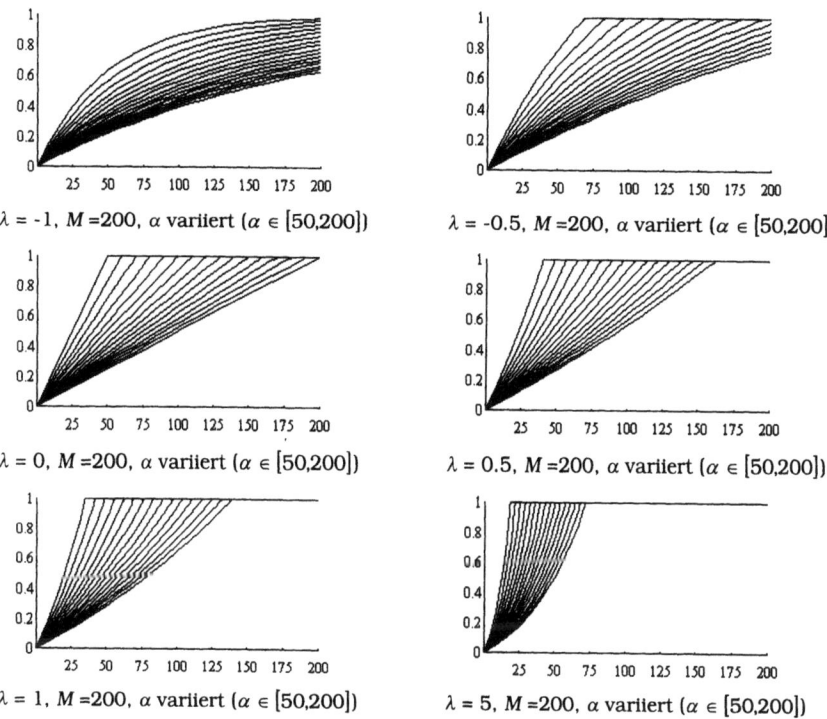

Abbildung 4.2: Variation von α beim λ-Fuzzy-Maß

Weist man nun dem Parameter α genau diesen Schwellenwert für jedes λ zu:

$$\alpha = \frac{\lambda|\Omega|}{\ln(1+\lambda)},$$

so sind die daraus resultierenden Fuzzy-Maße auf der Grundgesamtheit identisch, d.h. es gilt $\mu_\lambda(\Omega) = 1 \quad \forall \lambda > -1$. Man erhält damit ein λ-Fuzzy-Maß in der Form, wie es ursprünglich von Sugeno (1974) vorgeschlagen wurde:

$$\mu_\lambda(A) = \begin{cases} \dfrac{1}{\lambda}\left[\left(1+\lambda\right)^{\frac{|A|}{|\Omega|}} - 1\right] & \text{für } \lambda \neq 0, \lambda > -1 \\ \dfrac{|A|}{|\Omega|} & \text{für } \lambda = 0 \end{cases}$$

Für $\lambda = 0$ ergibt sich damit ein Wahrscheinlichkeitsmaß, das die relativen Anteile der Teilmengen an der Grundgesamtheit angibt. Durch die Restriktion auf der Grundgesamtheit lassen sich nun die Fuzzy-Maße für $\lambda \neq 0$ als Abweichung von genau diesem Wahrscheinlichkeitsmaß interpretieren. Die subadditiven Fuzzy-Maße für $\lambda < 0$ liegen dann über diesem Wahrscheinlichkeitsmaß, die superadditiven für $\lambda > 0$ darunter (vgl. Abbildung 4.3), was man sich an einem einfachen Beispiel verdeutlichen kann. Gibt es nur zwei disjunkte Teilmengen, die jeweils die Hälfte der Elemente der Grundgesamtheit umfassen, d.h. es gilt für das Wahrscheinlichkeitsmaß $\mu(A) = \mu(B) = 0.5$, so muß bei Verwendung eines superadditiven Maßes der Wert für wenigstens eine der beiden Teilmengen kleiner als 0.5 sein, wenn für ein positives λ die Bedingung $\mu(A) + \mu(B) + \lambda \cdot \mu(A) \cdot \mu(B) = 1$ gelten soll. Die entsprechende Kurve verläuft also unterhalb der des Wahrscheinlichkeitsmaßes.

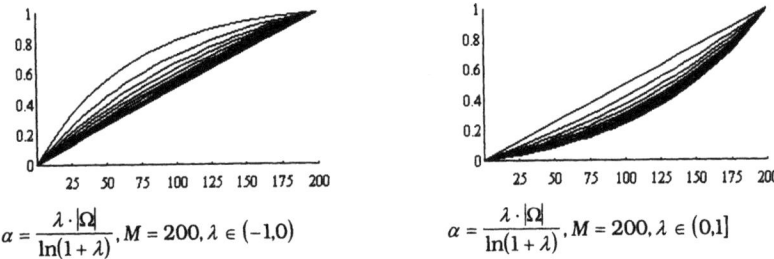

Abbildung 4.3: Gemeinsame Variation von α und λ beim λ-Fuzzy-Maß

Mit der Vorstellung eines zugrunde liegenden Zählmaßes läßt sich nun auch eine erste anschauliche Interpretation für Sub- und Superadditivität geben. Ausgangspunkt ist eine Grundgesamtheit Ω und deren Potenzmenge, für die das Zählmaß existiert, d.h. objektiv kann die Anzahl der Elemente der Teilmengen exakt bestimmt werden. Man stelle sich nun vor, daß die genaue Anzahl der Elemente der Mengen nicht bekannt ist, sondern vom Entscheider geschätzt werden muß. Weiter gehe man davon aus, daß ihm dies für kleinere Mengen relativ gut möglich ist und die Abschätzung größerer Mengen durch die Vereinigungsbildung erfolgt. Ist es ihm nun wichtig, daß eine mögliche Überschätzung der kleineren Mengen sich nicht zu einer extremen Überschätzung der größeren Mengen fortpflanzt, so wird er ein subadditives Maß wählen. Das gleiche gilt auch, wenn es ihm wichtig ist, daß kleine Mengen nicht unterschätzt werden. In diesem Fall darf man annehmen, daß er zu einer tendentiellen Überschätzung kleinerer Mengen neigt, dies aber bei der Abschätzung größerer Mengen berücksichtigen und entsprechend korrigieren wird. Umgekehrt wird er ein superadditives Maß wählen, wenn es ihm wichtig ist, daß große Mengen nicht unterschätzt oder kleine Mengen nicht überschätzt werden. Die Wahl des Maßes zur Konstruktion des Wertes für Vereinigungsmengen drückt also in diesem Fall eine Wertung darüber aus, welche Schätzfehler als bedeutsamer angesehen werden, bzw. das Zusatzwissen des Entscheiders, in welcher Richtung er erfahrungsgemäß Schätzfehler macht.⁴⁶ Damit läßt sich solches Zusatzwissen auch im Sinne einer Sensitivitätsanalyse nutzen, indem der Entscheider durch die Wahl sowohl eines sub- wie auch eines superadditiven Maßes angibt, innerhalb welcher Schranken er den maximalen Schätzfehler veranschlagt.

Daß solche Situationen gerade auch für die wirtschaftspolitische Praxis nicht unrelevant sind, zeigen folgende Überlegungen. Denkt man beispielsweise an Verhandlungen zwischen Gebietskörperschaften gleicher und verschiedener Ebenen, wenn der zu entscheidende Sachverhalt wie z.B. Finanzausgleichszahlungen von der Einwohnerzahl in der jeweiligen Region abhängen soll, so basieren diese häufig lediglich auf Schätzungen der zugunde liegenden Daten. Aufgrund von Mehrfachwohnsitzen ist die jeweils relevante exakte Einwohnerzahl der verschiedenen Gebietskörperschaften selbst bei einem umfassenden Meldewesen nicht immer bekannt. Denn je nach Sachverhalt muß im einzelnen erst festgelegt werden, wo eine Person sinnvollerweise als zugehörig gezählt werden soll. So mag auf kommunaler Ebene für kulturelle Einrichtungen der Familienwohnsitz, für öffentliche Nahverkehrssysteme aber der Arbeitsort das sinnvolle Abgrenzungskriterium sein. Für Fragen der Wohnraumversorgung und des Straßenverkehrs ist dagegen eine Mehrfachzählung, d.h. eine Zuordnung zu jeder Gemeinde, zweckmäßig. Zumindest im letzten Fall gilt dies allerdings nur für kleinere regionale Einheiten. Sobald man auf höhere Aggregationsebenen übergeht, ist im allgemeinen eine Mehrfachzählung innerhalb der größeren Einheit nicht mehr sinnvoll. So wird z.B. für Finanzausgleichszahlungen auf Länderebene, die an den Einwohnerzahlen des Landes anknüpfen, eine Mehrfachzählung von Personen, die innerhalb des Landes verschiedenen Gemeinden angehören, kaum ein akzeptierbares Konzept sein. In diesem Fall ist die Subadditivität offensichtlich: die Einwohnerzahl eines Landes ist kleiner als die Summe der Einwohnerzahlen der Gemeinden des Landes. Dies steht allerdings noch nicht im Widerspruch zu einem additiven Maß, da diese Subadditivität darauf zurückzuführen ist, daß die vereinigten Grundmengen nicht disjunkt sind. Die Schnittmenge der Einwohner zweier Gemeinden ist bei Personen mit doppeltem Wohnsitz nicht leer. Sofern diese Schnittmenge genau bekannt ist und ansonsten alle Personen exakt einer Gemeinde zugeordnet werden können, genügt die auf dem normalen Zählmaß basierende Arithmetik. Häufig ist aber dies aufgrund der oben geschilderten Zuordnungsproblematik auch bei vollständigen Meldedaten nicht immer gegeben. Zwar kann diese Information bei klar definierten Abgrenzungskriterien prinzipiell beschafft werden, was jedoch aufgrund des notwendigen Datenabgleichs mit relativ hohen Kosten verbunden ist.⁴⁷ Da der Anteil der Personen mit doppeltem Wohnsitz jedoch vergleichsweise klein ist, dürften die Kosten aufgrund von Schätzfehlern für viele Entscheidungen wohl als geringer veranschlagt werden. Damit stehen als Information die Einwohnerzahlen der Gemeinden zur Verfügung, von denen zusätzlich bekannt ist, daß sie augrund von Doppelzählungen zu einer Überschätzung von Aggregaten führen. Zur Abschätzung der Einwohnerzahlen auf der nächsthöheren Aggregationsebene ist es dann sinnvoll, ein subadditives Maß zu verwenden.

---

⁴⁶ Die beiden Interpretationen sind durchaus äquivalent, da das Wissen über systematische Schätzfehler als Präferenz gedeutet werden kann, den entgegengesetzten Fehler zu vermeiden, da man davon ausgehen kann, daß anderenfalls dieses Wissen zur Korrektur der systematischen Abweichung genutzt werden würde.

⁴⁷ In Ländern ohne Meldepflicht sind diese Kosten generell prohibitiv hoch.

t-Norm-zerlegbare Maße

Zusätzlich zu den t-Conorm-zerlegbaren Fuzzy-Maßen definieren Dubois und Prade (1982a, 1985) auch noch entsprechende auf t-Normen basierte Fuzzy-Maße.

Definition 4-6:

Eine Funktion $\mu: \mathcal{A} \to [0, M]$, $\mathcal{A} \subseteq \mathcal{P}(\Omega)$ heißt *t-Norm-zerlegbar*, wenn gilt

(1) $\mu(\emptyset) = 0$

(2) $\mu(A \cap B) = t(\mu(A), \mu(B))$ $\quad \forall A, B \in \mathcal{A}: A \cup B = \Omega$.

Solche t-Norm-zerlegbaren Fuzzy-Maße lassen sich dann mittels einer geeigneten Negation C aus t-Conorm-zerlegbaren Fuzzy-Maßen ableiten, und umgekehrt:

$$\mu_t(A) = c\left(\mu_s\left(A^C\right)\right). \tag{4.13}$$

Die Fuzzy-Maße heißen dann C-dual zueinander. t-Norm-zerlegbare Fuzzy-Maße haben dann auch die entsprechend dualen Eigenschaften, wobei zur Konstruktion solcher Fuzzy-Maße die Entsprechung zu (4.3) besonders wichtig ist:

$$t(\mu(A \cup B), \mu(A \cap B)) = t(\mu(A), \mu(B)). \tag{4.14}$$

Verwendet man das beschränkte Produkt $t(x, y) = \max\{0, x + y - M\}$ [48], so sieht man auch hier sofort, daß man bei nicht bindender Grenze nach unten ein additives Maß und bei Normierung ($M = 1$) ein Wahrscheinlichkeitsmaß erhält.

Mit der in Abschnitt 3.2.2 abgeleiteten Ordnung auf den t-Normen und t-Conormen

$$\mathrm{dra}_t(x, y) \leq \mathrm{bes}_t(x, y) \leq \mathrm{alg}_t(x, y) \leq \min(x, y)$$
$$\max(x, y) \leq \mathrm{alg}_s(x, y) \leq \mathrm{bes}_s(x, y) \leq \mathrm{dra}_s(x, y)$$

kann man nun auch eine entsprechende Ordnung auf den darauf basierenden Fuzzy-Maßen folgern. Da additive Maße Spezialfälle von bes_t-Conorm-zerlegbaren Fuzzy-Maßen sind, sind alle Fuzzy-Maße (auch die halbstetigen), die auf t-Conormen basieren, deren Ergebniswert kleiner als der der beschränkten Summe ist, subadditiv. Ist der Ergebniswert der t-Conorm größer, so ist sowohl Sub- als auch Superadditivität möglich. Daß der *max*-Operator ein (halbstetiges) Fuzzy-Maß erzeugt, das einen Grenzfall darstellt, ergibt sich bereits aus der Monotoniebedingung, aus der für alle stetigen und halbstetigen Fuzzy-Maße folgt:

$$\begin{aligned}\mu(A \cup B) &\geq \max\{\mu(A), \mu(B)\} \\ \mu(A \cap B) &\leq \min\{\mu(A), \mu(B)\}\end{aligned} \tag{4.15}$$

Ebenso ist auch das auf dem *min*-Operator basierende Maß ein Grenzfall aller t-Norm-zerlegbaren Maße. Welche Additivitätseigenschaften diese Maße haben, ist allerdings nicht ohne weiteres abzuleiten, da diese Maße über Durchschnittsoperatoren definiert sind und die dazugehörige Vereinigungsbildung unbekannt ist.

---

[48] Dies ist das auf $[0, M] \times [0, M]$ definierte beschränkte Produkt. Es ergibt sich aus der beschränkten t-Conorm durch das Komplement $\mathrm{bes}_t(A) = c\left(\mathrm{bes}_s\left(A^C\right)\right) = M - \mathrm{bes}_s\left(A^C\right)$.

t-Conorm- und t-Norm-zerlegbare Maße

Besonders interessiert daher die Frage, ob es zerlegbare Maße gibt, die sich sowohl durch eine t-Conorm als auch durch eine t-Norm charakterisieren lassen, für die also die Definition 4-5 und Definition 4-6 gleichzeitig gelten. Da sich jede t-Norm durch eine geeignete Negation aus einer t-Conorm berechnen läßt, ist dies gleichbedeutend mit der Frage, ob es t-Conorm-zerlegbare Maße gibt, für die gilt

$$\mu_t(A) = \mathbf{c}\big(\mu_s\big(A^C\big)\big) = \mu_s(A) \qquad \forall A \subseteq \mathcal{A}, \tag{4.16}$$

wobei μ_s ein t-Conorm-zerlegbares Maß bezeichnet und μ_t ein t-Norm zerlegbares. Um die Existenz einer solcher Negation zu überprüfen, lassen sich folgende Bedingungen nutzen, die direkt aus Definition 4-5 und Definition 4-6 folgen:

$$\forall A \in \mathcal{A} \subseteq \mathcal{P}(\Omega): \quad \mathbf{s}\big(\mu(A), \mu\big(A^C\big)\big) = \mu(\Omega)$$
$$\mathbf{t}\big(\mu(A), \mu\big(A^C\big)\big) = 0 \tag{4.17}$$

Wie man sofort sieht, erfüllen gewöhnliche additive Maße und insbesondere Wahrscheinlichkeitsmaße diese Bedingungen, da gilt:

$$\mu\big(A \cup A^C\big) = \mu(A) + \mu\big(A^C\big) = \mu(\Omega)$$
$$\mu\big(A \cap A^C\big) = \mu(A) + \mu\big(A^C\big) - \mu(\Omega) = 0.$$

Additive Maße sind somit nicht nur ein Spezialfall von auf der beschränkten Summe basierenden zerlegbaren Fuzzy-Maßen, sondern sie sind darüber hinaus auch t-Norm-zerlegbar bei Verwendung der dualen t-Norm, d.h. des beschränkten Produkts.

Welche anderen zerlegbaren Maße auch diese Eigenschaft besitzen, ist bislang kaum untersucht worden. Lediglich Dubois und Prade (1982a) setzen sich mit dieser Frage auseinander und benennen einige Kriterien, um der Antwort näher zu kommen. Allerdings untersuchen sie nur normierte Maße auf endlichen Grundgesamtheiten.

So zeigen sie auf, daß außer im Trivialfall des Dirac-Maßes alle t-Conorm-zerlegbaren Maße, für die

$$\max\big\{\mu(A), \mu\big(A^C\big)\big\} = 1 \quad \forall A \in \mathcal{A}$$

gilt, nicht gleichzeitig t-Norm-zerlegbar sind. Dies folgt aus der Bedingung (4.17), die die Äquivalenz von $\mu(A)=1$ und $\mu(A^C)=0$ impliziert. Das einzige Maß, für das dies zutrifft, ist das Dirac-Maß. Zu der Gruppe der Maße, die nicht gleichzeitig t-Norm- und t-Conorm-zerlegbar sind, gehören damit all jene, die auf strikten t-Conormen wie den Hamacher- und den Frank-Operator basieren (vgl. Anhang 11.6), sowie auf solchen t-Conormen, die zwischen dem *max*-Operator und der algebraischen Summe liegen. Dubois/Prade (1982a) nennen diese Gruppe *Pseudo possibilities*, in Anlehnung an das Possibilitätsmaß (vgl. folgender Abschnitt), das zu dieser Gruppe gehört.

Weiter zeigen sie, daß für eine bestimmte Gruppe von t-conorm-zerlegbaren Maßen immer eine Negation existiert, so daß das Maß gleichzeitig auch auf der C-dualen t-Norm basiert. Hinreichende Bedingungen dafür sind

(a) die zugrundeliegende t-Conorm ist nilpotent

(b) die erzeugende Funktion angewandt auf die "Dichte" des Fuzzy-Maßes[49] ist additiv, d.h.

$$\sum_{i=1}^{n} g\big(\mu(\{x_i\})\big) = g(1).$$

Diese Bedingungen sind äquivalent zu denen, die Weber für zerlegbare Maße vom Typ (NSA) angibt, da (a) Nicht-Striktheit impliziert und (b) zu der Bedingung "$g \circ \mu$ ist additiv" äquivalent ist. Das heißt, es handelt sich um Maße, die auf archimedischen Conormen mit endlicher erzeugender Funktion, d.h. solchen mit Nullteiler basieren, für die über den gesamten Definitonsbereich die obere Schranke nicht bindend ist (vgl. Anhang 11.6). Diese Gruppe nennen Dubois/Prade (1982a) *Pseudo probabilities*. Zu ihr gehören zerlegbare Maße, die auf den Conormen von Weber, Yager und Schweizer/Sklar basieren.

Die zugehörigen t-Normen, für die diese Maße gleichzeitig t-Norm-zerlegbar sind, sind allerdings nicht die üblicherweise angegebenen bzgl. der Negation $c(x) = 1-x$, sondern die konjugierten des De Morgan-Tripels $\langle t, s, c \rangle$, das auch die Gesetze der Komplementarität erfüllt, wie sie in Abschnitt 3.2.2 abgeleitet wurden (vgl. Anhang 11.6). Zudem ist dabei zu bedenken, daß die Verwendung von gleichzeitig t-Norm- und t-Conorm-zerlegbaren Maßen außer bei den beschränkten Operatoren nicht zu Grenzwerten führt, denen ein nicht parametrisiertes t-Norm/t-Conorm-Paar zugrunde liegt (vgl. Tabelle 3-2 in Abschnitt 3.2.2).

Beispiel für ein t-Norm- und t-Conorm-zerlegbares Fuzzy-Maß: λ-Fuzzy-Maß

Betrachtet man nochmals das oben beschriebene Beispiel eines λ-Fuzzy-Maßes, so erfüllt das Maß für $\alpha = \lambda|\Omega|/\ln(1+\lambda)$ die zuletzt genannten Bedingungen, d.h.

$$\mu_\lambda(A) = \begin{cases} \dfrac{1}{\lambda}\left[\left(1+\lambda\right)^{\frac{|A|}{|\Omega|}} - 1\right] & \text{für } \lambda \neq 0, \lambda > -1 \\ \dfrac{|A|}{|\Omega|} & \text{für } \lambda = 0 \end{cases}$$

ist auch t-Norm zerlegbar, wie sich bei Verwendung der Weber'schen t-Norm leicht zeigen läßt:

---

[49] Als "Dichte" $\{\mu_i\}_i$ eines auf einer endlichen Grundgesamtheit definierten Fuzzy-Maßes bezeichnen Dubois/Prade (1982a) die Werte des Maßes für die Einermengen der Grundgesamtheit:

$$\{\mu_i\}_i : \quad \mu_i = \mu(\{x_i\}), \, x_i \in \Omega = \{x_1,...,x_n\} \wedge s(\mu_1,...,\mu_n) = 1.$$

$$\mu_\lambda(A \cap B) = \qquad\qquad A, B \in \mathcal{A}, A \cup B = \Omega$$
$$t(\mu_\lambda(A), \mu_\lambda(B)) = \qquad\qquad \lambda \neq 0, \lambda > -1$$
$$\max\left\{0, \frac{\mu_\lambda(A) + \mu_\lambda(B) - 1 + \lambda \mu_\lambda(A)\mu_\lambda(B)}{1+\lambda}\right\} =$$

$$\max\left\{0, \frac{\frac{1}{\lambda}\left[(1+\lambda)^{\frac{|A|}{|\Omega|}} - 1\right] + \frac{1}{\lambda}\left[(1+\lambda)^{\frac{|B|}{|\Omega|}} - 1\right] - 1 + \lambda \frac{1}{\lambda}\left[(1+\lambda)^{\frac{|A|}{|\Omega|}} - 1\right]\frac{1}{\lambda}\left[(1+\lambda)^{\frac{|B|}{|\Omega|}} - 1\right]}{1+\lambda}\right\} =$$

$$\max\left\{0, \frac{\frac{1}{\lambda}\left[(1+\lambda)^{\frac{|A|+|B|}{|\Omega|}} - 1\right]}{1+\lambda}\right\} =$$

$$\max\left\{0, \frac{1}{\lambda}\left[(1+\lambda)^{\frac{|A|+|B|-|\Omega|}{|\Omega|}} - 1\right]\right\} = \frac{1}{\lambda}\left[(1+\lambda)^{\frac{|A|+|B|-|\Omega|}{|\Omega|}} - 1\right] = \frac{1}{\lambda}\left[(1+\lambda)^{\frac{|A \cap B|}{|\Omega|}} - 1\right]$$

Das t-Conorm-zerlegbare Maß μ_λ erfüllt also die Bedingungen der Definition 4-6 und ist damit auch t-Norm-zerlegbar.

Beispiel für ein nicht gleichzeitig t-Norm- und t-Conorm-zerlegbares Fuzzy-Maß: *max*- und *min*-Operator

Auch ein auf dem *max*-Operator basierendes Maß ist t-Conorm-zerlegbar. Daß es zu der Gruppe der Maße gehört, für die $\forall A \in \mathcal{A}$: $\max\{\mu(A), \mu(A^\vee)\} = 1$ gilt, ist offensichtlich. Daß von *max*- und *min*-Operator nicht das gleiche zerlegbare Maß erzeugt werden kann, kann ebenfalls anhand eines einfachen Beispiels leicht veranschaulicht werden:

Sei $\Omega = \{A, B\}, \mu(A) = 1, \mu(B) = 0.8$.

Damit ergibt sich bei Verwendung des *max*-Operators

$$\mu(\Omega) = \mu(A \cup B) = \max\{\mu(A), \mu(B)\} = 1 \qquad A \cap B = \varnothing.$$

Da gleichzeitig gilt $A \cup B = \Omega$, muß gelten

$$\mu(A \cap B) = \mu(\varnothing) = 0.$$

Dies kann aber nicht der *min*-Operator sein, da dieser

$$\min\{\mu(A), \mu(B)\} = 0.8$$

liefert.

Wie diese Beispiele zeigen, scheinen t-Norm- und t-Conorm-zerlegbare Fuzzy-Maße für die praktische Anwendung ein großes Potential zu bieten, da mit den fest definierten Operatoren die damit verbundene Arithmetik genutzt werden kann. Daher ist es umso erstaunlicher, daß diese Frage in der Literatur kaum verfolgt wird. Zudem existieren hier wohl einige Unklarheiten. So behauptet z.B. Billot (1991a), daß das Wahrscheinlichkeitsmaß das einzige Maß wäre, das sowohl t-Norm- als auch t-Conorm-zerlegbar sei. Dies gilt jedoch nur, wenn man ausschließlich die

Negation $c(x) = 1-x$ zuläßt. Hier macht es sich negativ bemerkbar, daß die Frage nach einer angemessenen Komplementbildung in der Fuzzy-Mathematik bislang eher stiefmütterlich behandelt wird. Wie im nachfolgenden noch zu zeigen sein wird, liegt gerade in den zerlegbaren Maßen ein großes Potential der Verbindung von Fuzzy-Mengen-Theorie und maßtheoretischen Ansätzen.

4.4 Possibilitätsmaß

Eine derartige Verbindung von Fuzzy-Maßen und Fuzzy-Mengen wurde bereits von Zadeh (1978) mit der Einführung des Possibilitätsmaßes aufgezeigt. Sein Ausgangspunkt war die Interpretation der Zugehörigkeitsfunktion einer Fuzzy-Menge als eine Art Verteilungsfunktion, die er in Anlehnung an das Konzept der Wahrscheinlichkeitsverteilung *Possibilitätsverteilung* nennt. Diese gibt an, zu welchem Grad ein bestimmtes Objekt mit dem als Fuzzy-Menge beschriebenen Konzept einer linguistischen Variablen übereinstimmt.

Definition 4-7:

Eine Funktion $\pi: \Omega \to [0,1]$ heißt *Possibilitätsverteilung* auf Ω, wenn gilt

$$\sup_{x \in \Omega} \pi(x) = 1 \quad \text{Normierung.}$$

Mittels der Supremumbildung läßt sich dann aus jeder Possibilitätsverteilung ein Maß erzeugen, das Zadeh Possibilitätsmaß nennt. Dieses läßt sich ebenfalls in Anlehnung an das Wahrscheinlichkeitsmaß interpretieren. Während das Wahrscheinlichkeitsmaß angibt, mit welcher (objektiven) Wahrscheinlichkeit ein Ereignis aus der Ereignismenge das Ergebnis des Zufallsprozesses ist, so gibt das Möglichkeitsmaß den Grad der Möglichkeit an, daß ein Element in der Argumentenmenge liegt.

Definition 4-8:

Eine Funktion $Pos: \mathcal{A} \to [0,1]$, $\mathcal{A} \subseteq \mathcal{P}(\Omega)$ heißt *Möglichkeitsmaß* oder *Possibilitätsmaß* auf $\mathcal{A}$ (*possibility measure*), wenn gilt:

(1) $Pos(\emptyset) = 0$

(2) $Pos(\Omega) = 1$

(3) $A_1, A_2, \ldots \in \mathcal{A} \Rightarrow Pos\left(\bigcup_i A_i\right) = \sup_i Pos(A_i)$.

Für endliche Ω genügt die Bedingung
$Pos(A \cup B) = \max\{Pos(A), Pos(B)\} \quad \forall A, B \in \mathcal{A}$.

Ein Possibilitätsmaß wird demnach durch $Pos(A) = \sup_{x \in A} \pi(x)$ aus der Possibilitätsverteilung[50] erzeugt, während umgekehrt durch $\pi(x) = Pos(\{x\})$ $\forall x \in \Omega$ die zum Possibilitätsmaß zugehörige Possibilitätsverteilung auf Ω bestimmt wird. Bei dieser Bestimmung der Possibilitätsverteilung[51] erhält man im diskreten Fall ein Analogon zur Wahrscheinlichkeitsfunktion und im stetigen Fall ein Analogon zur Dichtefunktion, die auch entsprechend als Possibilitätsdichte[52] bezeichnet wird.

Im endlichen Fall ist ein Possibilitätsmaß ein Fuzzy-Maß, was jedoch im infiniten Fall nicht immer gilt (vgl. Puri/Ralescu 1982). Hier ist nur Halbstetigkeit von unten gesichert. Das Possibilitätsmaß ist von der Intention her nur als normiertes Maß definiert, jedoch läßt sich auch dieses allgemein definieren, wie es Wang/Klir (1992) als *verallgemeinertes Possibilitätsmaß* einführen. Jedoch geht dabei die anschauliche Interpretation als Grad der Möglichkeit verloren.

Wie bereits im vorherigen Abschnitt diskutiert wurde, ist ein Possibilitätsmaß ein *max*-zerlegbares Maß, das jedoch nicht gleichzeitig t-Norm-zerlegbar ist. Das durch die duale t-Norm, den *min*-Operator, gebildete t-Norm-zerlegbare Maß heißt Notwendigkeitsmaß.

Definition 4-9:

Eine Funktion $Nec: \mathcal{A} \to [0,1]$, $\mathcal{A} \subseteq \mathcal{P}(\Omega)$ heißt *Notwendigkeitsmaß* oder *Nezessitätsmaß* auf $\mathcal{A}$ (*necessity measure*), wenn gilt:

(1) $Nec(\emptyset) = 0$

(2) $Nec(\Omega) = 1$

(3) $A_1, A_2, \ldots \in \mathcal{A}$ $\Rightarrow$ $Nec\left(\bigcap_i A_i\right) = \inf_i Nec(A_i)$.

Für endliche Ω genügt auch hier die Bedingung
$Nec(A \cap B) = \min\{Nec(A), Nec(B)\}$ $\forall A, B \in \mathcal{A}$.

---

[50] Allerdings ist der Begriff Possibilitätsverteilung hier etwas mißverständlich, da auch andere Verteilungsfunktionen als die des Possibilitätsmaßes die Normierungseigenschaft erfüllen. Erst durch Festlegung des Maßes für disjunkte Vereinigungen wird das erzeugte Maß eindeutig bestimmt. Bei Verwendung anderer Vereinigungsoperatoren als dem Supremum oder dem Maximum ergeben sich auch bei Verteilungen mit der Normierungseigenschaft andere unscharfe Maße. Wie im vorherigen Abschnitt diskutiert wurde, sind dies alle Maße, die als *Pseudo possibilities* bezeichnet werden.

[51] Zu beachten ist hierbei, daß bei dieser Definition π auf Ω, Pos jedoch auf der σ-Algebra $\mathcal{A} \subset \mathcal{P}(\Omega)$ definiert ist. Damit wird deutlich, daß mit dem Begriff der Possibilitätsverteilung nicht das Analogon zu dem in der gewöhnlichen Maßtheorie verwendeten Begriff der Verteilung gemeint ist, das als Bildmaß einer meßbaren Abbildung über einem Wahrscheinlichkeitsraum definiert wird (vgl. Bauer 1991: 15, Dinges/Rost 1982: 197) und daher selbst ein Wahrscheinlichkeitsmaß ist (vgl. Billingsley 1986: 68). Hier wird das Analogon zu einem Verteilungsbegriff definiert, der auch häufig als Synonym für die Wahrscheinlichkeitsfunktion gebraucht wird (z.B. Reinhardt/Soeder 1990: 471).

[52] Der Begriff "Dichte" wird vereinzelt auch im diskreten Fall für die Maße auf den Einermengen von Ω verwendet (z.B. Dubois/Prade 1982a).

Das Nezessitätsmaß läßt sich damit auch direkt aus dem Possibilitätsmaß berechnen:

$$A_1, A_2, \ldots \in \mathcal{A} \Rightarrow Nec\left(\bigcap_i A_i\right) = \inf_i Nec(A_i) = \inf_{x \notin \mathcal{A}} \{1 - \pi(x)\}$$

$$\Rightarrow \forall A \in \mathcal{P}(\Omega) \quad Nec(A) = 1 - Pos(A^C).$$

Das Nezessitätsmaß gibt in Analogie zum Possibilitätsmaß den Grad an, daß ein nichtlokalisiertes Element notwendigerweise in der Argumentmenge liegt. Es handelt sich dabei um eine doppelte Negation, die jedoch auf den zwei unterschiedlichen Ebenen der Bewertung und der zu bewertenden Menge durchgeführt wird und damit nicht mit der ursprünglichen Aussage identisch ist. Da sich zwar die Realisation eines Ereignisses und seines Gegenereignisses gegenseitig ausschliessen, aber nicht die Möglichkeiten ihrer Realisation[53], ist die "Möglichkeit, daß ein Ereignis eintritt" nicht identisch mit der "Unmöglichkeit, daß das Gegenereignis eintritt". Letztere kann damit eher als "Notwendigkeit oder Sicherheit, daß das Ereignis eintritt" interpretiert werden.

Ein derartiges Konzept wurde bereits von Shackle (1953, 1961) vorgeschlagen, der davon ausgeht, daß Entscheidungen nicht aufgrund subjektiver Wahrscheinlichkeiten sondern in Abhängigkeit des *Grades der potentiellen Überraschung* getroffen werden. Ereignisse werden dabei danach eingestuft, wie "überrascht" ein Individuum beim Eintritt dieses Ereignisses wäre. Konsequenterweise werden danach Ereignisse mit hoher Eintrittswahrscheinlichkeit als nicht überraschend eingestuft und mit einem niedrigen Überraschungsgrad bewertet und Ereignisse mit niedrigen Eintrittswahrscheinlichkeiten mit einem hohen Überraschungsgrad bewertet. Dabei mögen dann Ereignisse mit unterschiedlichen Eintrittswahrscheinlichkeiten trotzdem den gleichen Überraschungsgrad besitzen. Das von Shackle vorgeschlagene Maß erfüllt damit nicht die Bedingungen der Additivität, und es berechnet sich nach der hier verwendeten Notation als $Nec(A^c)$.

Zwischen Possibilitätsmaß, Wahrscheinlichkeitsmaß und Nezessitätsmaß bestehen nun folgende Beziehungen:

- Da das Possibilitätsmaß und das Nezessitätsmaß die Grenzfälle der zerlegbaren Maße sind (vgl. Bedingung (4.15)), gilt: $Pos(A) \geq Prob(A) \geq Nec(A)$.
- Aufgrund der Normierungseigenschaft der Possibilitätsverteilung gilt

$$\max\{Pos(A), Pos(A^C)\} = 1 \quad \forall A \in \mathcal{A} \text{ und}$$
$$\min\{Nec(A), Nec(A^C)\} = 0 \quad \forall A \in \mathcal{A},$$

woraus folgt

$$Nec(A) > 0 \Rightarrow Pos(A) = 1 \text{ und}$$
$$Pos(A) < 1 \Rightarrow Nec(A) = 0.$$

---

[53] Die Tatsache, daß ein Lottogewinn möglich ist, schließt nicht aus, daß es auch möglich ist zu verlieren.

Beispiel: Heizungsanlage

Possibilitäts- und Nezessitätsmaß sollen nun anhand eines einfachen Beispiels veranschaulicht werden. Man gehe dabei von folgender Entscheidungssituation aus: Ein Hausbesitzer, dessen Heizungsanlage defekt ist, steht vor der Wahl, die Anlage reparieren zu lassen mit einer erwarteten weiteren Lebensdauer von 10 Jahren oder eine gleichartige neue Anlage zu kaufen, die eine deutlich höhere Lebenserwartung aufweist. Der Neukauf einer Anlage steht im Falle der Wahl, die alte Anlage zu reparieren, dann an, wenn diese wiederum defekt wird. Nun würde der Hausbesitzer gerne eine Anlage mit Sonnenkollektoren anschaffen, da er sich davon eine erhebliche Senkung der laufenden Betriebskosten verspricht. Allerdings sind z.Z. noch keine Anlagen am Markt, die leistungsfähig genug sind, um auch in Gegenden mit zeitweise starker Bewölkung eine ausreichende Energieversorgung sicherzustellen.

Um nun eine Entscheidung treffen zu können, muß der Hausbesitzer Erwartungen bzgl. der technischen Weiterentwicklung von traditionellen und von Sonnenenergieanlagen bilden. Insbesondere ist dabei die zu erwartende Entwicklung in den nächsten 10-15 Jahren von Interesse, da der Hausbesitzer mit großer Wahrscheinlichkeit innerhalb dieser Zeit die Anlage ersetzen muß. Bezüglich der Weiterentwicklung traditioneller Anlagen, die in einer weiteren kontinuierlichen Steigerung der Effizienz liegen dürfte, liegen mit den Daten der vergangenen Entwicklung vergleichsweise viele Informationen vor, so daß man davon ausgehen kann, daß der Entscheider in der Lage ist, hinsichtlich der künftigen Kostenentwicklung bei traditionellen Anlagen eine Wahrscheinlichkeitsverteilung anzugeben.

Dies gilt jedoch nicht in gleicher Weise für die Entwicklung von Sonnenenergieanlagen. Hier hat der Hausbesitzer evtl. nur eine sehr vage Vorstellung davon, was in den nächsten Jahren technisch möglich ist und wie sich in Abhängigkeit davon die Betriebskosten einer solchen Anlage entwickeln würden. Das Possibilitätsmaß in Abbildung 4.4 mag dann beispielsweise ausdrücken, wie der Entscheider im Zeitverlauf die Möglichkeit einschätzt, daß eine Sonnenenergieanlage entwickelt wird, die seinen Wärmeenergiebedarf mit laufenden Betriebskosten von etwa 30% seiner momentanen Kosten abdeckt. Noch etwas anderes ist aber seine Einschätzung, ob

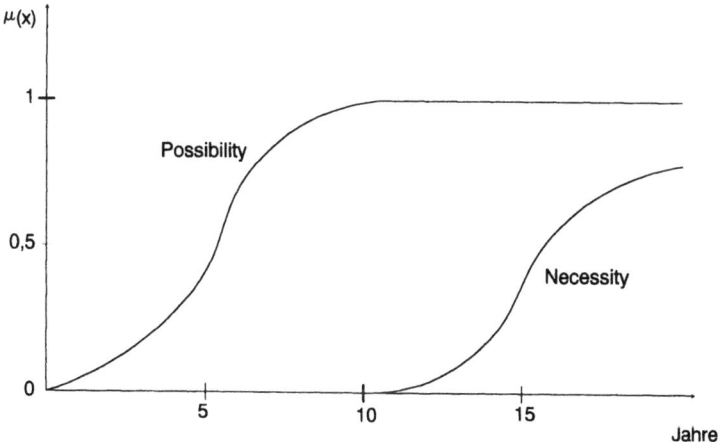

Abbildung 4.4: Possibilitäts- und Nezessitätsverteilung

eine Entwicklung, die er für möglich hält, auch tatsächlich eintreten wird. Im Falle der Heizungsanlagen wird dies sicherlich von den Vorstellungen des Hausbesitzers über die Mechanismen am relevanten Markt abhängen, also von seiner Erwartung, wie schnell technisch mögliche Produkte auch am Markt angeboten werden. Diese Erwartungshaltung wird durch das Nezessitätsmaß in Abbildung 4.4 abgebildet und drückt die "Sicherheit, daß die Entwicklung möglich ist und realisiert wird" aus.

Bei der in Abbildung 4.4 dargestellten Situation geht der Entscheider davon aus, daß spätestens nach 10 Jahren der Bau einer Sonnenenergieanlage mit den geforderten Eigenschaften möglich sein wird. Im Zeitraum davor geht er von einem kontinuierlich steigenden Möglichkeitsgrad aus, er ist sich jedoch nicht sicher, daß der Bau einer solchen Anlage tatsächlich möglich sein wird. Entsprechend kann er auch nicht sicher sein, daß eine solche Anlage am Markt angeboten wird. Der Notwendigkeitsgrad hat damit den Wert Null. Dieser wird erst dann positiv, wenn der Bau dieser Anlage uneingeschränkt als möglich erachtet wird. Die Wahrscheinlichkeit, daß eine entsprechende Anlage erworben werden kann, liegt zu jedem Zeitpunkt zwischen dem Possibilitäts- und dem Nezessitätsmaß.

Für Sugeno's λ-Fuzzy-Maß und darüber hinaus für alle auf archimedischen t-Conormen basierenden zerlegbaren Maße konnte gezeigt werden, daß sie sich als Transformation eines Wahrscheinlichkeitsmaßes darstellen lassen. Zwar ist das Possibilitätsmaß nicht archimedisch, trotzdem existiert auch hier eine solche Transformation. Von Dubois und Prade (1983a) wurde für den endlichen Fall folgende bijektive Transformation zwischen der Possibilitätsverteilung π und der Wahrscheinlichkeitsverteilung p vorgeschlagen:

$$\pi(x_i) = \sum_{j=1}^{N} \min\{p(x_i), p(x_j)\}$$
$$p(x_i) = \sum_{j=i}^{N} \frac{1}{j}\left(\pi(x_j) - \pi(x_{j+1})\right) \quad \text{wobei} \quad 1 = \pi(x_1) \geq \pi(x_2) \geq ... \geq \pi(x_{N+1}) = 0.$$

Allerdings gibt es nicht nur eine Possibilitäts-Wahrscheinlichkeits-Transformation, sondern von verschiedenen Autoren (z.B. Klir 1990) wurden auch andere Vorschläge unterbreitet, die jeweils unterschiedliche Wahrscheinlichkeitsverteilungen liefern. Verallgemeinerungen für den unendlichen Fall wurden von Sudkamp (1992) und Wonneberger (1994) vorgeschlagen. Auch Krelle (1968: 191) hat bereits eine solche Transformation bezüglich des Shackle'schen Überraschungsgrades vorgeschlagen und daraus die Schlußfolgerung gezogen, daß nicht-additive Maße nicht notwendig seien, da die daraus berechenbare Wahrscheinlichkeitsverteilung im Sinne einer subjektiven Wahrscheinlichkeit verwendet werden kann. Allerdings zeigt die fehlende Eindeutigkeit der zuzuordnenden Wahrscheinlichkeitsverteilung die Problematik dieses Arguments. Sofern die Individuen nur Possibilitätswerte angeben können, müssen zur Verwendung einer Wahrscheinlichkeitsverteilung weitergehende Annahmen über den funktionalen Zusammenhang beider Maße getroffen werden. Die Auswahl einer bestimmten Transformation wird dann doch eher willkürlich erscheinen. Eine weichere Modellierung mit dem Possibilitätsmaß erscheint daher angebracht.

Beispiel:

Sei $\Omega = \{A, B, C, D, E\}$ mit der in nachfolgender Tabelle gegebenen Possibilitätsverteilung. Die Nezessität ist dann eindeutig über die Possibilität der jeweiligen Komplementmenge bestimmbar. Eine Wahrscheinlichkeitsverteilung läßt sich durch die Formel von Dubois/Prade (1983a) bestimmen, eine andere durch die von Krelle (1968).

	A	B	C	D	E
Possibilität	1	0,9	0,5	0,5	0,3
Nezessität	0,1	0	0	0	0
Wahrscheinlichkeit Dubois/Prade (1983a)	0,41	0,31	0,11	0,11	0,06
Krelle (1968)	7/17	6/17	2/17	2/17	0

4.5 Untere und obere Wahrscheinlichkeiten

Das Konzept der unteren und oberen Wahrscheinlichkeiten geht auf Koopman (1940) zurück[54] und wurde dann vor allem von Dempster (1967, 1968) aufgegriffen und weiterentwickelt. Von Strassen (1964) wurde zuerst der Zusammenhang zu den von Choquet (1953) eingeführten Kapazitäten aufgezeigt. Die wesentlichen Weiterentwicklungen gehen jedoch auf Shafer (1976) zurück, der diesen Ansatz mit den sogenannten Belief- und Plausibility-Maßen auch einer anderen inhaltlichen Interpretation zugänglich machte.

Die Begriffe der unteren und oberen Wahrscheinlichkeiten werden in der Literatur jedoch nicht einheitlich verwendet. Generell handelt es sich dabei um die Bestimmung oberer und unterer Schranken für eine Schar von Wahrscheinlichkeiten, an die jedoch unterschiedlich restriktive Anforderungen gestellt werden. Die schwächsten Anforderungen gehen auf Good (1962) zurück, der die Additivitätseigenschaft von Wahrscheinlichkeiten zur Abschätzung der Schranken verwendet:

Definition 4-10:

Die Funktionen $P_*: \mathcal{A} \to [0,1]$, $P^*: \mathcal{A} \to [0,1]$, $\mathcal{A} \subseteq \mathcal{P}(\Omega)$ heißen *untere Wahrscheinlichkeit* und *obere Wahrscheinlichkeit* auf $\mathcal{A}$, wenn gilt:

(1) $P_*(\emptyset) = P^*(\emptyset) = 0$

(2) $P_*(\Omega) = P^*(\Omega) = 1$

---

[54] Allerdings sind derartige Überlegungen bereits im 17. und 18. Jahrhundert in den Arbeiten von Bernoulli und Lambert zu finden (vgl. Shafer 1978).

(3) $A, B \in \mathcal{A} \land A \cap B = \emptyset \Rightarrow$
$P_*(A) + P_*(B) \leq P_*(A \cup B) \leq P_*(A) + P^*(B) \leq P^*(A \cup B) \leq P^*(A) + P^*(B)$

(4) $P^*(A) = 1 - P_*(A^C)$.

Untere Wahrscheinlichkeiten sind demnach superadditiv und obere subadditiv.

Eine Definition mit strengeren Anforderungen geht auf Smith (1961) zurück, der wie viele spätere Autoren auch, nur die größte untere und kleinste obere Schranke der Wahrscheinlichkeitenschar betrachtet, für die dann sinnvollerweise besser der Begriff der Einhüllenden gebraucht wird, wie er von Anger (1972) sowie von Walley und Fine (1982) eingeführt wurde:

Definition 4-11:
Sei $(\Omega, \mathcal{A})$ ein Meßraum und Π eine nicht-leere Familie von Wahrscheinlichkeitsmaßen auf $(\Omega, \mathcal{A})$, dann heißt

$P_*(A) = \inf\{P(A) | P \in \Pi\}$ *untere Einhüllende*, und

$P^*(A) = \sup\{P(A) | P \in \Pi\}$ *obere Einhüllende*.

Jede untere bzw. obere Einhüllende ist dann auch untere bzw. obere Wahrscheinlichkeit, aber nicht umgekehrt[55]. Für untere und obere Wahrscheinlichkeiten läßt sich nun nachweisen, daß es sich um spezielle Kapazitäten im Sinne Choquet's (1953) handelt. Dieser bezeichnet, von der Potentialtheorie her kommend, die Umhüllende der Gesamtmassen aller zulässigen Maße[56] auf den kompakten Teilmengen einer Grundgesamtheit als Kapazität und definiert folgende Mengenfunktion:

Definition 4-12 (Choquet-Kapazität):
Sei E ein lokal-kompakter Hausdorff-Raum und $\mathcal{K}(E)$ die Menge aller kompakten Teilmengen. Eine Funktion $\mu: \mathcal{K}(E) \to [0, \infty]$ heißt *Kapazität* auf E, wenn gilt:

(1) $\mu(\emptyset) = 0$

(2) $A, B \in \mathcal{K}(E) \land A \subseteq B \Rightarrow \mu(A) \leq \mu(B)$

(3) $\forall A \in \mathcal{K}(E), \forall \varepsilon > 0: \exists$ Umgebung U mit
$0 \leq \mu(A') - \mu(A) \leq \varepsilon \quad \forall A' \in \mathcal{K}(E), A \subset A' \subset U$.

Ist die Funktion auf das Einheitsintervall beschränkt, d.h. $\mu(E) = 1$, so wird μ auch *nicht-additives Wahrscheinlichkeitsmaß* genannt.

Da die Bedingung (3) äquivalent zur Stetigkeit von oben ist (vgl. Dellacherie 1971),

---

[55] Vgl. z.B. Huber (1976).

[56] Als zulässig definiert er Maße, deren Potential für jedes Element der Grundgesamtheit $\leq$ 1 ist (Choquet 1953: 146).

sind Choquet-Kapazitäten, sofern sie auf σ-Algebren definiert sind, mit halbstetigen Fuzzy-Maßen und im endlichen Fall mit Fuzzy-Maßen identisch.

Von besonderem Interesse sind nun die sogenannten monotonen und alternierenden Kapazitäten, die sich als spezielle Klasse von unteren und oberen Wahrscheinlichkeiten herausstellen und für die eine Reihe von wichtigen statistischen Theoremen hergeleitet wurden[57]. Für die Entscheidungstheorie besonders relevant ist dabei die Bestimmung von unteren und oberen Erwartungswerten mit Hilfe des Choquet-Integrals (vgl. Abschnitt 8.4.6).

Definition 4-13:

Eine Funktion $\mu: \mathcal{A} \to \mathbb{R}, \mathcal{A} \subseteq \mathcal{P}(\Omega)$ heißt *monoton der Ordnung k*, wenn gilt

$$\forall A_1, A_2, \ldots, A_k \in \mathcal{A}: \quad \mu\left(\bigcup_{i=1}^{k} A_i\right) \geq \sum_{\substack{I \subseteq \{1,\ldots,k\} \\ I \neq \emptyset}} (-1)^{|I|+1} \mu\left(\bigcap_{i \in I} A_i\right)$$

und *alternierend der Ordnung k*, wenn gilt

$$\forall A_1, A_2, \ldots, A_n \in \mathcal{A}: \quad \mu\left(\bigcap_{i=1}^{k} A_i\right) \leq \sum_{\substack{I \subseteq \{1,\ldots,k\} \\ I \neq \emptyset}} (-1)^{|I|+1} \mu\left(\bigcup_{i \in I} A_i\right).$$

Ist ein Funktion monoton bzw. alternierend der Ordnung n für alle $n \geq 1$, so heißt sie *totalmonoton* bzw. *totalalternierend*.

Da jede monotone bzw. alternierende Funktion der Ordnung $k \geq 2$ auch monoton bzw. alternierend der Ordnung j für alle $j \leq k$ ist, ist sie auch monoton bzw. alternierend der Ordnung 2. Für solche Kapazitäten reduzieren sich dann die Bedingungen aus Definition 4-13 zu starker Superadditivität bzw. starker Subadditivität. 2-monotone Kapazitäten sind demnach untere und 2-alternierende Kapazitäten obere Wahrscheinlichkeiten und, wie Anger (1971) zeigt, auch untere bzw. obere Einhüllende. Umgekehrt gilt dies jedoch nicht. Damit läßt sich eine Hierarchie verschiedener Klassen von unteren und oberen Wahrscheinlichkeiten feststellen: untere und obere Einhüllende sind spezielle untere und obere Wahrscheinlichkeiten, 2-monotone und 2-alternierende Kapazitäten wiederum spezielle untere und obere Einhüllende. Eine spezielle Klasse unter den 2-monotonen bzw. 2-alternierenden Kapazitäten sind dann die totalmonotonen bzw. totalalternierenden Kapazitäten, die vor allem in der Entscheidungstheorie starke Anwendung finden, da sie sowohl eine probabilistische als auch eine evidenztheoretische inhaltliche Interpretation besitzen.

Der Ansatz von Dempster

Dempster (1967: 325) geht bei seinen Überlegungen von zwei Mengen Ω und Ω' aus, zwischen denen eine mehrwertige Abbildung $\Gamma: \Omega \to \mathcal{P}(\Omega')$ besteht, d.h. jedem $\omega \in \Omega$ wird eine nichtleere Teilmenge $\Gamma(\omega) \subset \Omega'$ zugeordnet. Für die Urbildmenge

---

[57] Vgl. Strassen (1964), Anger (1972), Huber/Strassen (1973), Huber (1973), Anger (1977), Huber (1981), Walley/Fine (1982), Chateauneuf/Jaffray (1989).

unterstellt er eine bekannte Wahrscheinlichkeitsverteilung $P:\mathcal{P}(\Omega')\to[0,1]$, aus der die Wahrscheinlichkeiten für die Elemente und Teilmengen der Bildmenge abgeleitet werden sollen. Je nachdem, wie stark sich die verschiedenen Bildbereiche überlappen, sind dann verschiedene Wahrscheinlichkeiten für einzelne Elemente der Bildmenge möglich, und es lassen sich letztendlich nur die unteren und oberen Grenzen dafür angeben.

Zur Interpretation als untere und obere Wahrscheinlichkeiten stelle man sich z.B. vor, daß Ω ein Ereignisraum und Ω' ein Zustandsraum ist, und jedes Ereignis nur mit bestimmten aber nicht eindeutig festgelegten Zuständen kompatibel ist. Das Eintreten eines Ereignisses $\omega \in \Omega$ impliziert dann einen der Zustände aus der zugeordneten Teilmenge: $\omega' \in \Gamma(\omega)$. Es gibt jedoch keinerlei Zusatzinformation, welcher der Zustände aus $\Gamma(\omega)$ realisiert wird. Interessiert man sich nun für die Eintrittswahrscheinlichkeit eines Zustandes $\omega' \in \Omega'$ oder einer Teilmenge von Zuständen $A' \subset \Omega'$, so lassen sich diese nicht exakt angeben, sondern nur Bereiche, innerhalb derer diese Wahrscheinlichkeiten liegen.

Dazu soll die Menge aller Ereignisse, die mit den betrachteten Zuständen kompatibel sind, definiert werden als

$$A^* = \left\{\omega \in \Omega \,\big|\, \Gamma(\omega) \cap A' \neq \varnothing\right\} = \Gamma^*(A') \qquad A' \subset \Omega', \tag{4.18}$$

d.h. $A^* \subset \Omega$ ist die Menge aller Ereignisse, die einen Zustand $\omega' \in A' \subset \Omega'$ zur Folge haben können. Die Funktion Γ^* kann dann auch als *obere Inverse* bezeichnet werden.[58] Weiterhin sei auch die Menge aller Ereignisse, die mit Sicherheit einen Zustand aus der betrachteten Teilmenge induziert, definiert als

$$A_* = \left\{\omega \in \Omega \,\big|\, \Gamma(\omega) \neq \varnothing, \Gamma(\omega) \subseteq A'\right\} = \Gamma_*(A') \qquad A' \subset \Omega', \tag{4.19}$$

Γ_* wird dann als *untere Inverse* bezeichnet.

Die minimale Wahrscheinlichkeit, daß ein Zustand $\omega' \in A'$ eintritt, ergibt sich dann als

$$P_*(A) = \frac{P(A_*)}{P(\Omega^*)} \tag{4.20}$$

und die maximale Wahrscheinlichkeit entsprechend als

$$P^*(A) = \frac{P(A^*)}{P(\Omega^*)}. \tag{4.21}$$

Dabei ist $\Omega^* \subseteq \Omega$ die Urbildmenge der nicht-leeren Bilder, d.h. die Menge aller Ereignisse, die nicht auf die leere Menge abgebildet werden. Beschränkt man, wie es für die meisten Fragestellungen sinnvoll sein dürfte, die Ereignismenge Ω von vornherein auf Ereignisse, die durch Γ auf nicht-leere Teilmengen von Ω' abgebildet werden, so verschwindet der Nenner, da dann $P(\Omega^*) = P(\Omega) = 1$ gilt.

---

[58] Vgl. z.B. Nguyen (1978). Dieser Ansatz wurde bereits von Debreu (1967: 358) vorgeschlagen, der die obere und untere Inverse als *weak-inverse* und *strong-inverse* bezeichnet.

Die so definierten Funktionen P_* und P^* sind dann untere und obere Einhüllende, womit sie auch untere und obere Wahrscheinlichkeit i.S. der Definition 4-10 sind. Darüber hinaus läßt sich zeigen, daß sie totalmonotone bzw. totalalternierende Choquetkapazitäten sind und damit auch stark superadditiv bzw. stark subadditiv.

Der Ansatz von Shafer

Shafer (1976) hat nun diesen Ansatz von Dempster weiterentwickelt und ihn vor allem einer anderen inhaltlichen Interpretation zugänglich gemacht. Statt des Abschätzens von Wahrscheinlichkeiten für das Eintreffen bestimmter Zustände steht bei ihm die Frage nach der Plausibilität von Aussagen im Vordergrund seiner Überlegungen.[59] Letztlich geht es darum, ein sogenanntes Plausibilitätsintervall[60] für die Bewertung der Glaubwürdigkeit von Aussagen zu bestimmen, wobei die untere Grenze durch die Informationen oder Hinweise[61], die die Glaubwürdigkeit einer Aussage stützen, und die obere Grenze durch jene Informationen, die gegen die Aussage sprechen, bestimmt werden.

Im Gegensatz zu Dempster gibt Shafer die Vorstellung der mehrwertigen Abbildung auf und operiert nur auf dem Dempster'schen Bildraum Ω', der die Evidenzgesamtheit, d.h. die Grundmenge von Informationen darstellt. Shafer beschränkt sich dabei jedoch auf eine endliche Grundgesamtheit, die im folgenden mit Ω bezeichnet wird. Für eine Menge von Teilmengen dieser Evidenzgesamtheit existiert nun eine Wahrscheinlichkeitsverteilung hinsichtlich der Korrektheit der Information, die durch die jeweilige Teilmenge repräsentiert wird. Diese nennt Shafer Basiswahrscheinlichkeit, und die Teilmengen aus Ω mit positiver Wahrscheinlichkeit Fokalmengen. Diese sind im allgemeinen keine Einsermengen, d.h. sie können mehrere Elemente ω umfassen. Auch müssen sie weder disjunkt sein noch Ω überdecken, was bedeutet, daß damit *keine* Wahrscheinlichkeitsverteilung auf Ω definiert ist. Zur Veranschaulichung dieser Idee mag es hilfreich sein, die Fokalmengen im Sinne des Dempster'schen Ansatzes als Bilder einer hypothetischen mehrwertigen Abbildung über einem klassischen Wahrscheinlichkeitsraum anzusehen.

Definition 4-14:

Sei Ω eine endliche Grundmenge. Eine Funktion $m: \mathcal{P}(\Omega) \to [0,1]$ heißt *Basiswahrscheinlichkeitsfunktion*, wenn es ein Mengensystem

$$\mathcal{F} = \left\{ F_1, \ldots, F_n \,\middle|\, m(F_j) > 0 \right\} \subseteq \mathcal{P}(\Omega)$$ gibt, so daß

---

[59] Eine wahrscheinlichkeitstheoretische Interpretation ist dennoch im Sinne subjektiver Wahrscheinlichkeiten für die Richtigkeit von Aussagen denkbar.

[60] Diese Bezeichnung wählt Spies (1993: Kap. 3), der eine sehr anschauliche Erläuterung des Shafer'schen Ansatzes bietet. Andere Bezeichnungen sind Verdachts- oder Unterstützungsintervall.

[61] Dieser Begriff wurde von Kohlas (1989) eingeführt, der die Dempster-Shafer-Theorie als Theorie der Hinweise weiterentwickelt (vgl. Kohlas/Monney 1995). Gebhard/Kruse (1993) verwenden dafür den Begriff "Kontext".

$m(\emptyset) = 0$

$$\sum_{F_j \subseteq \Omega} m(F_j) = 1$$

Die Mengen $F_j \in \mathcal{P}(\Omega)$ heißen *Brennpunkte* oder *Fokalmengen*.

Der Wert $m(F_j)$ wird auch *globale Wahrscheinlichkeitszuweisung* genannt.[62] Damit wird der "Rest der Wahrscheinlichkeit" bezeichnet, der sich nicht weiter auf Teilmengen von F_j verteilen läßt. Er wird als relatives Vertrauensniveau dafür gedeutet, daß die Information $\omega \in F_j$ korrekt ist.[63] Da es sich dabei aber, wie bereits erwähnt, nicht um eine Wahrscheinlichkeitsverteilung auf Ω handelt, sondern um eine Massenverteilung, die lediglich den Bedingungen eines Fuzzy-Maßes genügt, sollen die Wahrscheinlichkeitszuweisungen $m(F_j)$ in Anlehnung an Spies (1993) Massezahlen genannt werden.

Will man nun den Wahrheitsgehalt bzw. die Plausibilität einer Aussage aus der Evidenzgesamtheit, d.h. der Teilmenge A von Ω, abschätzen, so lassen sich ganz analog zu der Dempster'schen Argumentation wiederum obere und untere Grenzen abschätzen.

Zur Bestimmung der unteren Grenze werden alle Informationen genutzt, welche die Aussage A stützen, d.h. einen "positiven Verdacht" begründen. Dies sind alle Informationen, die die Aussage A implizieren, bzw. alle Fokalmengen, die Teilmenge der zu bewertenden Menge A sind[64]. Die Summe deren Massezahlen[65] ergibt dann die Mindestbewertung für die Korrektheit der Aussage A, die Shafer *Glaubwürdigkeitsgrad* (degree of belief) nennt:

$$Bel(A) = \sum_{F_j \subseteq A} m(F_j). \qquad (4.22)$$

Die Obergrenze, die *Plausibilitätsgrad* heißt, wird dagegen durch die Informationen bestimmt, die der Aussage A nicht widersprechen, d.h. mit ihr vereinbar sind und damit einen "möglichen Verdacht" begründen. Dabei handelt es sich genau um all jene Informationen, die nicht die Gegenaussage implizieren. Der Plausibilitätsgrad läßt sich daher auch über den Glaubwürdigkeitsgrad der Gegenaussage bestimmen:

$$Pl(A) = \sum_{F_j \cap A \neq \emptyset} m(F_j) = 1 - \sum_{F_j \subseteq A^C} m(F_j) = 1 - Bel(A^C). \qquad (4.23)$$

Wie Shafer (1976: 51) zeigt, werden durch die so konstruierten Glaubwürdigkeits- und Plausibilitätsgrade 2-monotone bzw. 2-alternierende Kapazitäten definiert:

---

[62] Vgl. Bandemer/Gottwald (1993: 157).

[63] Sie können auch als subjektive Wahrscheinlichkeit für $\omega \in F_i$ gedeutet werden.

[64] Die mengentheoretische Darstellung der logischen Implikation ist die Inklusion:
$a \rightarrow b \Leftrightarrow \neg a \vee b \Leftrightarrow \neg(a \wedge \neg b) \Leftrightarrow A \cap B^C = \emptyset \Leftrightarrow A \subseteq B$.

[65] Die Verwendung der Addition mag auf den ersten Blick nicht unbedingt einleuchtend erscheinen, da es sich bei der Basiswahrscheinlichkeitsfunktion nicht um ein Wahrscheinlichkeitsmaß auf Ω handelt. Bei der Vorstellung einer Dempster'schen mehrwertigen Abbildung wird dies jedoch sofort einsichtig, da sich dann (4.22) und (4.23) direkt aus (4.20) und (4.21) ergeben.

Definition 4-15:

Eine Funktion $Bel: \mathcal{A} \to [0,1]$, $\mathcal{A} \subseteq \mathcal{P}(\Omega)$, Ω endlich, heißt *Glaubwürdigkeitsmaß* auf $\mathcal{A}$ (*belief measure*), wenn gilt:

(1) $Bel(\emptyset) = 0$

(2) $Bel(\Omega) = 1$

(3) $A_1, A_2, \ldots, A_n \in \mathcal{A}$ $\Rightarrow$ $Bel\left(\bigcup_{i=1}^{n} A_i\right) \geq \sum_{\substack{I \subseteq \{1,\ldots,n\} \\ I \neq \emptyset}} (-1)^{|I|+1} Bel\left(\bigcap_{i \in I} A_i\right)$.

Eine Funktion $Pl: \mathcal{A} \to [0,1]$, $\mathcal{A} \subseteq \mathcal{P}(\Omega)$, Ω endlich, heißt *Plausibilitätsmaß* auf $\mathcal{A}$ (*plausibility measure*), wenn gilt:

(1) $Pl(\emptyset) = 0$

(2) $Pl(\Omega) = 1$

(3) $A_1, A_2, \ldots, A_n \in \mathcal{A}$ $\Rightarrow$ $Pl\left(\bigcap_{i=1}^{n} A_i\right) \leq \sum_{\substack{I \subseteq \{1,\ldots,n\} \\ I \neq \emptyset}} (-1)^{|I|+1} Pl\left(\bigcup_{i \in I} A_i\right)$.

Die Basiswahrscheinlichkeitsfunktion eines so definierten Glaubwürdigkeitsmaßes ist eindeutig (Shafer 1976: 51f.) und läßt sich mittels der sogenannten *Möbius-Inversen* berechnen[66]:

$$m(A) = \sum_{B \subset A} (-1)^{card(A \setminus B)} Bel(B). \tag{4.24}$$

Aus der Definition von Glaubwürdigkeits- und Plausibilitätsmaß läßt sich direkt ablesen, daß immer gilt:

$Bel(A) \leq Pl(A) \quad \forall A \in \mathcal{P}(\Omega)$.

Der Abstand dieser beiden Maße sagt nun etwas darüber aus, wie verläßlich die vorhandene Information ist, bzw. wieviele Informationen eigentlich zur Verfügung stehen:

- Fallen Glaubwürdigkeits- und Plausibilitätsmaß zusammen, so ergibt sich der Spezialfall eines Wahrscheinlichkeitsmaßes, da gleichzeitige Super- und Subadditivität Additivität impliziert:

   $Prob(A) = Bel(A) = Pl(A)$.

Bei der Interpretation als untere und obere Wahrscheinlichkeiten ist dies auch sofort intuitiv einsichtig, da beim Zusammenfallen der unteren und oberen Schranke diese auch gleichzeitig die einzige mögliche Wahrscheinlichkeit ist. In evidenztheoretischer Interpretation bedeutet dies, daß jede Information, die eine Aussage möglich macht, diese auch impliziert. In diesem Fall sind die Fokalmengen disjunkt und es sind elementare Ereignisse. Dies bedeutet, daß die vorhandene Information so umfangreich ist, daß jedem Elementarereignis der Grund-

---

[66] Die Eigenschaften von Kapazitäten und zugehörigen Möbius-Inversen wurden detailliert von Chateauneuf und Jaffrey (1989) untersucht.

gesamtheit eine Eintrittswahrscheinlichkeit bzw. daß jeder Information der Evidenzgesamtheit eine Wahrscheinlichkeit für ihren Wahrheitsgehalt zugeordnet werden kann.

- Im umgekehrten Fall, d.h. im Falle der vollständigen Ignoranz, ist das entsprechende Plausibilitätsintervall maximal, und es gilt:

$$\forall A \neq \Omega: Bel(A) = 0 \quad \wedge \quad \forall A \neq \emptyset: Pl(A) = 1.$$

Beispiel: Ellsberg-Paradoxon

Zur Illustration von Glaubwürdigkeits- und Plausibilitätsmaß sei auf das bereits beschriebene Ellsberg-Paradoxon zurückgegriffen. Bekannt ist lediglich die Verteilung der Kugeln zwischen "rot" und "blau oder gelb". Die Fokalmengen sind daher die beiden Mengen $F_1 = \{rot\}$ und $F_2 = \{blau, gelb\}$ mit den zugehörigen Basiswahrscheinlichkeiten $m(F_1) = 1/3$ und $m(F_2) = 2/3$, die sich aus dem Anteil der jeweiligen Menge an der Grundgesamtheit ergeben. Daß die Wahrscheinlichkeit der Menge F_2 nicht weiter auf die Teilmengen $\{blau\}$ und $\{gelb\}$ unterteilt werden kann, bezeichnet man als partielle Ignoranz oder partielle Wahrscheinlichkeitsinformation. Diese Information ist mit einer ganzen Reihe verschiedener Verteilungen von blauen und gelben Kugeln vereinbar, solange diese nur zusammen immer genau zwei Drittel aller Kugeln der Urne ausmachen. Während nun in der Erwartungsnutzentheorie eine dieser Verteilungen, und zwar nach dem Prinzip des unzureichenden Grundes die Gleichverteilung herausgegriffen und der weiteren Analyse zugrundegelegt würde, wird bei Analysen mit Glaubwürdigkeits- und Plausibilitätsmaßen nur genau die vorhandene Information ohne weitere Zusatzannahmen verwendet.

Die Information, daß ein Drittel der Kugeln in der Urne rot ist, während von den anderen zwei Dritteln lediglich bekannt ist, daß sie entweder gelb oder blau sind, läßt nun keine Schlüsse dahingehend zu, ob z.B. überhaupt eine blaue Kugel in der Urne enthalten ist. Der Glaubwürdigkeitsgrad dafür, daß eine gezogene Kugel blau ist, ist daher 0, da es keinerlei positive Hinweise auf deren Vorhandensein in der Urne gibt. Umgekehrt spricht jedoch gegen die Annahme, daß eine gezogene Kugel blau ist, die Tatsache, daß ein Drittel aller Kugeln mit Sicherheit rot sind, d.h. mindestens ein Drittel aller Kugeln nicht blau sind. Der Plausibilitätsgrad für diese Annahme berechnet sich damit als $1 - 1/3 = 2/3$.

Tabelle 4-1 enthält die Glaubwürdigkeits- und Plausibilitätsgrade für alle Untermengen von Ω. Hier sieht man deutlich die Superadditivität von unteren und die Subadditivität von oberen Wahrscheinlichkeiten.

Damit ist dann auch direkt anschaulich, daß dies auch untere und obere Wahrscheinlichkeiten sind. Betrachtet man nämlich alle möglichen Verteilungen der Farben blau und gelb, so ist die minimale Wahrscheinlichkeit, eine blaue Kugel zu ziehen, 0, nämlich dann, wenn sich keine blaue Kugel in der Urne befindet, und die maximale Wahrscheinlichkeit $2/3$ im Falle daß alle nicht-roten Kugeln blau sind. Die wahre, aber unbekannte Wahrscheinlichkeit muß zwischen diesen beiden Werten liegen.

Tabelle 4-1: Glaubwürdigkeits- und Plausibilitätsmaß beim Ellsberg-Paradoxon			
Ereignis	Glaubwürdigkeits-maß	Plausibilitäts-maß	Basis-wahrscheinlichkeit
$\emptyset$	0	0	0
r (rot)	$1/3$	$1/3$	$1/3$
b (blau)	0	$2/3$	0
g (gelb)	0	$2/3$	0
$r \cup b$	$1/3$	1	0
$r \cup g$	$1/3$	1	0
$b \cup g$	$2/3$	$2/3$	$2/3$
$r \cup b \cup g$	1	1	0

Beispiel: Prognose der Wirtschaftsforschungsinstitutionen

Die evidenztheoretische Interpretation von Glaubwürdigkeits- und Plausibilitätsmaßen soll an einem weiteren Beispiel veranschaulicht werden. Tabelle 4-2 enthält die Prognosen der Arbeitslosenzahlen für 1995 der führenden Wirtschaftsforschungsinstitutionen. Da man davon ausgehen kann, daß die veröffentlichten Werte nicht als exakte Punktprognosen gedacht sind[67], werden zur Erläuterung hypothetische Konfidenzintervalle angenommen, die im folgenden als die Prognoseintervalle der jeweiligen Institution angesehen werden sollen.

Unterstellt man nun, daß die Wirtschaftsforschungsinstitutionen alle möglichen künftigen Zustände erfaßt haben, so lassen sich deren Prognoseintervalle als Fokalmengen ansehen, die den Wahrscheinlichkeitsraum $(\Omega, \mathfrak{F}, m)$ der Basiswahrscheinlichkeiten aufspannen. Unterstellt man weiter, daß die Prognosen aller Institutionen als gleich verläßlich angesehen werden, so wird man ihnen gleiche Basiswahrscheinlichkeiten $m(F_j) = 1/11$ zuordnen, wobei mit F_j das von Institution j prognostizierte Intervall bezeichnet wird.[68]

---

[67] Teilweise sind in den Publikationen der Institutionen selbst Konfidenzintervalle angegeben.

[68] Geht der Entscheider nicht davon aus, daß mit Sicherheit die Prognose mindestens einer der Institutionen richtig ist, steht es ihm natürlich frei, ein weiteres Intervall, das dann sinnvollerweise den seiner Meinung nach gesamten in Frage kommenden Zustandsraum (d.h. Ω) umfassen sollte, als weitere Fokalmenge hinzuzufügen. Diesem muß er dann auch eine entsprechende Basiswahrscheinlichkeit zuordnen, die seiner Einschätzung der Unzuverlässigkeit aller Institutionen entspricht.

Tabelle 4-2: Prognose der Arbeitslosenzahlen für 1995 (in Mio.)		
Sachverständigenrat	3.62	$[3.55, 3.69]$
Institut für Weltwirtschaft	3.48	$[3.40, 3.56]$
IWH	3.50	$[3.44, 3.56]$
IFO-Institut	3.49	$[3.42, 3.56]$
HWWA	3.50	$[3.42, 3.58]$
RWI	3.50	$[3.40, 3.60]$
DIW	3.55	$[3.49, 3.61]$
Institut der deutschen Wirtschaft	3.53	$[3.47, 3.59]$
WSI	3.63	$[3.54, 3.72]$
Deutsche Bank	3.56	$[3.49, 3.63]$
Dresdner Bank	3.40	$[3.31, 3.49]$

Quelle: Wirtschaftswoche, 48. Jg., Nr. 52

Fragt man nun nach der Verläßlichkeit der Annahme A, daß die Arbeitslosigkeit im Jahr 1995 zwischen 3.4 und 3.6 Mio. liegen wird, so ergibt sich hier ein Glaubwürdigkeitsgrad von

$$Bel([3.4, 3.6]) = Bel(A) = \sum_{F_j \subseteq A} m(F_j) = \frac{6}{11}.$$

Denn 6 der 11 Institutionen geben ein kleineres, vollständig enthaltenes Prognoseintervall an, was bedeutet, daß, wenn die Prognose einer dieser Institutionen eintrifft, dies auch die Gültigkeit der Aussage A impliziert. Der Plausibilitätsgrad für die Aussage A ist

$$Pl([3.4, 3.6]) = Pl(A) = \sum_{F_j \cap A \neq \emptyset} m(F_j) = 1,$$

da alle Institutionen Werte aus dem Intervall [3.4, 3.6] für möglich halten. D.h. trifft die Prognose einer der Institutionen zu, so ist es möglich, daß der realisierte Wert auch im Intervall [3.4, 3.6] liegt. Da nach Annahme die Prognose einer der Institutionen mit Sicherheit eintreten wird, gilt dies demnach immer, und Aussage A hat den maximalen Plausibilitätsgrad.

Betrachtet man dagegen die Aussage B, daß die Arbeitslosigkeit im Jahr 1995 zwischen 3.4 und 3.5 Mio. liegen wird, so ist der Glaubwürdigkeitsgrad

$$Bel([3.4, 3.5]) = Bel(B) = \sum_{F_j \subseteq B} m(F_j) = 0,$$

da keine der Prognosen ausschließlich Werte aus diesem Intervall für möglich ansieht.

Der Plausibilitätsgrad beträgt

$$Pl([3.4, 3.5]) = Pl(B) = \sum_{F_j \cap B \neq \emptyset} m(F_j) = \frac{9}{11},$$

da zwei der Prognosen Werte aus dem Intervall [3.4, 3.5] ausschließen.

In diesem Beispiel lassen sich Glaubwürdigkeitsmaß und Plausibilitätsmaß, obwohl sie formal untere und obere Wahrscheinlichkeiten sind, nur schwerlich im probabilistischen Sinne interpretieren. Die sogenannten Basiswahrscheinlichkeiten stellen hier Bewertungen für die Verläßlichkeit der Prognosen dar, mit denen die verschiedenen Informationsquellen gewichtet werden. Sie können daher bestenfalls als subjektive Wahrscheinlichkeiten für das Eintreffen der jeweiligen Prognose angesehen werden. Einer solchen probabilistischen Interpretation kommt man jedoch näher, wenn man sich die hinter den Fokalmengen stehende mehrwertige Abbildung Γ im Dempster'schen Sinne vergegenwärtigt, die hier durch die von den Institutionen verwendeten Prognosemodelle gekennzeichnet ist. Sei die Grundgesamtheit im Dempster'schen Sinne Ω die Menge der Informationen über Systemzusammenhänge und Entwicklung anderer Wirtschaftsindikatoren. Durch die Verwendung eines bestimmten Prognosemodells wird dann einer Untermenge von Ω eine Menge möglicher Zustände, d.h. das Prognoseintervall für die Arbeitslosenzahl zugeordnet. Sofern von den Institutionen bei verschiedenen Prognosen jeweils die gleichen Modelle verwendet werden, läßt sich die Verläßlichkeit, d.h. die Treffsicherheit der Modelle aus vergangenen Werten bestimmen, so daß sich daraus auch eine frequentistische Begründung für die verwendeten Basiswahrscheinlichkeiten ableiten läßt

4.6 Zusammenhang der unscharfen Maße

Nachdem nun verschiedene Ansätze unscharfer Maße vorgestellt wurden, stellt sich die Frage, wie diese zueinander im Verhältnis stehen. Verschiedene Verbindungen sind bereits an einigen Stellen dieses Kapitels immer wieder angeklungen. Sie sollen nun im folgenden zusammenfassend dargestellt werden sollen.

Plausibilitäts- und Glaubwürdigkeitsmaß

- $Pl(A) = 1 - Bel(\complement A)$
- $Pl(A) \geq Bel(A)$

Possibilitäts- und Nezessitätsmaß

- $Pos(A) \geq \Pr ob(A) \geq Nec(A)$
- $Nec(A) = 1 - Pos(\complement A)$
- $\max\{Pos(A), Pos(\complement A)\} = 1$
- $\min\{Nec(A), Nec(\complement A)\} = 0$
- $Nec(A) > 0 \quad \Rightarrow \quad Pos(A) = 1$
- $Pos(A) < 1 \quad \Rightarrow \quad Nec(A) = 0$

- $Nec(A) + Nec(\complement A) \leq 1$
- $Pos(A) + Pos(\complement A) \geq 1$
- $Nec(\complement A \cap \complement B) = 1 - Pos(A \cup B)$
  $= 1 - \max\{Pos(A), Pos(B)\}$
  $= \min\{1 - Pos(A), 1 - Pos(B)\}$
  $= \min\{Nec(\complement A), Nec(\complement B)\}$

Plausibilitäts-/Glaubwürdigkeitsmaß und Possibilitäts-/Nezessitätsmaß

- Sind die Fokalmengen eines Glaubwürdigkeits- bzw. Plausibilitätsmaßes genestet, so ergeben sich die konsonanten Glaubwürdigkeits- und Plausibilitätsmaße: Nezessitäts- und Possibilitäts-Maß.
- Dies bedeutet umgekehrt:
  - Jedes Possibilitätsmaß ist ein Plausibilitätsmaß.
  - Jedes Nezessitätsmaß ist ein Glaubwürdigkeitsmaß.

Plausibilitäts-/Glaubwürdigkeitsmaß und Wahrscheinlichkeitsmaß

- Ein Wahrscheinlichkeitsmaß ist sowohl Glaubwürdigkeits- als auch Plausibilitätsmaß, d.h. es gilt:

$$\underline{\mathrm{Pr}ob(A) = Bel(A) = Pl(A) \quad \forall A \in \mathcal{P}(\Omega)}$$

λ-Fuzzy-Maß

- Ein λ-Fuzzy-Maß ist ein
  - Glaubwürdigkeitsmaß für $\lambda \geq 0$
  - Wahrscheinlichkeitsmaß für $\lambda = 0$
  - Plausibilitätsmaß für $\lambda \leq 0$
- λ-Fuzzy-Maße sind t-Conorm-zerlegbar bei Verwendung des Weber'schen Operators

Diese Zusammenhänge lassen sich komprimiert auch graphisch veranschaulichen:

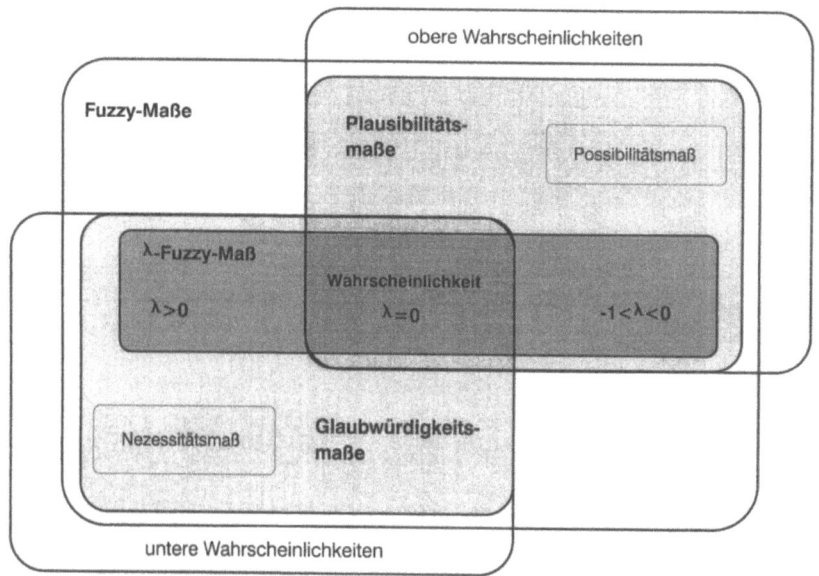

Abbildung 4.5: Zusammenhang der unscharfen Maße

<u>t-Norm-basierte Maße</u>

Schließlich seien noch einige Anmerkungen zur Einordnung der t-Norm-basierten Maße gemacht, wenngleich diese auch bisher kaum untersucht worden sind, und daher viele Fragen zum gegenwärtigen Zeitpunkt noch offen bleiben müssen.

- Dubois/Prade (1982a: annex 3) zeigen, daß t-Norm-basierte distributive Maße die Eigenschaften von Glaubwürdigkeitsmaßen besitzen.
- t-Norm-basierte Maße zwischen dem *min*-Operator und dem beschränkten Produkt sind dagegen Plausibilitätsmaße, d.h. sie sind subadditiv und liegen zwischen dem Possibilitäts- und dem Wahrscheinlichkeitsmaß.
- Die zu einem t-Norm-basierten Maß, das ein Plausibilitätsmaß ist, zugehörige Glaubwürdigkeitsfunktion ergibt sich mittels der Negation $c(x) = 1 - x$.

Die letzte Eigenschaft bedeutet, daß Maße, die sowohl t-Norm- als auch t-Conorm-zerlegbar sind, nur entweder die Eigenschaft eines Plausibilitäts- oder eines Glaubwürdigkeitsmaßes besitzen. Die einzige Ausnahme davon bildet das Wahrscheinlichkeitmaß, das ja sowohl Plausibilitäts- und Glaubwürdigkeitsmaß ist als auch t-Norm- und t-Conorm-zerlegbar.

Bei der Verwendung von t-Normen ist daher darauf zu achten, welche Operatoren man für die zugehörigen t-Conorm-Operationen verwendet. Sofern man konjugierte Operatoren des De Morgan-Tripels $\langle t, s, c \rangle$ benutzt, welches auch die Gesetze der Komplementarität erfüllt, haben die Maße nicht mehr die Eigenschaft, gemeinsam obere und untere Wahrscheinlichkeiten darzustellen. Welche Implikationen dies für komplexere Problemstellungen hat, in denen sowohl obere als auch untere Wahrscheinlichkeiten genutzt werden sollen, muß der künftigen Forschung überlassen bleiben.

5 Zur Synthese von Fuzzy-Maß- und Fuzzy-Mengen-Theorie

Fuzzy-Maße haben auf den ersten Blick nicht sehr viel mit Fuzzy-Mengen gemeinsam. So wie im gewöhnlichen Fall das Dirac-Maß "dual" zur charakteristischen Funktion einer Menge ist[69], lassen sich jedoch auch Fuzzy-Maße als duale Darstellungen von Zugehörigkeitsfunktionen auffassen.

5.1 Fuzzy-Menge als Äquivalenzklasse zufälliger Mengen

Die Verbindung von Fuzzy-Mengen und Fuzzy-Maßen läßt sich am einfachsten über das Konstrukt der "zufälligen Mengen" erläutern. Zufällige Mengen werden in der stochastischen Geometrie[70] benutzt zur Beschreibung von geometrischen Figuren, deren Konturen nicht exakt bestimmt werden können, sondern denen man sich auf stochastischem Wege zu nähern versucht. Als Beispiele seien das Wachstum eines Tumors oder die Form von Sandkörnern genannt. Die Idee ist nun, mit Hilfe von kongruenten bekannten geometrischen Figuren, wie z.B. Kreisen, Mengen zu konstruieren, die die zu beschreibende Figur überdecken. Dazu werden die bekannten Elemente entsprechend einer vorgegebenen Wahrscheinlichkeitsverteilung zufällig in dem betrachteten Raum plaziert, oder auch in der Größe variiert. Diese Elemente werden "zufällige Menge" genannt. Die zu beschreibende Figur wird dann mittels der Wahrscheinlichkeiten gekennzeichnet, daß diese zufällig plazierten Elemente die Figur zumindest teilweise überdecken. Diese Wahrscheinlichkeiten geben also an, wie häufig die betrachtete Figur unter dem vorgegebenen Zufallsprozeß von der zufälligen Menge überdeckt wird, d.h. sie sind ein Maß dafür, zu welchem Grad diese Figur der zufälligen Menge angehört, womit die Analogie zu der Zugehörigkeitsfunktion einer Fuzzy-Menge sofort deutlich wird.

Definition 5-1:

Sei $(\Omega, \mathcal{A}, P)$ ein Wahrscheinlichkeitsraum und $(\Omega', \mathcal{A}')$ ein Meßraum. Eine Abbildung $\Gamma: \Omega \to \mathcal{A}'$ heißt *zufällige Menge*, wenn sie $\mathcal{A}$-$\mathcal{A}'$-meßbar ist.

Eine zufällige Menge heißt *konsistent*, wenn gilt

$$\bigcap_{\omega \in \Omega} \Gamma(\omega) \neq \emptyset.$$

Die Funktion

$$T_\Gamma: \mathcal{A}' \to [0,1] \quad \text{mit} \quad T_\Gamma(K) = P\big(\{\omega \in \Omega \mid \Gamma(\omega) \cap K \neq \emptyset\}\big) \qquad \forall K \in \mathcal{A}'$$

---

[69] Vgl. z.B. Bauer (1992: 57 und 175).

[70] Vgl. die grundlegenden Arbeiten von Kendall (1974) und Matheron (1975) sowie als Einführung und Überblick über Weiterentwicklungen und Anwendungsbereiche die entsprechenden Abschnitte in Stoyan et al. (1987), Stoyan/Stoyan (1992) und Ambartzumjan et al. (1993). Einen etwas anderen Zugang wählen König/Schmidt (1992) sowie Weil/Wieacker (1984, 1988), die zufällige Mengen als zufällige Punktprozesse im $\mathbb{R}^d$ ansehen.

heißt *Trapping-* oder *Konturfunktion*[71].

Eine so definierte Konturfunktion ist eine totalalternierende Choquet-Kapazität (Matheron 1975: 30) und damit auch ein Plausibilitätsmaß, das aber im Gegensatz zur Shafer'schen Definition auch auf unendlichen Mengen definiert ist. Man kann daher die Theorie der zufälligen Mengen auch als Verallgemeinerung der Dempster-Shafer-Theorie auf unendliche Mengen verstehen. Die Bildmengen der Abbildung Γ entsprechen dabei den Shafer'schen Fokalmengen. Die Werte der Konturfunktion $T_\Gamma(K)$ geben die Wahrscheinlichkeit an, daß die zufällige Menge $\Gamma(\omega)$ die Menge K trifft. Ist eine zufällige Menge nicht konsistent, so haben einige Fokalmengen keinen Überschneidungsbereich. In diesem Fall ist T_Γ nicht normiert.

Betrachtet man nun die Konturfunktion auf den Einsermengen der Grundgesamtheit, so läßt sich diese als die Zugehörigkeitsfunktion einer Fuzzy-Menge interpretieren:

$$T_\Gamma(\{\omega'\}) = P(\{\omega \in \Omega | \omega' \in \Gamma(\omega)\}) = \mu_A(\omega') \quad \forall \omega' \in \Omega'$$

mit μ_A: Zugehörigkeitsfunktion der Fuzzy-Menge $\tilde{A}$ über Ω'.

Die Konturfunktion ist jedoch nicht eindeutig bestimmt, d.h. es kann mehrere zufällige Mengen mit der gleichen Konturfunktion geben. Daher ist eine Fuzzy-Menge $\tilde{A}$ mit der Äquivalenzklasse der zufälligen Mengen identifizierbar, die die Zugehörigkeitsfunktion μ_A als Konturfunktion besitzen.[72]

Wang u.a.[73] bezeichnen derart konstruierte Fuzzy-Mengen auch als *falling shadows*, was die dahinterstehende Idee sehr anschaulich beschreibt. "Random sets can be viewed as clouds. Like the sun shines vertically down, the more thick the cloud, the more high the darkness of the shadow" (Wang 1991: 68). Eine Fuzzy-Menge kann man also als Projektion einer beliebig dimensionalen zufälligen Menge auf das Einheitsintervall verstehen, wobei als Zugehörigkeitswerte die Gewichte all jener Ausprägungen der zufälligen Menge, die der jeweilige Projektionsstrahl schneidet, zugewiesen werden. Die Gewichte erfüllen dabei die Bedingungen eines Wahrscheinlichkeitsmaßes, ohne daß hier ein Zufallsprozeß dahinter stehen muß.

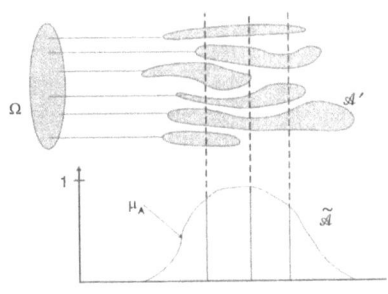

Abbildung 5.1: Falling Shadows

---

[71] Weitere gebräuchliche Bezeichnungen sind *Inzidenzfunktion* (Kendall 1974, Goodman/Nguyen 1985), *Hitting-Funktion* (Norberg 1984, Cressie/Laslett 1987), *Überdeckungs-* bzw. *Coverage-Funktion* (Goodman 1982, Stoyan/Stoyan 1992, Hall 1988).

[72] Vgl. z.B. Goodman (1982), Sales (1982), Nguyen (1984), Goodman/Nguyen (1985: Ch. 5).

[73] Vgl. vor allem Wang (1983, 1987 und 1991) sowie Wang/Sanchez (1982).

Exkurs: Die Interpretation einer Zugehörigkeitsfunktion als Likelihood

Diese Sichtweise macht es dann auch einsichtig, Zugehörigkeitsfunktionen als Likelihoodfunktionen zu interpretieren, wie dies ebenfalls von einigen Autoren[74] vorgeschlagen wird, was allerdings nicht für alle Fuzzy-Mengen sinnvoll und für linguistische Variablen nur bei zusätzlichen Restriktionen möglich ist. Die Idee dieser Interpretation von Zugehörigkeitsfunktionen einer Fuzzy-Menge läßt sich am besten graphisch erläutern.

In Abbildung 5.2 ist zunächst eine Likelihoodfunktion in üblicher Notation dargestellt. Diese ist definiert als Funktion über einem Parameterraum bei fester Ausprägung einer Zufallsvariablen.[75] Die einzelnen Funktionswerte sind dabei mit den auf die Parameterwerte bedingten Wahrscheinlichkeiten bzw. im stetigen Fall mit den Werten der bedingten Dichte identisch:

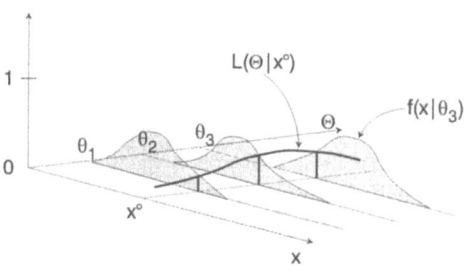

Abbildung 5.2: Likelihoodfunktion

$$L(\theta_i|x^\circ) = \begin{cases} prob(x^\circ|\theta_i) & X \text{ diskret} \\ f(x^\circ|\theta_i) & X \text{ stetig} \end{cases} \quad \forall \theta_i \in \Theta, x^\circ \in X.$$

Als Ausprägungen des Parameterraums kann man sich dabei verschiedene Umweltzustände $\theta_i \in \Theta$ vorstellen, für die die beobachtbare Zufallsvariable X unterschiedliche Verteilungen aufweist. Beobachtet man nun eine bestimmte Ausprägung der Zufallsvariablen x°, so ist die Likelihood ein Maß dafür, daß der Umweltzustand θ_i eingetreten ist. Die Summe aller Likelihoodwerte (bzw. das Integral bei stetiger Parametermenge) bei gegebener Beobachtung x° ist dann im allgemeinen nicht gleich 1, und daher die Likelihoodfunktion keine Wahrscheinlichkeit.

---

[74] Vgl. vor allem Hisdal (1988), die diese Interpretation als erste vorgeschlagen hat. An dieser Stelle sei darauf hingewiesen, daß die Auffassung von Dubois/Prade (1990: 407), die probabilistische Interpretation von Zugehörigkeitsfunktionen als Likelihood- oder Plausibilitätsfunktionen seien unterschiedliche Herangehensweisen, falsch ist. Daß Likelihoodfunktionen Plausibilitätsmaße sind, ist in der Statistik bekannt (vgl. Rinne 1995: 353). Im Rahmen ihrer Theorie der Hinweise zeigen dies auch Kohlas/Monney (1995: 251).

[75] Vgl. z.D. Zellner (1971: 14ff.) oder Rinne (1995: Kap. 1.4). Eine ausführliche Diskussion des Likelihood-Prinzips ist bei Berger/Wolpert (1988) zu finden.

Für die Interpretation von Zugehörigkeitsgraden als Likelihoods ist es hilfreich, eine gedankliche Umbenennung der Achsen vorzunehmen. Auf der Abszisse werden die Fuzzy-Mengen, denen das betrachtete Objekt angehören kann, z.B. die Ausprägungen einer linguistischen Variablen, abgetragen. Sie stellen die Ausprägungen der Zufallsvariablen dar, die in diesem Fall immer diskret ist.

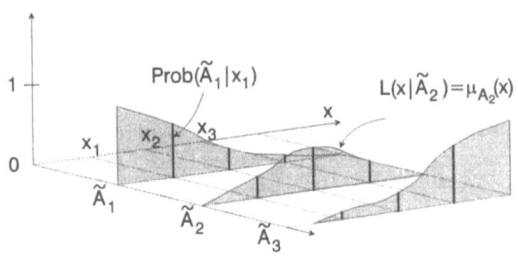

Im Fall einer Beschreibung einer einfachen Fuzzy-Menge handelt es sich dabei um lediglich 2 Ausprägungen: die Fuzzy-Menge und deren Komplement. Für jedes Objekt x_i existiert dann eine Verteilung über die möglichen Ausprägungen, die die bedingte Wahrscheinlichkeit $prob(\tilde{A}_j|x_i)$, daß dieses Objekt der Ausprägung $\tilde{A}_j$ angehört, angibt.

Den Wahrscheinlichkeiten muß dabei nicht notwendigerweise ein Zufallsprozeß zugrunde liegen, sondern es kann sich dabei auch lediglich um Gewichte handeln, die den Kriterien eines Wahrscheinlichkeitsmaßes, d.h. der Additivitätsbedingung genügen. Für Fuzzy-Mengen und deren Komplement ist diese erfüllt, wenn das Fuzzy-Komplement $\mu_{A^c}(x) = 1 - \mu_A(x)$ verwendet wird.

Für Fuzzy-Variablen mit mehreren Ausprägungen muß dagegen die Restriktion $\sum_{i \in I} \mu_{A_i}(x) = 1$ erfüllt sein, d.h. sie müssen orthogonal sein, was für linguistische Variablen, deren Ausprägungen von der Idee her disjunkt sein sollen, auch eine sinnvolle Forderung ist. Darüber hinaus ist es die einzige logisch konsistente Ergänzung zur Komplementbildung mit dem Fuzzy-Komplement. Wie bereits diskutiert, sind jedoch auch andere Komplementbildungen denkbar und u.U. sinnvoll. Dann ist eine Interpretation der Zugehörigkeitsfunktion als Likelihood allerdings nicht mehr möglich.

Der Zusammenhang zu den Konturfunktionen zufälliger Mengen ist in Abbildung 5.4 dargestellt. Es existiert hier nicht nur eine Abbildung $\Gamma: \Omega \to X$ aus dem Wahrscheinlichkeitsraum $(\Omega, \mathcal{A}, P)$ in den Bildraum X, sondern

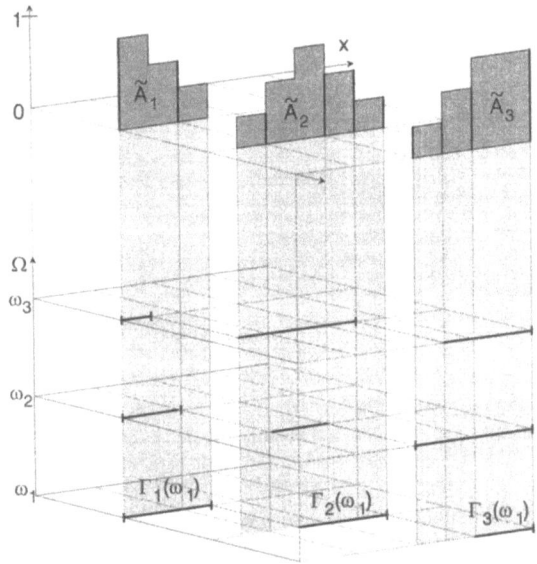

Abbildung 5.4: Konstruktion einer Likelihoodfunktion mittels zufälliger Mengen

für jede Ausprägung eine, für die jedoch die gleiche Wahrscheinlichkeitsverteilung P gilt. Diese Abbildungen unterliegen zusammen einer zusätzlichen Restriktion: die Bildmengen jedes Urbildes $\omega_i \in \Omega$ ergeben eine disjunkte Zerlegung des Bildraumes, d.h.

$$\bigcup_{i \in I} \Gamma_i(\omega_k) = X \;\wedge\; \Gamma_i(\omega_k) \cap \Gamma_j(\omega_k) = \emptyset \qquad \forall i,j \in I, i \neq j, \omega_k \in \Omega.$$

Die Konturfunktionen der jeweiligen Abbildungen können dann wie bereits beschrieben als Zugehörigkeitsfunktionen von Fuzzy-Mengen angesehen werden.

Nun ist es für eine einzelne zufällige Menge Γ_1 immer möglich, eine zweite komplementäre Abbildung Γ_2 zu konstruieren, die diese Bedingung erfüllt, nämlich die zufällige Menge der Komplementmengen von Γ_1. Letztlich kann man daher die Zugehörigkeitsfunktion einer Fuzzy-Menge immer auch als Likelihood interpretieren. Bei linguistischen Variablen ist dagegen eine solche Interpretation noch an die zusätzlichen Restriktionen der Additivität gebunden. Ein Beispiel, bei dem die Additivitätsbedingung automatisch erfüllt ist, ist die Befragung von mehreren Probanden, die jeweils ihre individuell disjunkten Wertebereiche für die Auspägungen einer linguistischen Variablen angeben.

Beispiel: Prognose der Wirtschaftsforschungsinstitutionen

In diesem Sinne kann auch in dem bereits eingeführten Beispiel der Prognose der Arbeitslosenzahlen die von den Forschungsinstitutionen bereitgestellte Information (vgl. Tabelle 4-2) als Fuzzy-Menge dargestellt werden. In Abbildung 5.5 sind sowohl die Prognoseintervalle als auch die Zugehörigkeitsfunktion zur Fuzzy-Menge "erwartete Arbeitslosigkeit" dargestellt. Diese ergibt sich aus der Plausibililitätsfunktion auf den Einsermengen

$$Pl(Alo = x) = \sum_{x \in F_j} m(F_j).$$

Sie ist dabei nicht nur im formalen Sinne eine obere Wahrscheinlichkeit, sondern kann im vorliegenden Fall auch inhaltlich so interpretiert werden, nämlich als die obere Grenze für die Wahrscheinlichkeit, daß die Arbeitslosigkeit den Wert x annehmen wird, den man aufgrund der verfügbaren Information erwarten kann.

Die entsprechende Glaubwürdigkeitsfunktion ist dagegen immer

$$Bel(Alo = x) = \sum_{F_j \subseteq \{x\}} m(F_j) = 0,$$

da es sich bei den Prognosen um Intervalle handelt, und daher für jeden exakten Wert die untere Wahrscheinlichkeit immer 0 ist.

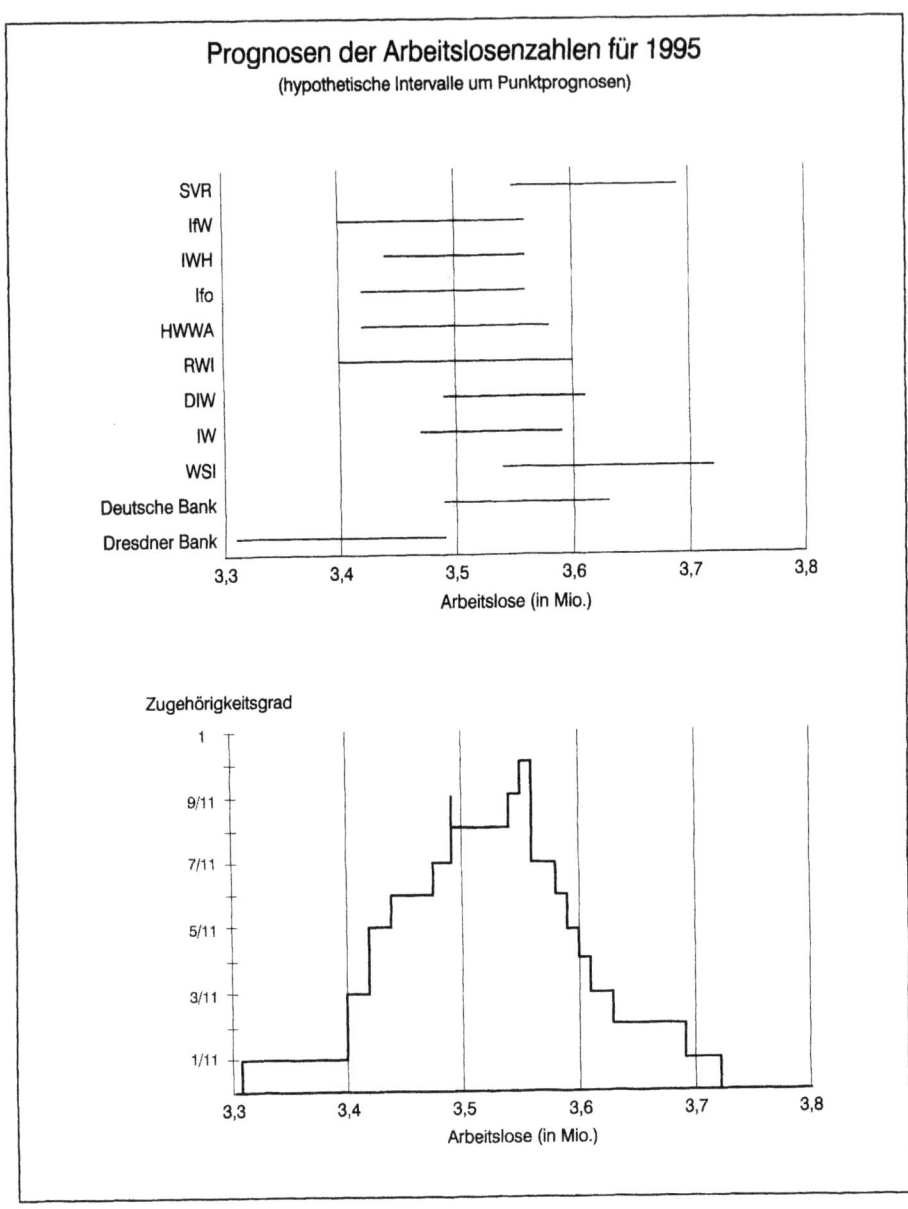

Abbildung 5.5: Darstellung der verfügbaren Information als Fuzzy-Menge

Daß auch andere zufällige Mengen zur gleichen Konturfunktion und damit zur gleichen Fuzzy-Menge führen, ist auch sofort einsichtig, wie Abbildung 5.6 zeigt.

Allerdings kann in diesem Beispiel die Konturfunktion keine Possibilitätsfunktion sein, da es wegen der Mehrgipfligkeit der Konturfunktion nicht möglich ist, genestete Fokalmengen zu finden.

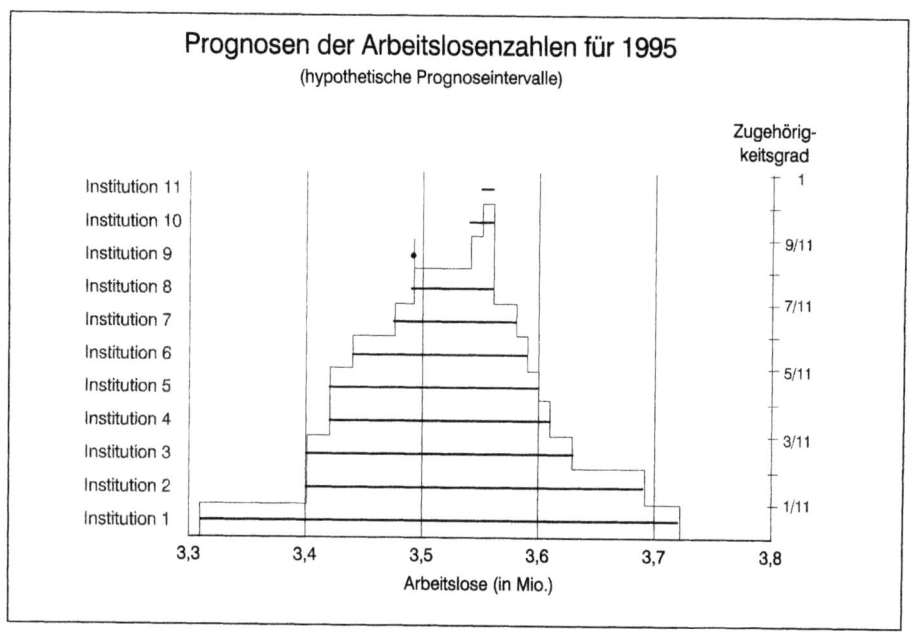

Abbildung 5.6: Hypothetische Prognoseintervalle mit gleicher Konturfunktion

Possibilitätsfunktionen lassen sich daher nur bei höchstens eingipfligen und normierten Konturfunktionen ableiten, was gleichbedeutend mit der Aussage ist, daß die zufälligen Mengen der entsprechenden Äquivalenzklasse konsistent sind. In einem solchen Fall läßt sich dann aber immer eine genestete zufällige Menge finden, so daß jede höchstens eingipflige Konturfunktion und damit die Zugehörigkeitsfunktion jeder normierten, konvexen Fuzzy-Menge auch als Possibilitätsmaß interpretiert werden kann. In diesem Sinne werden im Rahmen der sog. Possibility Theory (Zadeh 1978, Dubios/Prade 1988) Fuzzy-Restriktionen als Possibilitätsmaße gesehen.

Nachdem jede Konturfunktion als Zugehörigkeitsfunktion einer Fuzzy-Menge interpretiert werden kann, stellt sich nun umgekehrt die Frage, ob es auch zu jeder Fuzzy-Menge eine zufällige Menge gibt, die deren Zugehörigkeitsfunktion als Konturfunktion besitzt. Diese Frage kann bejaht werden, wenn die Zugehörigkeitsfunktion die Eigenschaften eines Plausibilitätsmaßes besitzt. In diesem Fall läßt sich zeigen, daß immer mindestens eine zufällige Menge mit dieser Funktion als Konturfunktion existiert.[76]

---

[76] Vgl. Aumann (1965) und Kuratowski/Ryll-Nardzewski (1965), die nicht den Begriff "zufällige Menge" sondern "Selector" verwenden. Zur Konstruktion einer solchen Plausibilitätsfunktion aus einer gegebenen Konturfunktion vgl. Goodman/Nguyen (1985).

Kampé de Fériet (1982) zeigt nun, daß jede Zugehörigkeitsfunktion μ_A entweder als Restriktion auf die Einsermengen einer Glaubwürdigkeits- oder einer Plausibilitätsfunktion dargestellt werden kann. Um welche der beiden Funktionen es sich dabei handelt, hängt vom Träger der Fuzzy-Menge ab. Für überabzählbare Träger $S(\tilde{A})$ ist μ_A immer eine Plausibilitätsfunktion. Für abzählbare Träger ist μ_A eine Plausibilitätsfunktion, wenn

$$\sum_{\omega' \in S(\tilde{A})} \mu_A(\omega') \geq 1$$

und eine Glaubwürdigkeitsfunktion, wenn

$$\sum_{\omega' \in S(\tilde{A})} \mu(\omega) \leq 1.$$

Da auch jede Glaubwürdigkeitsfunktion mittels zufälliger Mengen beschrieben werden kann, nämlich als die Negation der Konturfunktion des Komplements der betrachteten Figur, läßt sich nun jede Fuzzy-Menge im Sinne zufälliger Mengen interpretieren und erlaubt damit eine probabilistische Auslegung.

Dies heißt nun keineswegs, daß man Fuzzy-Mengen unbedingt immer diese inhaltliche Interpretation geben muß oder auch nur sollte. Vielfach ist es sogar schwierig, eine sinnvolle probabilistische Interpretation zu finden, wenn man z.B. an die subjektive Bewertung der Eigenschaften von Gegenständen denkt wie bei dem einführenden Beispiel der Frage nach der Sportlichkeit von PKWs. Nun kann man zwar fast immer eine Zugehörigkeitsfunktion im Sinne einer Likelihood als Konturfunktion derjenigen zufälligen Menge auffassen, die durch die Häufigkeit der Antworten bei der Befragung eines größeren Samples bestimmt wird.[77] Die subjektive Beurteilung kann dann als Einschätzung eben dieser Häufigkeiten aufgefaßt werden, was aber vielfach eher ein hypothetisches Konstrukt ist und der inhaltlichen Bedeutung nicht gerecht wird. Eine solche Interpretation ist nämlich nur dann sinnvoll, wenn die Fuzzy-Menge einen an sich objektiven Tatbestand kennzeichnet, der entsprechende Begriff im Sprachgebrauch jedoch leicht unterschiedlich verwendet wird.[78]

Bei Begriffen, die eine subjektive Wertigkeit ausdrücken[79], gilt dies jedoch nicht mehr, da es nicht nur darum geht, wie gut ein Objekt bestimmte mehr oder weniger klar abgegrenzte Kriterien erfüllt, sondern ob bereits über die inhaltliche Bedeu-

---

[77] Die Mengen der in Frage kommenden Objekte, die jeweils von einer Teilpopulation des Samples als Elemente der betrachteten Menge bzw. als dem Begriff entsprechend angesehen werden, stellen dann die Fokalmengen dar und die jeweiligen Häufigkeiten die Basiswahrscheinlichkeiten. Befragt man beispielsweise 100 Personen danach, ob die drei PKWs A, B und C sportlich sind, so führt eine Verteilung der Antworten wie in der nachfolgenden Tabelle zu der Fuzzy-Menge {(A,0.75),(B,0.8),(C,0.6)}:

als sportlich eingestufte PKWs	{A}	{B}	{C}	{A,B}	{A,C}	{B,C}	{A,B,C}
Häufigkeit der Nennung	10	5	0	25	10	20	30
Glaubwürdigkeitsgrad	0.10	0.05	0	0.40	0.20	0.25	1
Plausibilitätsgrad	0.75	0.80	0.60	1	0.95	0.90	1

[78] Zu denken wäre hier beispielsweise an die Zuordnung verschiedener Wagen in Rottönen, die von Orange bis Violett reichen, zu der Menge der roten PKWs.

[79] Z.B. die Frage, ob ein Wagen "elegant" oder "repräsentativ" ist.

tung kein breiter Konsens bestehen muß. Hier geht es bei den Zugehörigkeitswerten eher darum, wie sehr ein Objekt einem subjektiven Idealobjekt entspricht. Allerdings kann man sich hierbei einen internen Bewertungsprozeß vorstellen, bei dem das Idealobjekt durch eine gewisse Anzahl von Kriterien beschrieben wird. Die Fokalmengen sind dann die Submengen der zu bewertenden Objekte, die die gleichen Kriterien erfüllen, d.h. die Urbildmenge ist die Menge der relevanten Kriterien. Bei Gleichbewertung und additiver Verknüpfung der Kriterien ergeben sich dann als Basisgewichte die Anzahl der jeweils gemeinsam erfüllten Kriterien, und als Plausibilitätswert für die einzelnen Objekte die Anzahl der von dem jeweiligen Objekt erfüllten Kriterien. Die Umrechnung in relative Anteile der erfüllten Kriterien ergeben dann die Zugehörigkeitswerte im Einheitsintervall. Sollen die Kriterien unterschiedlich gewichtet werden, ist bei der Zuordnung der Basisgewichte die entsprechende Gewichtung vorzunehmen; dann allerdings läßt sich der Zugehörigkeitswert nicht mehr so einfach aus der Anzahl der jeweils erfüllten Kriterien ableiten.

Ein weiteres Problem tritt dadurch auf, daß eine Fuzzy-Menge sowohl durch eine Plausibilitätsfunktion als durch eine Glaubwürdigkeitsfunktion charakterisiert sein kann. Geht man von einer endlichen Objektmenge aus, für die die Zugehörigkeitsfunktion einer Glaubwürdigkeitsfunktion entspricht, und führt man ein zusätzliches zu bewertendes Objekt ein, ohne daß die Bewertungen der bisherigen Objekte verändert werden, so können bei einer probabilistischen Auslegung aus Glaubwürdigkeitsgraden Plausibilitätsgrade werden, weil die Summe der Zugehörigkeitswerte über 1 steigt. Inhaltlich gibt es dafür wohl kaum eine sinnvolle Interpretation, daß nur durch die Einführung eines weiteren Objektes die Bewertungsuntergrenze der anderen Objekte zu einer Obergrenze werden soll.

Betrachtet man dieses Problem zunächst rein formal, so ist es definitionsgemäß gar nicht möglich, daß ein zusätzliches Element mit positivem Glaubwürdigkeitsgrad in die Grundgesamtheit aufgenommen wird, ohne daß sich die bisherigen Glaubwürdigkeitswerte ändern. Dazu müßte in der Ausgangssituation die Basiswahrscheinlichkeit für die leere Menge positiv sein, was der Definition der Basiswahrscheinlichkeitsfunktion widerspricht. Die Interpretation der Zugehörigkeitsfunktion einer Fuzzy-Menge als Glaubwürdigkeitsfunktion kann daher überhaupt nur bei endlicher, fest fixierter Grundgesamtheit sinnvoll sein, womit dieser Fall in der praktischen Anwendung kaum relevant sein dürfte. Dagegen ändern sich die Plausibilitätswerte bei Hinzufügen eines weiteren Elements für die bisherigen Elemente nicht, sofern nicht eine Fokalmenge, die nur dieses neue Element enthält, entsteht. Eine solche Situation liegt sicherlich dann vor, wenn es ein Objekt gibt, das grundsätzlich in allen Fokalmengen enthalten ist. Dieses Element hat dann den Plausibilitätsgrad 1. Auf Fuzzy-Mengen übertragen bedeutet dies, daß es Objekte gibt, die einen Zugehörigkeitsgrad von 1 besitzen, also quasi "Idealobjekte" darstellen. Selbst wenn es nun kein solches reales Objekt gibt, erscheint es dennoch äußerst sinnvoll, ein hypothetisches Idealobjekt als Element der Grundgesamtheit mitzudenken, womit dann die Zugehörigkeitsgrade von Fuzzy-Mengen grundsätzlich als Plausibilitätswerte interpretiert werden können, die die Ähnlichkeit zu diesem Idealobjekt beschreiben. Eine solche Interpretation von Fuzzy-Mengen als Ähnlichkeit zu einem idealen Repräsentanten ist in der Fuzzy-Mathematik durchaus üblich.[80]

---

[80] Vgl. z.B. Kruse et al. (1993: Kap. 2.8) oder Dubois/Prade (1990).

Wenngleich dies sicherlich nicht die einzige Interpretation von Fuzzy-Mengen ist, und zudem für manche inhaltliche Analyse auch eher konstruiert und wenig sinnvoll erscheint, so ist es dennoch hilfreich, sich dieser probabilistischen Sichtweise bewußt zu sein, da mit ihr eine vergleichende Bewertung der Operationen auf Fuzzy-Mengen möglich wird.

5.2 Fuzzy-Operatoren als Ausdruck unterschiedlicher Fuzzy-Maße

Wie die Diskussion im Kapitel 4 gezeigt hat, werden die verschiedenen Fuzzy-Maße durch unterschiedliche Vereinigungs- und Durchschnittsoperatoren definiert, die sich größtenteils als t-Normen bzw. t-Conormen charkterisieren lassen. Da andererseits t-Normen und t-Conormen auch zur Verknüpfung von Fuzzy-Mengen verwendet werden, sollte sich auch für diese Operationen eine maßtheoretische Interpretation ergeben.

Geht man von der probabilistischen Interpretation einer Zugehörigkeitsfunktion als Konturfunktion einer zufälligen Menge aus, so lassen sich Durchschnitts- und Vereinigungsoperationen mittels der normalen Wahrscheinlichkeitsrechnung bestimmen. Zunächst kann man zeigen, daß sich bei der Anwendung der Durchschnitts-, Vereinigungs- und auch der Minkowski-Operationen auf zufälligen Mengen wiederum zufällige Mengen ergeben (Matheron 1975: 28). Die Konturfunktion dieser neuen zufälligen Menge läßt sich jedoch allein auf Basis der ursprünglichen Konturfunktionen nicht eindeutig bestimmen, sondern ist durch die stochastische Abhängigkeitsstruktur der zugrundeliegenden zufälligen Mengen bedingt (vgl. Quinio 1991). Dabei gelten folgende Bandbreiten für Durchschnitts - und Vereinigungsoperatoren:

$$\max\{0, T_{\Gamma_1}(\omega) + T_{\Gamma_2}(\omega) - 1\} \leq T_{\Gamma_1 \cap \Gamma_2}(\omega) \leq \min\{T_{\Gamma_1}(\omega), T_{\Gamma_2}(\omega)\}$$

$$\max\{T_{\Gamma_1}(\omega), T_{\Gamma_2}(\omega)\} \leq T_{\Gamma_1 \cup \Gamma_2}(\omega) \leq \min\{1, T_{\Gamma_1}(\omega) + T_{\Gamma_2}(\omega)\}$$

die mit denen der subadditiven t-Norm- bzw. t-Conorm-basierten Maße identisch sind. Daraus läßt sich also folgern, daß für jede Verknüpfung von Fuzzy-Mengen mit einer t-Norm oder t-Conorm aus diesem Bereich eine probabilistische Interpretation möglich ist. Dies gilt jedoch nicht mehr für t-Normen außerhalb dieses Bereiches, was insbesondere die probabilistische Interpretation der Verwendung von gleichzeitig t-Norm- und t-Conorm-zerlegbaren Maßen erschwert. Bei Verwendung des gleichen λ als Parameter liegt mit Ausnahme des Grenzfalles der beschränkten Operatoren immer nur entweder die t-Norm oder die t-Conorm im obigen Bereich (vgl. Tabelle 3-2 in Abschnitt 3.2.2).

Verwendet man jedoch t-Norm/t-Conorm-Paare, die beide aus obigem Bereich sind, gelten die folgenden stochastischen Abhängigkeiten zwischen den Bildmengen der zu verknüpfenden zufälligen Mengen[81]:

---

[81] Vgl. z.B. Tan et al. (1993), Quinio (1991), Walley (1991: 265) und Mabuchi (1992).

Abhängigkeit der zu verknüpfenden zufälligen Mengen	Durchschnittsoperator $T_{\Gamma_1}(\omega) \cap T_{\Gamma_2}(\omega)$	Vereinigungsoperator $T_{\Gamma_1}(\omega) \cup T_{\Gamma_2}(\omega)$
perfekte positive Korrelation	$\min\{T_{\Gamma_1}(\omega); T_{\Gamma_2}(\omega)\}$	$\max\{T_{\Gamma_1}(\omega); T_{\Gamma_2}(\omega)\}$
Unabhängigkeit	$T_{\Gamma_1}(\omega) \cdot T_{\Gamma_2}(\omega)$	$T_{\Gamma_1}(\omega) + T_{\Gamma_2}(\omega) - T_{\Gamma_1}(\omega) \cdot T_{\Gamma_2}(\omega)$
perfekte negative Korrelation	$\max\{T_{\Gamma_1}(\omega) + T_{\Gamma_2}(\omega) - 1; 0\}$	$\min\{T_{\Gamma_1}(\omega) + T_{\Gamma_2}(\omega); 1\}$

Perfekte positive Korrelation bedeutet dabei, daß die jeweiligen Fokalmengen genestet sind, daß also z.B. die Bildmengen der Abbildung Γ_2 immer Teilmengen der Bildmengen der Abbildung Γ_1 sind. Perfekte negative Korrelation unterstellt dagegen gegenseitig disjunkte Bildmengen. Bei positiver Korrelation ergeben sich dann die Fuzzy-Operatoren *max* und *min*, bei negativer Korrelation die beschränkten und bei Unabhängigkeit die algebraischen Operatoren. Alle anderen t-Norm/t-Conorm-Paare sind durch eine mehr oder weniger starke Korrelation der zugrunde liegenden Fokalmengen gekennzeichnet.

Nun sind bei vielen praktischen Anwendungen Abhängigkeiten zwischen den zu verknüpfenden Fuzzy-Mengen bereits von der Sache her angelegt, meist bedingt durch den Prozeß zur Bestimmung der Zugehörigkeitsfunktion, die es dann bei der Verknüpfung auch zu berücksichtigen gilt.

So schlagen Dubois/Prade (1988a: 43ff.) vor, bei der Bestimmung von Fuzzy-Mengen aus statistischen Daten die Zugehörigkeitsfunktionen über die Verteilungen der Zufallsvariablen, die die Ränder der genannten Intervalle I_k bestimmen, zu konstruieren. Sie fordern dafür die Konsistenzeigenschaft $\bigcap_{k \in N} I_k \neq \emptyset$ (ebenda, S.21), woraus sich dann konvexe, normierte Fuzzy-Mengen ergeben, deren Zugehörigkeitsfunktion, wie bereits erwähnt, als Possibilitätsmaß dargestellt werden kann. Sofern die statistischen Daten ausschließlich aus beschränkten Intervallen bestehen, ergeben sich Fuzzy-Intervalle bzw. Fuzzy-Zahlen. Die Fokalmengen sind dann die jeweils einseitig unbeschränkten Intervalle, aus denen sich die oberen und unteren Wahrscheinlichkeiten ergeben, die die Zugehörigkeitsfunktion zu den beiden Fuzzy-Mengen

$$\tilde{A} = \left\{(x, \mu_A(x)) \mid \mu_A(x) = P^*((-\infty, x]) = Pos((-\infty, x])\right\}$$
$$\tilde{B} = \left\{(x, \mu_B(x)) \mid \mu_B(x) = P^*((x, \infty)) = Pos((x, \infty)) = 1 - Nec((-\infty, x])\right\}$$

bestimmen. Das Fuzzy-Intervall ist dann die Schnittmenge der so konstruierten Fuzzy-Mengen

$$\tilde{I} = \tilde{A} \cap \tilde{B} = \left\{(x, \mu_C(x)) \mid \mu_C(x) = \min\{\mu_A(x), \mu_B(x)\}\right\}.$$

Solange bei den zugrundliegenden Daten die Konsistenzeigenschaft erfüllt ist, führt dieses Verfahren zu einer angemessenen Darstellung der vorhandenen Information. Dies gilt dann aber unabhängig von dem verwendeten Durchschnittsoperator. Denn da für alle Werte von x eines der beiden Possibilitätsmaße den Wert 1 besitzt, liefern alle t-Normen bei konsistenten zufälligen Mengen das Minimum der beiden Werte. Wendet man nun dieses Verfahren bei nicht konsistenten Daten an, wie

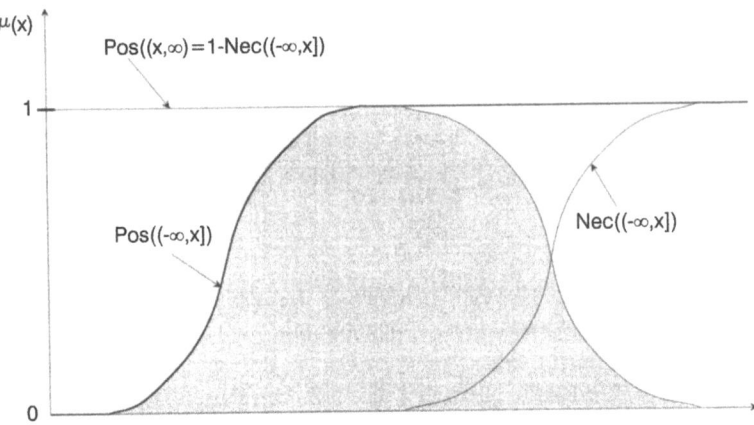

Abbildung 5.7: Konstruktion eines Fuzzy-Intervalls aus Possibilitäts- und Nezessitätsmaß

man sie in der praktischen Anwendung wohl häufig vorfindet, so läßt sich der Unterschied der verschiedenen Verknüpfungsoperatoren demonstrieren.

Beispiel: Prognose der Wirtschaftsforschungsinstitutionen

Im Beispiel der Arbeitslosenprognosen liegt nun genau solch ein inkonsistenter Datensatz vor. Die Anwendung des oben beschriebenen Verfahrens bedeutet nun, daß die linken und rechten Intervallgrenzen der von den Institutionen angegebenen Prognoseintervalle zunächst getrennt zur Konstruktion der Fuzzy-Mengen "Erwartete Arbeitslosigkeit $\geq$ x" und "Erwartete Arbeitslosigkeit < x" verwendet werden. Die Fuzzy-Menge "Erwartete Arbeitslosigkeit" ergibt sich dann als Durchschnitt dieser beiden Fuzzy-Mengen:

$$Pl(Alo = x) = Pl(Alo \geq x \wedge Alo \leq x) = Pl(\{Alo \geq x\} \cap \{Alo \leq x\}).$$

Die Konturfunktionen lassen sich nun nicht mehr als Possibilitätsmaße darstellen, weshalb es bei der Verknüpfung auf die Art der Durchschnittsoperation ankommt.

Wie in Abbildung 5.8 zu sehen ist, ergeben sich in dem Bereich, in dem beide Plausibilitätsfunktionen Werte <1 annehmen, sehr unterschiedliche Maße für den Durchschnitt. Die Plausibilitätswerte berechnen sich in diesem Bereich wie in Tabelle 5-1 dargestellt.

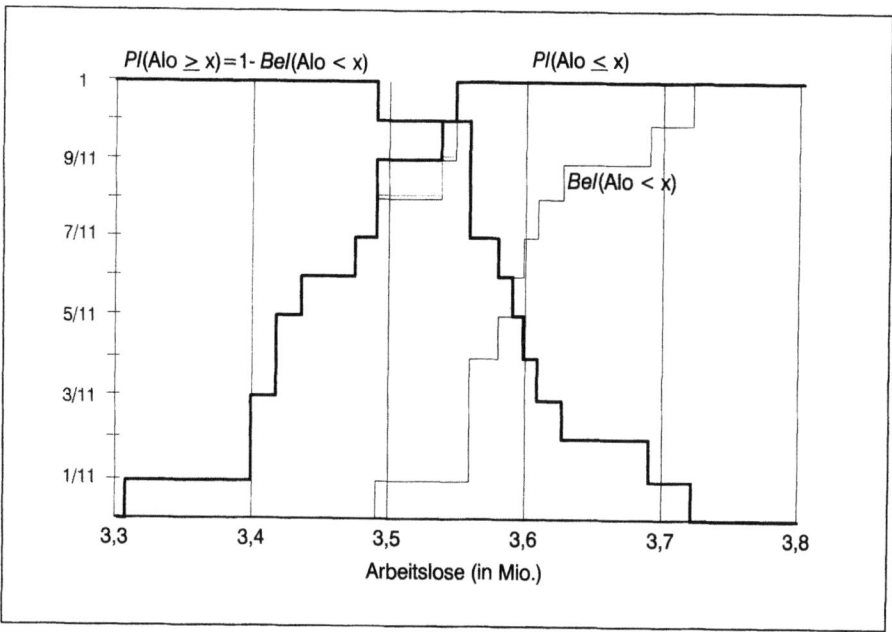

*Abbildung 5.8: **Konstruktion der Zugehörigkeitsfunktion über die Konturfunktion der Ränder***

Der *min*-Operator überschätzt dabei die wahren Plausibilitätswerte und damit den Informationsgehalt der Expertenaussagen deutlich. Dagegen produziert der beschränkte Operator exakt die Werte der direkt generierten Plausibilitätsfunktion (vgl. Abbildung 5.5). Dies ist nach der bisherigen Diskussion nun auch direkt einsichtig, wenn man die Korrelation der linken und rechten Intervallgrenzen betrachtet. Im gewählten Beispiel liegt eine perfekte positive Korrelation der Intervallgrenzen und damit eine perfekte negative mit dem Komplement vor, weshalb hier der beschränkte Operator die vorhandene Information am besten verwendet. Der *min*-Operator wäre dagegen bei vollständig genesteten Intervallen der Institutionen angebracht, was bei derartig gelagerten Problemen in der Praxis wohl nur äußerst selten auftreten dürfte. Eine generelle Verwendung des *min*-Operators ist daher hier nicht anzuraten.

Tabelle 5-1: Plausibilitätsgrade von Durchschnitten			
	$Pl(Alo = x) = Pl(\{Alo \geq x\} \cap \{Alo \leq x\})$		
	min	algebraisch	beschränkt
$x = 3.49$	$\min\{1, \frac{9}{11}\} = \frac{9}{11} \approx 0.82$	$1 \cdot \frac{9}{11} = \frac{9}{11} \approx 0.82$	$1 + \frac{9}{11} - 1 = \frac{9}{11} \approx 0.82$
$x \in (3.49, 3.55)$	$\min\{\frac{10}{11}, \frac{9}{11}\} = \frac{9}{11} \approx 0.82$	$\frac{10}{11} \cdot \frac{9}{11} = \frac{90}{121} \approx 0.74$	$\frac{10}{11} + \frac{9}{11} - 1 = \frac{8}{11} \approx 0.73$
$x \in [3.55, 3.56)$	$\min\{\frac{10}{11}, \frac{10}{11}\} = \frac{10}{11} \approx 0.91$	$\frac{10}{11} \cdot \frac{10}{11} = \frac{100}{121} \approx 0.83$	$\frac{10}{11} + \frac{10}{11} - 1 = \frac{9}{11} \approx 0.82$
$x = 3.56$	$\min\{\frac{10}{11}, 1\} = \frac{10}{11} \approx 0.91$	$\frac{10}{11} \cdot 1 = \frac{10}{11} \approx 0.91$	$\frac{10}{11} + 1 - 1 = \frac{10}{11} \approx 0.91$

Aber auch wenn die zu verknüpfenden Mengen konvex sind, also deren Zugehörigkeitsfunktionen als Possibilitätsmaße interpretiert werden können, ist eine Verwendung der *max*- und *min*-Operatoren, wie sie in der Possibilitätstheorie vorgeschlagen werden, nicht immer sinnvoll.

Denkt man an das einführende Beispiel der Einkommensklassifizierung, so handelt es sich bei den Ausprägungen der linguistischen Variablen um normierte, konvexe Fuzzy-Mengen. Trotzdem ergeben sich, wie bereits diskutiert, bei der Vereinigung einzelner Ausprägungen mit dem *max*-Operator inhaltlich unsinnige Zugehörigkeitswerte. Nun darf man davon ausgehen, daß in diesem Beispiel eine negative Korrelation der zugrunde liegenden zufälligen Menge vorliegt. Sofern die Zugehörigkeitswerte im Sinne einer Likelihoodfunktion als relative Häufigkeiten der Antworten mehrerer Personen ermittelt werden, ist dies sofort einsichtig, da die einzelnen Personen die jeweiligen Einkommenswerte immer nur einer Klasse zuordnen. D.h. eine Person, die einen Einkommenswert der Klasse "gerade noch ausreichend" zuordnet, wird ihn gerade nicht als "hoch" bezeichnen, wodurch eine perfekte negative Korrelation der Antworten der Personen bzgl. dieser Klassen entsteht. Aber auch, wenn es sich lediglich um die subjektive graduelle Einschätzung einer einzelnen Person handelt, ist ein solch negativer Zusammenhang zu erwarten, daß nämlich ein Einkommenswert mit umso geringerem Grad einer Klasse zugeordnet wird, je höher der Zugehörigkeitsgrad in einer anderen Klasse ist. Damit ist offensichtlich, daß der *max*-Operator kaum ein geeigneter Vereinigungsoperator ist. Der für negative Korrelationen angemessene beschränkte Operator liefert dann auch keine unsinnigen Ergebnisse, sondern im Überlappungsbereich der beiden Klassen immer einen Zugehörigkeitswert von 1 für die Vereinigungsmenge.[82]

Obwohl also die zu verknüpfenden Fuzzy-Mengen durch Possibilitätsmaße beschrieben werden können, ist der zur Konstruktion dieses Maßes verwendete *max*-Operator nicht auch immer zur Vereinigungsbildung zweier solcher Possibilitätsmaße geeignet. Die Wahl eines bestimmten Maßes zur Charakterisierung der Fuzzy-Menge genügt also noch nicht zur Festlegung der Verknüpfungsoperatoren. Operatoren, die zur Konstruktion eines Maßes gewählt werden, sind zunächst nur für Verknüpfungen unter weiteren Restriktionen definiert:

- bei t-Norm-zerlegbaren Maßen die Vereinigung von disjunkten Mengen und
- bei t-Conorm-zerlegbaren Maßen der Durchschnitt von Mengen, deren Vereinigung die Grundgesamtheit darstellt.

Alle weiteren Vernüpfungen sind von der Definition der Maße her nicht weiter festgelegt, wie man dies ja bereits von der Wahrscheinlichkeitstheorie her kennt. Auch ein Wahrscheinlichkeitsmaß ist allein durch die Festlegung der Vereinigung disjunkter Mengen mit der Additivitätsbedingung definiert - unabhängig von der Bestimmung anderer Verknüpfungsoperationen. Diese werden in der Wahrscheinlichkeitstheorie unter Einführung des Begriffs der stochastischen Abhängigkeit zusätzlich definiert.

---

82 Dies gilt nur dann nicht, wenn die Summe der Zugehörigkeitswerte zu beiden Klassen kleiner als 1 ist, was - sofern die Ausprägungen den gesamten Wertebereich abdecken - sinnvollerweise nur dann auftreten kann, wenn der entsprechende Wert noch einen positiven Zugehörigkeitswert zu einer weiteren Klasse besitzt. In diesem Fall ist dann aber ein kleinerer Zugehörigkeitswert als 1 zu der betrachteten Vereinigung zweier Klassen inhaltlich sinnvoll.

Ganz analog ist dies auch bei der Verknüpfung nicht-additiver Maße bzw. in diesem Sinne interpretierter Fuzzy-Mengen zu sehen. Die Verwendung bestimmter t-Norm/t-Conorm-Paare zur Vereinigungs- und Durchschnittsbildung von Fuzzy-Mengen bedeutet immer auch eine implizite Annahme über eine gewisse Abhängigkeitsstruktur dieser beiden Mengen.

In der praktischen Anwendung findet man letztendlich eine der beiden Situationen vor: entweder kennt man den die zufälligen Mengen generierenden Zufallsprozeß, womit dann die zu verwendenden Operatoren eindeutig abgeleitet werden können, oder man entscheidet sich nur bei Kenntnis der Zugehörigkeitsfunktion für ein Operatorenpaar, was mit der Annahme einer bestimmten Korrelationsstruktur gleichbedeutend ist. Sofern es Zusatzinformationen gibt, die eine solche Annahme rechtfertigen, sollten diese jeweils offengelegt werden. Weiß man nichts über die Abhängigkeitsstruktur der zu verknüpfenden Fuzzy-Mengen, so läßt sich das Spektrum der verschiedenen t-Normen und t-Conormen im Sinne einer Sensitivitätsanalyse nutzen, um die Bandbreite der Lösungen bei verschiedenen Abhängigkeitsstrukturen abzuschätzen.

6 Fuzzy-Relationen

Um nun die Fuzzy-Mathematik in der Praxis auch anwenden zu können, werden neben den Grundoperationen auf Fuzzy-Mengen und Fuzzy-Maßen weitere mathematische Operatoren benötigt. Die Verallgemeinerung der üblichen Arithmetik, der Integrationstheorie, der Vektor- und Matrizenrechnung, der Funktionentheorie und der Statistik schreitet zwar voran, steckt aber, lapidar ausgedrückt, immer noch in den Kinderschuhen. Vielfach werden die Verallgemeinerungen entsprechend dem einfachen Erweiterungsprinzip (siehe Abschnitt 3.3) mit *min-max*-Operatoren durchgeführt, was aber angesichts der bisher geführten Diskussion über eine maßtheoretische Fundierung der Fuzzy-Mathematik mit Skepsis zu betrachten ist. Allgemeinere Vorgehensweisen in Richtung auf t-Norm-basierte Operationen sind noch spärlich und erst in jüngster Zeit in der Literatur zu finden. Letztlich muß man feststellen, daß die weitergehenden Fuzzy-Operationen im allgemeinen noch nicht anwendungsreif sind, da ihre Eigenschaften noch weitgehend unbekannt sind. Daher sollen im folgenden nur kurz diejenigen Elemente vorgestellt werden, die für eine Anwendung der Fuzzy-Methoden auf entscheidungstheoretische Fragen unentbehrlich sind, die Fuzzy-Relationen.

Definition 6-1:

Sei $X_1 \times \cdots \times X_n$ das kartesische Produkt von n klassischen Mengen und $\mu_R: X_1 \times \cdots \times X_n \to [0,1]$ eine Abbildung, so heißt

$$\tilde{R} = \left\{ \left((x_1, \ldots, x_n), \mu_R(x_1, \ldots, x_n)\right) \mid (x_1, \ldots, x_n) \in X_1 \times \cdots \times X_n \right\}$$

Fuzzy-Relation auf $X_1 \times \cdots \times X_n$.
Eine Relation auf $X \times Y$ heißt *binäre Fuzzy-Relation*.

Auf binären Fuzzy-Relationen sind folgende Operationen definiert:

Definition 6-2:

Seien $\tilde{R} = \left\{ ((x,y), \mu_R(x,y)) \mid (x,y) \in X \times Y \right\}$ und $\tilde{S} = \left\{ ((y,z), \mu_S(y,z)) \mid (y,z) \in Y \times Z \right\}$
binäre Fuzzy-Relationen, dann heißt eine Fuzzy-Relation auf $Y \times X$

- *Inverse* von $\tilde{R}$

    $\tilde{U} := \tilde{R}^{-1}$ mit $\mu_U(x,y) = \mu_R(y,x)$

- *Verkettung* oder *Relationenprodukt*

    $\tilde{V} := \tilde{R} \circ \tilde{S}$ mit $\mu_V(x,y) = \max_z \left\{ \min(\mu_R(x,z), \mu_S(z,y)) \right\} \quad \forall (x,y,z) \in X \times Y \times Z.$

Mit diesen Operationen gilt für unscharfe Relationen $\tilde{R}, \tilde{S}, \tilde{T}$:

$$(\tilde{R} \circ \tilde{S}) \circ \tilde{T} = \tilde{R} \circ (\tilde{S} \circ \tilde{T})$$

$$\tilde{R} \circ (\tilde{S} \cup \tilde{T}) = (\tilde{R} \circ \tilde{S}) \cup (\tilde{R} \circ \tilde{T})$$

$$\tilde{R} \circ (\tilde{S} \cap \tilde{T}) \subseteq (\tilde{R} \circ \tilde{S}) \cap (\tilde{R} \circ \tilde{T})$$

$$(\tilde{R} \circ \tilde{S})^{-1} = \tilde{S}^{-1} \circ \tilde{R}^{-1}$$

$$(\tilde{R} \cup \tilde{S})^{-1} = \tilde{R}^{-1} \cup \tilde{S}^{-1}$$

$$(\tilde{R} \cap \tilde{S})^{-1} = \tilde{R}^{-1} \cap \tilde{S}^{-1}$$

$$(\tilde{R}^{-1})^{-1} = \tilde{R}$$

$$(\tilde{R}^C)^{-1} = (\tilde{R}^{-1})^C.$$

Die Verwendung des *min*-Operators in der Verkettung erscheint aber für viele Anwendungen zu restriktiv, was nach der maßtheoretischen Interpretation des letzten Abschnittes nicht verwundert. Einige Autoren[83] schlagen daher vor, in Analogie zur Definition der Verkettung von klassischen Relationen stattdessen jeden ∧-Junktor auf Fuzzy-Mengen, d.h. jede t-Norm zuzulassen, und definieren eine *max-t*-Verkettung:

$$\tilde{V} := \tilde{R} \circ \tilde{S} \quad \text{mit} \quad \mu_V(x,y) = \max_z \{ t(\mu_R(x,z), \mu_S(z,y)) \} \quad \forall (x,y,z) \in X \times Y \times Z.$$

Allerdings stellt sich hier sofort die Frage, ob dies tatsächlich eine angemessene Verallgemeinerung der klassischen Relationenverkettung darstellt, die als

$$R \circ S = \{(x,y) \mid \exists z \in Z : (R(x,z) \wedge S(z,y))\}$$

definiert ist[84]. Wählt man für das logische "und" (∧-Junktor) eine t-Norm, so wäre für den Partikularisator (∃-Quantor), der als verallgemeinerte "oder"-Verbindung angesehen werden kann[85], eine t-Conorm die entsprechende mehrwertige Verallgemeinerung. Welche t-Norm/Conorm-Paare dabei welche inhaltliche Interpretation erfahren können, und welche Implikationen eine beliebige Kombination von nicht durch eine Negation verknüpfte t-Normen und t-Conormen hat, ist jedoch bisher in der Literatur kaum diskutiert worden. Erst in jüngster Zeit gibt es einige Arbeiten[86], die allgemeine *s-t*-Verknüpfungen definieren und deren Eigenschaften untersuchen, was vor allem mit Blick auf die Weiterentwicklung der Fuzzy-Matrizenrechnung geschieht, einer der wichtigsten Anwendungen der Relationenverkettung.

Von besonderem Interesse sind in der Entscheidungstheorie die binären Fuzzy-Relationen auf $X \times X$, die zur Beschreibung von Präferenzordnungen verwendet werden. Sie werden meist einfach Fuzzy-Relation auf X genannt. Um in Analogie zu klassischen (Halb-)Ordnungen Fuzzy-Ordnungen definieren zu können, werden die entsprechenden Eigenschaften auch auf Fuzzy-Relationen definiert, wobei allerdings in der Literatur sehr unterschiedliche Definitionen verwendet werden. Diese

---

[83] Z.B. Di Nola et al. (1989: 108ff.), De Beats/Kerre (1993).

[84] Vgl. z.B. Bucher (1987: 237).

[85] Vgl. z.B. Hermes (1991: 42).

[86] Vgl. Pedrycz (1993 a und b) sowie Fodor (1993).

stellen jedoch überwiegend Spezialfälle einer allgemeinen Darstellung mit t-Normen dar, welche wiederum direkt aus der Verallgemeinerung der Eigenschaften auf klassische Relationen mittels der mehrwertigen Logik abgeleitet werden kann.[87] Im folgenden werden daher Begriffsdefinitionen gewählt, die in diesem Sinne strenge Analogien zu den Begriffen der klassischen Relationentheorie[88] darstellen.

Definition 6-3:

Sei $\tilde{R} = \{((x,y), \mu_R(x,y)) \mid (x,y) \in X \times X\}$ eine Fuzzy-Relation auf X, dann bezeichnet man $\tilde{R}$ als

- *reflexiv* $\Leftrightarrow$

    $\mu_R(x,x) = 1$ $\hspace{4em} \forall\, x \in X$

- *symmetrisch* $\Leftrightarrow$

    $(\mu_R(x,y) \to \mu_R(y,x)) = 1$ $\hspace{2em} \forall\, x,y \in X$

- *antisymmetrisch* oder *identitiv* $\Leftrightarrow$

    $(\mu_R(x,y) \wedge \mu_R(y,x)) = 1 \;\Rightarrow\; x = y$ $\hspace{2em} \forall\, x,y \in X$

- *konnex*, *zusammenhängend* oder *vollständig* $\Leftrightarrow$

    $(\mu_R(x,y) \vee \mu_R(y,x)) = 1$ $\hspace{2em} \forall\, x,y \in X \;\; \text{mit}\; x \neq y$

- *linear* $\Leftrightarrow$ $\tilde{R}$ ist reflexiv und konnex

- *transitiv* $\Leftrightarrow$

    $(\mu_R(x,z) \wedge \mu_R(z,y) \to \mu_R(x,y)) = 1$ $\hspace{2em} \forall\, x,y,z \in X.$

Die in der Literatur zu Fuzzy-Relationen verwendeten Definitionen können fast durchweg aus diesen Definitionen abgeleitet werden.

So ist die *Symmetrie*-Bedingung äquivalent zu[89]

$(\neg(\mu_R(x,y)) \vee (\mu_R(y,x))) = 1$ $\hspace{2em} \forall\, x,y \in X,$

und bei Verwendung von t-Normen und deren konjugierten Funktionen

$\mathbf{s}(\mathbf{c}(\mu_R(x,y)), \mu_R(y,x)) = 1$ $\hspace{2em} \forall\, x,y \in X.$

Gebraucht man nun die beschränkten Operatoren, so ergibt sich die Bedingung, die häufig in der Literatur zur bestimmung von Symmetrie verwendet wird, aber unter der hier gewählten Definition nur einen Spezialfall darstellt:

$\mu_R(x,y) = \mu_R(y,x)$ $\hspace{2em} \forall\, x,y \in X.$

---

[87] Vgl. zu diesem Ansatz Gottwald (1989: Kap. 5.8.4) und Bandemer/Näther (1992: Kap. 2.5).

[88] Vgl. z.B. Reinhardt/Soeder (1990: 31ff.) oder Gellert et al. (1984: Kap. 14.3).

[89] Dies entspricht der allgemeinen Sichtweise einer Implikation $p \to q$ als $\neg p \vee q$.

Das gleiche Ergebnis erhält man auch bei der direkten Verwendung der sogenannten LUKASIEWICZ-Implikation der mehrwertigen Logik: $I_L(a,b) = \min(1, 1-a+b)$ (vgl. Gottwald 1989: 34). Eine Reihe anderer Implikationsoperatoren der mehrwertigen Logik korrespondieren ebenfalls mit bestimmten t-Conormen (vgl. Kruse et a. 1993: 148f.)

Als *Antisymmetrie*-Bedingung ergibt sich bei Verwendung einer t-Norm

$$(\mu_R(x,y) = 1) \wedge (\mu_R(y,x) = 1) \Rightarrow x = y \qquad \forall\, x, y \in X.$$

Die Bedingung läßt sich durch Negation umformen in

$$(\mu_R(x,y) \wedge \mu_R(y,x)) = 0 \qquad \forall\, x, y \in X \quad \text{mit } x \neq y,$$

was auch äquivalent ist mit

$$(\mu_R(x,y) \rightarrow \neg(\mu_R(y,x))) = 1 \qquad \forall\, x, y \in X \quad \text{mit } x \neq y.$$

Alle Darstellungen werden in der Literatur verwendet[90]. Bei Verwendung der beschränkten Operatoren oder, was äquivalent ist, der LUKASIEWICZ-Implikation in der letzten Schreibweise erhält man die Bedingung von Zadeh (1971), die als *perfekte Antisymmetrie* bekannt ist:

$$\mu_R(x,y) > 0 \Rightarrow \mu_R(y,x) = 0 \qquad \forall\, x, y \in X \quad \text{mit } x \neq y.$$

Die urspünglich von Kaufmann (1975: 109) eingeführte Definition der Antisymmetrie läßt sich nicht aus der klassischen Bedingung ableiten. Sie beschreibt lediglich "Nicht-Symmetrie", wenn für die Symmetriebedingung die beschränkten Operatoren verwendet werden. Wie in der klassischen Relationentheorie bedeutet aber das Fehlen der Symmetrieeigenschaft noch nicht Antisymmetrie.

Die Bedingung der *Asymmetrie* läßt sich ganz analog umformen und ist in der Literatur auch als folgende Bedingung zu finden[91]

$$(\mu_R(x,y) \wedge \mu_R(y,x)) = 0 \qquad \forall\, x, y \in X$$

Die *Vollständigkeits*-Bedingung lautet bei Verwendung einer t-Conorm

$$\mathbf{s}(\mu_R(x,y), \mu_R(y,x)) = 1 \qquad \forall\, x, y \in X \quad \text{mit } x \neq y,$$

was äquivalent zu der ebenfalls häufig verwendeten Definition ist

$$\mu_R(x,y) + \mu_R(y,x) \geq 1 \qquad \forall\, x, y \in X \quad \text{mit } x \neq y.$$

---

[90] Vgl. z.B. Bandemer/Näther (1992: 32) oder Roubens (1989). Allerdings wird teilweise auch die Asymmetriebedingung als Antisymmetrie bezeichnet, so z.B. Ovchinnikov (1991).

[91] Vgl. z.B. Ovchinnikov (1988), in späteren Aretikel nennt Ovchinnikov die Bedingung jedoch Antisymmetrie.

Die *Transitivitäts*-Bedingung ist bei Verwendung von archimedischen t-Normen mit Nullteilern bzw. der LUKASIEWICZ-Implikation äquivalent[92] zu

$$\mu_R(x,z) \land \mu_R(z,y) \leq \mu_R(x,y) \qquad \forall\ x,y,z \in X$$

bzw.

$$t(\mu_R(x,z), \mu_R(z,y)) \leq \mu_R(x,y) \qquad \forall\ x,y,z \in X,$$

was dann mit der verallgemeinerten Definition einer Verkettung gleichbedeutend mit der ebenfalls aus der klassischen Relationentheorie bekannten Transitivitätsdefinition ist:

$$\tilde{R} \circ \tilde{R} \subseteq \tilde{R}.$$

Alle in der Literatur genannten Transitivitätsbedingungen erfüllen dieses Kriterium, auch wenn eine nullteilerfreie t-Norm verwendet wird, was bedeuten kann, daß zumindest implizit die LUKASIEWICZ-Implikation unterstellt wurde. Verwendet man eine Implikation, die auf nullteilerfreien t-Normen basiert, so ist die Bedingung aber zumindest erfüllt, d.h. sie ist notwendig, aber nicht hinreichend für Transitivität[93]. Verwendet man generell diese Bedingung für beliebige t-Normen, so könnte man dies auch als schwache Form von Transitivität bezeichnen.

---

[92] Aus der Transitivitätsbedingung folgt bei Anwendung der LUKASIEWICZ-Implikation
$$\max\{1-(r(x,z) \land r(z,y)) + r(x,y), 1\} = 1 \quad \Leftrightarrow$$
$$1 - (r(x,z) \land r(z,y)) + r(x,y) \geq 1 \quad \Leftrightarrow$$
$$(r(x,z) \land r(z,y)) \geq r(x,y).$$
Der Beweis für archimedische t-Normen mit Nullteiler und ihren konjugierten Funktionen ist bei Ovchinnikov (1991) zu finden.

[93] Die Transitivitätsbedingung bei Verwendung von t-Normen lautet
$$s(c(t(r(x,z),r(z,y))),r(x,y)) = 1 \quad \Leftrightarrow$$
$$t(t(r(x,z),r(z,y)),c(r(x,y))) = 0.$$
Für t-Normen ohne Nullteiler ergibt sich daraus
$$t(r(x,z),r(z,y)) = 0 \quad \lor \quad c(r(x,y)) = 0 \quad \Leftrightarrow$$
$$t(r(x,z),r(z,y)) = 0 \quad \lor \quad r(x,y) = 1 \quad \Rightarrow$$
$$t(r(x,z),r(z,y)) \leq r(x,y).$$

Mit diesen Eigenschaften lassen sich nun ganz in Analogie zum klassischen Fall Ordnungs- und Äquivalenzrelationen definieren:

Definition 6-4:

Eine Fuzzy-Relation $\tilde{R}$ auf X heißt	\multicolumn{6}{c}{wenn sie die Eigenschaften besitzt}
	Reflexivität	Transitivität	Vollständigkeit	Antisymmetrie	Asymmetrie	Symmetrie
Fuzzy-Präordnung	x	x				
Fuzzy-Halbordnung	x	x		x		
Fuzzy-Ordnung	x	x	x			
lineare Fuzzy-Ordnung	x	x	x	x		
strikte Fuzzy-Halbordnung		x			x	
strikte Fuzzy-Ordnung		x	x		x	
Fuzzy-Äquivalenzrelation	x	x				x

Verwendet man sog. De Morgan-Tripel zur Bildung von Fuzzy-Ordnungen, so lassen sich noch zusätzliche Eigenschaften ableiten. So zeigt Ovchinnikov (1990: 148), daß sich im Falle von strikten t-Normen die klassische Ordnung ergibt, d.h. daß $\mu_R(x,y) \in \{0,1\}$ $\forall x,y \in X$. Verwendet man dagegen archimedische t-Normen mit Nullteiler, so lassen sich die Bedingungen für eine Fuzzy-Ordnung mit isotonen Transformationen der beschränkten Operatoren schreiben:

Reflexivität: $\mu_R(x,x) = 1$

Vollständigkeit: $\phi(\mu_R(x,y)) + \phi(\mu_R(y,x)) \geq 1$

Transitivität: $\phi(\mu_R(x,y)) + \phi(\mu_R(y,z)) - 1 \leq \phi(\mu_R(x,z))$.

Schlußfolgerungen zu Teil I:
Erwartungshaltung an den Fuzzy-Ansatz

Es ist mehrfach angeklungen, daß der Fuzzy-Ansatz keine völlig neue Theorie ist. Verschiedene Einzelaspekte sind in anderen mathematischen Teildisziplinen entwickelt worden und lassen sich nun zusammen mit den speziellen Ansätzen der Fuzzy-Mengen- und Fuzzy-Maßtheorie mit einer einheitlichen Interpretation und Notation in einen größeren Kontext stellen. Die Fuzzy-Mathematik stellt damit eher das gemeinsame Dach dar, als daß sie in Konkurrenz zu anderen Ansätzen steht. Man könnte sie auch potentiell als eine Grundlagentheorie auf sehr allgemeiner Ebene bezeichnen, die verschiedene mathematische Teilbereiche als Spezialfall enthält. Daß dabei z.Z. die Spezialfälle theoretisch besser fundiert sind als die Grundlagentheorie selbst, muß dieser Sichtweise keinen Abbruch tun. Die Fuzzy-Mathematik bietet das Potential für eine derartige Grundlagentheorie, die in den nächsten Jahren und Jahrzehnten sicherlich in dieser Richtung weiterentwickelt werden wird.

Für den Anwender, der von der Fuzzy-Mathematik konkrete Modellierungshilfen erwartet, ist dies zum gegenwärtigen Zeitpunkt ein eher ernüchterndes Ergebnis. Das mathematische Theoriegebäude ist noch zu lückenhaft, um komplexe Probleme damit angemessen modellieren zu können. Bewährte Instrumente der klassischen Maß- und Wahrscheinlichkeitstheorie wie Integrale und Faltungen, aber auch die Matrizenrechnung, sind bislang nur ansatzweise in verallgemeinerter Form entwickelt worden. Deren Eigenschaften wie auch die von beliebigen Verkettungen einfacher Operationen sind noch größtenteils unerforscht. Bei unkritischem Einsatz des bislang verfügbaren Instrumentariums in komplexen Modellen läßt sich dann über die Eigenschaften der Modellösung praktisch nichts mehr aussagen. Und im Gegensatz zur Anwendung im technischen Bereich, wo die Eigenschaften auch empirisch ausgetestet werden können, sind theoretische Kriterien bei sozio-ökonomischen Fragestellungen unerläßlich.

Trotzdem kann und sollte das Instrumentarium durchaus zur Modellierung von mit traditionellem Methoden nur schlecht beschreibbaren Problemen herangezogen werden, denn vor allem durch den Versuch der Anwendung werden die fehlenden Grundlagen offensichtlich, die dann die Weiterentwicklung des Instrumentariums anregen. Die hier zugrunde gelegte und weiterentwickelte maßtheoretische Sichtweise, die eine vergleichende Interpretation der verschiedenen Operatoren erlaubt, da deren Eigenschaften zumindest bei Einfachoperationen zu einem Großteil bekannt sind, sollte dann im Sinne einer Sensitivitätsanalyse geeignet sein, die Bandbreite der Lösungen einfach strukturierter Fragestellungen abzuschätzen.

Sofern es um die Modellierung von Unsicherheit bei entscheidungstheoretischen Fragen geht, läßt sich damit beim gegenwärtigen Wissensstand folgern, daß eine Modellierung mit wahrscheinlichkeitstheoretischem Instrumentarium dann um eine weichere Modellierung zumindest ergänzt werden sollte, wenn berechtigte Zweifel daran bestehen, daß die Repräsentation der verfügbaren Information den Kriterien eines Wahrscheinlichkeitsmaßes genügt. Sofern über die Art der Wissensrepräsentation zu wenig bekannt ist, mag eine gleichzeitige Betrachtung des Problems aus wahrscheinlichkeits- und aus possibilitätstheoretischer Sichtweise hilfreich sein, um die Robustheit von Lösungen zu untersuchen.

Teil II:

Die Anwendung des Fuzzy-Ansatzes in der Entscheidungstheorie

7 Entscheidungen bei Unschärfe

Der Titel "Entscheidungen bei Unschärfe" kennzeichnet zunächst einmal den Typus eines Entscheidungsmodells, bei dem unsichere, vage Information auf jeder Modellierungsebene zugelassen wird, was die Beschreibung der verschiedenen Modelle, die darunter fallen können, nicht gerade vereinfacht. Daher ist es zunächst notwendig, den Entscheidungsprozeß klar zu strukturieren, um die verschiedenen Arten unscharfer Information und deren Behandlung im Entscheidungsprozeß angemessen modellieren zu können.

In der klassischen Entscheidungstheorie wird das Entscheidungsproblem üblicherweise anhand einer Entscheidungsmatrix diskutiert. Als bekannt werden die möglichen Umweltzustände und die zur Verfügung stehenden Handlungsalternativen angesehen, sowie das Ergebnis jeder Aktion, d.h. der Durchführung einer Handlungsalternative für jeden Umweltzustand. Weiterhin wird eine gewisse Information über die Eintrittschancen der Umweltzustände unterstellt.

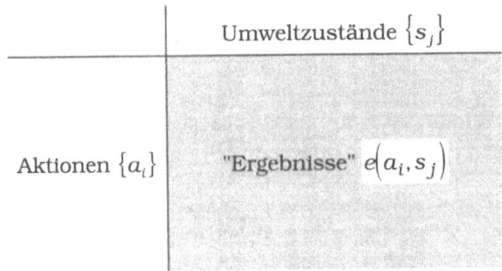

Gesucht wird immer die optimale Aktion, d.h. die Aktion, die unter Berücksichtigung des Wissens über die Umweltzustände das nach bestimmten Kriterien präferierte Ergebnis erzeugt.

Die Bewertung der Aktionen $U(a_i) = f(e(a_i, s_1), ..., e(a_i, s_m))$ wird dabei üblicherweise als Funktion aller möglichen Ergebnisse modelliert, wobei die Berücksichtigung der Eintrittschancen die spezifische Form dieser Nutzenfunktion bestimmt.

Diese Art der Modellierung, bei der die Bewertung in einem Modellierungsschritt abgebildet wird, erscheint für die vergleichende Behandlung verschiedener Arten von unscharfem Wissen jedoch ungeeignet zu sein, so daß im folgenden das Problem in Anlehnung an ältere Modellierungen des Entscheidungsprozesses[94] in vier Modellierungsebenen zerlegt wird.

---

[94] Vgl. z.B. Menges (1969).

(1) Repräsentation des Wissens

Das Wissen des Entscheiders umfaßt seine Information über die künftigen Umweltzustände und deren Eintrittschancen, die zur Verfügung stehenden Handlungsalternativen, sowie die Ergebnisse jeder Aktion in jedem Umweltzustand. Sie seien im folgenden bezeichnet als

A: Aktionsraum,
        d.h. die Menge der verfügbaren Aktionen,

S: Zustandsraum,
        d.h. die Menge aller möglichen, sich gegenseitig ausschließenden Zustände,

$(S, \mathcal{S}, P)$:   auf dem Zustandsraum definierter Wahrscheinlichkeitsraum,

$e: A \times S \to E$: Ergebnisfunktion,
        die jeder Aktion ein eindeutiges Ergebnis für jeden Zustand zuordnet und mit der Wahrscheinlichkeitsverteilung P einen Wahrscheinlichkeitsraum $(E, \mathcal{E}, P)$ über dem Ergebnisraum definiert.

Im Falle diskreter Entscheidungsmodelle wird üblicherweise davon ausgegangen, daß die möglichen, disjunkten Elementarzustände (d.h. die Menge S) und deren Eintrittswahrscheinlichkeiten bekannt sind.

Im kontinuierlichen Fall sind die verschiedenen Zustände meist als Verteilungsfunktion für eine Restriktion gegeben. Soweit dabei mehrere Restriktionen gleichzeitig zu beachten sind, handelt es sich um sog. Randverteilungen, d.h. es sind Wahrscheinlichkeitsmaße auf Teilmengen der auf S definierten σ-Algebra $\mathcal{S}$ bekannt.

In beiden Fällen wird im Erwartungsnutzenmodell unterstellt, daß die Informationen hinreichend sind, um den Wahrscheinlichkeitsraum vollständig zu beschreiben.

(2) Bewertung der Ergebnisse

Nutzen entstehen durch die konkreten Ergebnisse von Handlungen. Die Bewertung von Aktionen und ihre Darstellung in einer Nutzenfunktion ist daher immer eine abgeleitete, wie Hirshlifer/Riley (1992: 13) betonen. Diese beiden Ebenen sollen im folgenden konsequent getrennt werden. Die Bewertung von Ergebnissen soll daher *elementare Nutzenfunktion*

$v: E \to U$

genannt werden, die man auch direkt auf dem Aktionen-Zustandsraum definieren kann:

$v \circ e: A \times S \to U$.

Sofern ein Wahrscheinlichkeitsraum $(S, \mathcal{S}, P)$ existiert, wird dadurch eine Zufallsvariable $V_i = v(E) = v\big(e(a_i, S)\big)$ definiert.

(3) Bewertung der Aktionen

Die Bewertung der Aktionen, die für die Auswahl der optimalen Aktion unerläßlich ist, erfordert noch die zusätzliche Berücksichtigung der Unsicherheit hinsichtlich der künftigen Umweltzustände. Sie sei als *Nutzenfunktion über den Aktionen*

$$u: A \to U$$

bezeichnet. Sie ergibt sich aus dem Präferenzfunktional[95] über der durch die elementare Nutzenfunktion erzeugten Zufallsvariablen V_i:

$$u(a_i) = \psi(v(E, P)) = \psi\big(v\big(e(a_i, S)\big), P\big).$$

Diese mathematisch saubere Formulierung ist fast ausschließlich in älteren entscheidungstheoretischen Arbeiten gebräuchlich.[96] Die Verengung der Sichtweise auf das Erwartungsnutzenkonzept hat dazu geführt, daß überwiegend die Nutzenfunktion über den Handlungsalternativen von vornherein als additive Funktion mit Wahrscheinlichkeitsgewichten definiert wird. Meist wird dann auch nur vom "Erwartungsnutzen" gesprochen, während der Begriff der "Nutzenfunktion" ausschließlich für die Bewertung der Ergebnisse verwendet wird. Aber auch Autoren, die zunächst allgemeinere Begriffe verwenden, wie "Nutzenfunktion über die Ergebnisse" versus "Präferenzfunktion bezüglich der Alternativen" (Laux 1991: 27), oder "preference scaling function over consequences" versus "utility function over actions" (Hirshlifer/Riley 1992: 13), behandeln dann doch ausschließlich das Erwartungsnutzenkonzept. Daß aber die Frage, wie Unsicherheit über das Eintreten der Umweltzustände den Entscheidungsprozeß beeinflußt, von der Bewertung der Ergebnisse unabhängig ist, und daß hier auch andere funktionale Zusammenhänge denkbar sind, wird in jüngster Zeit kaum mehr diskutiert. Will man hier andere Konzepte wie nicht-additive Wahrscheinlichkeiten verwenden, so ist die klare Trennung der beiden Modellierungsebenen unerläßlich.

(4) Auswahlkriterium

Als Auswahlkriterium wird üblicherweise das Maximierungsprinzip verwendet, d.h. es wird diejenige Aktion gewählt, die entsprechend der Nutzenfunktion über den Aktionen die höchste Bewertung erhalten hat. Diesem Prinzip folgen fast alle in der Literatur genannten Entscheidungskriterien, denn auch lexikographische Ordnungen und Maximin-, Hurwicz-, μ-σ-Regeln u.a. maximieren letztendlich irgendeine Variable, die entweder bereits in der elementaren Nutzenbewertung (bei lexikographischen Ordnungen) oder dem Präferenzfunktional ψ berücksichtigt wird.

Betrachtet man nun die verschiedenen Stufen des Entscheidungsprozesses, so kann Unschärfe auf allen vier Ebenen auftreten.

---

[95] Ein Funktional ist eine Abbildung aus einem beliebigen Raum in die Menge der reellen oder komplexen Zahlen. Insbesondere kann eine solche Abbildung auch auf einer Funktionenmenge definiert sein (vgl. z.B. Gellert et al. 1984: Kap. 39). Ein auf einem Wahrscheinlichkeitsraum definiertes Funktional vergleicht somit nicht einzelne Werte sondern Verteilungen.

[96] Vgl. z.B. Tintner (1941), Debreu (1954), Menges (1969: 179), Schneeweiß (1967: 37).

- Repräsentation des Wissens

   Hier stellt sich zunächst die Frage, ob das Wissen über die künftigen Umweltzustände und die Handlungsalternativen *vollständig* ist. So mag es in der Realität häufig vorkommen, daß weitere Zustände möglich sind und auch weitere Aktionen zur Verfügung stehen, die der Entscheider aber entweder nicht kennt oder aber überhaupt nicht beschreiben kann. Sofern völlige Unkenntnis über weitere Zustände oder Aktionen besteht, ist dies für die Modellierung unerheblich, da dann auch der Entscheider nicht in der Lage ist, sie zu berücksichtigen. Problematischer ist der Fall, wenn der Entscheider berechtigterweise davon ausgeht, daß weder Zustandsraum noch Aktionsraum vollständig beschrieben sind, und sich in seinen Entscheidungen davon beeinflussen läßt. Da auch Fuzzy-Mengen nur auf vollständig bekannten Grundgesamtheiten definiert sind, soll dieser Fall im folgenden wie auch in der traditionellen Entscheidungstheorie definitorisch ausgeschlossen sein, d.h. es wird davon ausgegangen, daß der Entscheider evtl. vorhandene weitere Handlungsalternativen oder Zustände bei seiner Entscheidung ignoriert.

   Als nächstes ist zu fragen, ob die möglichen Umweltzustände *exakt* beschrieben werden können, oder ob hier Unschärfe in dem Sinne vorliegt, daß ein Kontinuum sehr ähnlicher Zustände mit einem vagen Begriff charakterisiert wird. Beispielsweise könnte man an Zustandsbeschreibungen wie "ein heißer Tag" denken. Änliches gilt auch für die Charakterisierung der Handlungsalternativen, die ebenso unscharf beschrieben sein können[97], und der Ergebnisse, wobei dann formal die Zuordnungsvorschift e zu einer mehrwertigen Abbildung wird.

   Schließlich ist zu fragen, welchen Kriterien die Informationen hinsichtlich der *Eintrittschancen* der verschiedenen Umweltzustände genügen. Erfüllen sie die Bedingungen eines Wahrscheinlichkeitsmaßes, da entweder quasi-objektive Wahrscheinlichkeiten (z.B. statistisches Datenmaterial) oder der Entscheider entsprechend konsistente subjektive Wahrscheinlichkeiten zugrundelegt, oder sind die Einschätzungen hier vager im Sinne von Glaubwürdigkeits- und Plausibilitätsmaßen.

- Bewertung der Ergebnisse

   Zusätzlich mag auch die Bewertung der Ergebnisse nicht eindeutig sein. So mögen sich die Nutzenwerte, die ein Entscheider einem Ergebnis zumißt, z.B. je nach Situation oder auch im Zeitablauf ändern, so daß nur eine vage Nutzenzuordnung vorgenommen werden kann. Letztendlich handelt es sich dabei um eine nicht vollständig spezifizierte elementare Nutzenfunktion, wofür die Gründe allerdings grundsätzlicher Art sein können. Eine vollständige Spezifikation aller nutzenrelevanten Faktoren wird wohl kaum jemals wirklich möglich sein.

---

[97] Dies dürfte immer da der Fall sein, wo die Aktion auch ein Delegieren von Tätigkeiten an andere Personen beinhaltet.

- Bewertung der Aktionen

  Bei der Bewertung der Aktionen ergibt sich noch eine weitere Unschärfequelle durch die verschiedenen Möglichkeiten, mit denen die Einschätzungen der Eintrittschancen der Zustände in der Nutzenbewertung berücksichtigt werden. Sofern es sich dabei nicht um Wahrscheinlichkeiten handelt, wird ein nichtadditives Präferenzfunktional verwendet werden.

- Entscheidungskriterien

  Schließlich könnte auch noch das Entscheidungskriterium unscharf sein, indem nur eine "ungefähre Maximierung" des Nutzens angestrebt wird. Dies läßt sich formal allerdings auch als Maximierung eines Fuzzy-Nutzens darstellen, wie dies in den Fuzzy-Ansätzen auch gehandhabt wird. Das Maximierungskriterium bleibt also erhalten.

Diese verschiedenen Unschärfearten werden alle in unterschiedlichen entscheidungstheoretischen Fuzzy-Modellen modelliert. Neben den in Analogie zu wahrscheinlichkeitstheoretischen Modellen entwickelten Ansätzen mit vageren Informationen über die Eintrittschancen der Umweltzustände und entsprechend anderen Präferenzfunktionalen werden mit den Fuzzy-Entscheidungsmodellen vor allem auch die anderen Formen der Unschärfe betrachtet. Teilweise werden dabei entweder die Umweltzustände oder die Aktionen als unscharf beschrieben, teilweise wird für die Ergebnis- oder für die elementare Nutzenfunktion ein unscharfer Zusammenhang unterstellt, was einer mehrwertigen Abbildung entspricht. Wird Unschärfe auf mehreren Ebenen gleichzeitig unterstellt, so wird die entsprechend verkettete Abbildung als unscharf charakterisiert. Wird alles gleichzeitig als unscharf betrachtet, so werden manchmal nur noch unscharfe Nutzenwerte modelliert, die in eine Rangfolge gebracht werden müssen. Je nach den Annahmen, welche Variablen des Entscheidungsprozesses unscharf oder unsicher sind, ergibt sich ein unterschiedlicher Modelltypus.

Im Rahmen der Fuzzy-Nutzentheorie gibt es einerseits Ansätze, die in Analogie zur klassischen ordinalen Nutzentheorie Fuzzy-Präferenzrelationen aufstellen, und andererseits Ansätze, die direkt sogenannte Fuzzy-Nutzen in eine Rangfolge zu bringen versuchen. Gemeinsam ist beiden Richtungen das Problem der Auswahl der besten Alternative aus einer solchen unscharfen Rangfolge, für deren Lösung sehr unterschiedliche Konzeptionen angeboten werden. Dann gibt es eine Gruppe von Ansätzen, die in Analogie zum Erwartungsnutzenkonzept vor allem ein anderes Präferenzfunktional zur Berücksichtigung der Eintrittschancen der Umweltzustände benutzt. Allerdings wird diese Unsicherheit teilweise auch noch mit der Unschärfe der Zustände oder der Nutzenbewertung kombiniert. Als letzte Gruppe sind dann noch die Fuzzy-Optimierungsmodelle zu nennen, bei denen der Aktionsraum nur noch durch Restriktionen gekennzeichnet ist. Hier liegt das Augenmerk vor allem auf der rechentechnischen Seite der Bestimmung der optimalen Lösung. Diese Ansätze sind streng genommen nicht mehr der Nutzentheorie zuzurechnen, da sie außer für Nutzenmaximierungsprobleme unter Nebenbedingungen für jedes Optimierungsproblem eingesetzt werden können und damit ein allgemeines Wahlhandlungsmodell beschreiben.

8 Wahlhandlungstheorie im Fuzzy-Kontext

Bei der Fuzzy-Nutzentheorie geht es um die Konstruktion von unscharfen Präferenzordnungen bzw. unscharfen Nutzenfunktionen über die verschiedenen Handlungsalternativen, aus denen dann aber letztlich eine scharfe Auswahlregel abgeleitet werden soll. Dabei kann die Unschärfe unterschiedlichen Ursprungs sein. Letztlich kommt jede der oben beschriebenen Unschärfen auf den verschiedenen Ebenen in Betracht:

- unscharfe Zuordnung von Aktion und Ergebnis, die sich als Folge unscharfer Zustandsbeschreibung, unscharfer Aktionsbescheibung, unscharfer Ergebnisbeschreibung oder unvollständig spezifizierter Zuordnungsvorschift ergibt,

- unscharfe Bewertung der Ergebnisse, d.h. unscharfe elementare Nutzenfunktion, die man auch als nicht vollständig spezifizierte Nutzenfunktion bezeichnen könnte, wie z.B. zeit- oder situationsabhängige Nutzenfunktionen,

- nicht-additives Präferenzfunktional aufgrund unscharfer bzw. partieller Information über Eintrittswahrscheinlichkeiten.

Alle drei Arten von Unschärfe führen letztlich zu einer unscharfen Bewertung der Handlungsalternativen, wenn der Entscheidungsprozeß nicht weiter gedanklich zerlegt wird. Es spielt somit an dieser Stelle keine Rolle, woher die Unschärfe stammt.

Im Vergleich zur klassischen Präferenztheorie bedeutet hier "Unschärfe" allerdings nicht ein geringeres Informationsniveau, sondern im Gegenteil ein höheres. Während im klassichen Fall nur eine Rangfolge der Alternativen verlangt wird, die Präferenzstruktur also nur ordinales Meßniveau besitzt, wird bei Fuzzy-Präferenzen vom Entscheider eine Wertzuweisung auf kardinalem Meßniveau verlangt. Fuzzy-Präferenzrelationen werden daher auch häufig "valued preference relations" genannt (Ovchinnikov 1990). Die "Unschärfe" ist inhaltlich eher darin begründet, daß im Gegensatz zu einer kardinalen Nutzenfunktion, wie sie beim Erwartungsnutzenkonzept verlangt wird, die Wertzuweisung nicht eindeutig ist, sondern es sich aus einem der oben genannten Unschärfegründen um eine mehrwertige Abbildung handelt. Fuzzy-Präferenzordnungen und Fuzzy-Nutzenfunktionen stellen damit eine Modellierung zwischen ordinalen Präferenzordnungen und klassischen kardinalen Nutzenfunktionen dar, da sie Kardinalität nur im Sinne einer Intervallskala erfordern.

Es gibt nun zwei Vorgehensweisen zur Beschreibung von Fuzzy-Präferenzen über den Alternativen:

- Beim Ansatz mit *Fuzzy-Präferenzrelationen* wird davon ausgegangen, daß der Entscheider paarweise Vergleiche der scharfen Alternativen durchführen und das Vergleichsergebnis als Zugehörigkeitswert zu einer Fuzzy-Präferenzrelation angeben kann.

- Beim Ansatz mit *Fuzzy-Nutzenfunktionen* werden zuerst den Alternativen unscharfe Nutzenwerte zugeordnet und diese anschließend in eine Rangfolge gebracht.

Bevor nun im folgenden die beiden Vorgehensweisen im Detail betrachtet werden, soll zunächst noch die inhaltliche Interpretation von Fuzzy-Präferenzen und Fuzzy-Nutzen sowie deren Stellung im Entscheidungsprozeß diskutiert werden. Bisher wurden Fuzzy-Präferenzrelation und Fuzzy-Nutzenfunktion als Bewertung der Handlungsalternativen dargestellt, was bedeutet, daß sie eine gemeinsame Abbildung bestehend aus Ergebnisfunktion, elementarer Nutzenfunktion und Präferenzfunktional darstellen. Diese sehr umfassende Auslegung ist allerdings keineswegs zwingend notwendig, auch wenn diese Sichtweise in der Literatur vorherrschend ist. Vom mathematischen Instrumentarium her lassen sich beide Methoden auch auf Teile eines im obigen Sinne gedanklich zerlegten Entscheidungsprozesses anwenden.

Fuzzy-Präferenzrelationen stellen dabei zunächst das Fuzzy-Analogon zu klassischen Präferenzrelationen dar, die die Funktion der elementaren Nutzenbewertung haben und, sofern sie die Eigenschaften einer Präferenzordnung aufweisen, eine elementare Nutzenfunktion begründen. Fuzzy-Präferenzrelationen können daher auch nur für die Modellierung der elementaren Nutzenbewertung oder einer Teilverkettung mit der Ergebnisfunktion oder dem Präferenzfunktional benutzt werden, je nachdem, aus welchem Bereich die "Unschärfe" herrührt und für welche Teilabbildungen zusätzlich scharfe Informationen vorhanden sind.

Fuzzy-Nutzen berücksichtigen dagegen, daß das Ergebnis von Handlungen oder deren Bewertung nicht mit Bestimmtheit vorhergesagt werden kann. Sie stellen damit das unscharfe Analogon zur risikoabhängigen Nutzenfunktion dar, wenn die Unsicherheit über Umweltzustände nicht entsprechend dem wahrscheinlichkeitstheoretischen Konzept bewertet wird. In obiger Terminologie stellen Fuzzy-Nutzen damit zumindest die Fuzzy-Verallgemeinerung der Verkettung von elementarer Nutzenfunktion und Präferenzfunktional dar.

8.1 Fuzzy-Präferenzrelationen

In Analogie zu scharfen Präferenzrelationen werden von verschiedenen Autoren Eigenschaften von Fuzzy-Präferenzrelationen untersucht und Bedingungen für die Existenz von sog. Auswahlfunktionen bestimmt. Allerdings sind die Auffassungen darüber, was eigentlich unter unscharfen Präferenzen verstanden wird, sehr unterschiedlich.

Sei $\tilde{R}$ eine Fuzzy-Relation auf X, dann ist möglich, daß

$$\mu_R(x,y) > 0 \quad \wedge \quad \mu_R(y,x) > 0$$

gilt, ohne daß beide Werte identisch sind. Im Gegensatz zu scharfen Präferenzrelationen, bei denen durch die Bedingung

$$r(x,y) \quad \wedge \quad r(y,x)$$

Indifferenz zwischen x und y definiert wird, existiert im Fuzzy-Fall eine vergleichbar intuitiv naheliegende Interpretation nicht. Es haben sich vielmehr sehr unterschiedliche Deutungsmuster entwickelt, die außer dem formalen Instrumentarium nicht viel gemeinsam haben.

Im wesentlichen sind in der Literatur vier unterschiedliche Interpretationen für die Fuzzy-Präferenzrelation zu finden:
- als metrische Skala zwischen Präferierung und Ablehnung
- als Abstandsmaß zwischen unscharfen Nutzenwerten
- als Grad der Nicht-Schlechterbewertung
- abweichende Interpretation der französischen Schule.

8.1.1 Interpretation von Fuzzy-Präferenzrelationen

<u>Fuzzy-Präferenzrelation als metrische Skala zwischen Präferierung und Ablehnung</u>

Bei dieser Interpretation[98] wird das Einheitsintervall als eine Skala dafür angesehen, wie stark eine Option einer anderen vorgezogen oder nachgeordnet wird. Die Zugehörigkeitswerte zur Fuzzy-Relation $\tilde{R}$ werden dabei folgendermaßen interpretiert:

$$\mu_R(x,y) = \begin{cases} 1 & x \text{ wird definitiv gegenüber } y \text{ präferiert} \\ \vdots & \\ 0,5 & \text{Indifferenz bezüglich } x \text{ und } y \\ \vdots & \\ 0 & y \text{ wird definitiv gegenüber } x \text{ präferiert} \end{cases}$$

Als zusätzliche Restriktion wird dabei

$$\mu_R(x,y) + \mu_R(y,x) = 1$$

eingeführt, weshalb diese Fuzzy-Präferenzrelationen auch *reziprok* genannt werden. Darüber hinaus wird

$$\mu_R(x,x) = 0$$

gesetzt, was inhaltlich nur dann zu motivieren ist, wenn die so definierte Fuzzy-Präferenzrelation strikte Präferenzen abbilden soll. Der Wert 0 müßte dann allerdings als Ausdruck dafür angesehen werden, daß "x definitiv nicht gegenüber y präferiert wird", was zwar notwendige aber nicht hinreichende Bedingung für obige Interpretation wäre. Auch Indifferenz zwischen x und y müßte dann ja zu einer definitiven Nicht-Präferierung von x führen.

Anders wäre es, wenn man die Werte im Sinne offenbarter Präferenzen als realisierte Beobachtungen mehrfacher Wahlhandlungen interpretiert und dabei bei Indifferenz ein zufälliges Entscheiden für x oder y unterstellt. Dann erinnert[99] der Ansatz allerdings in seiner Konstruktion an das Konzept der probabilistischen Präferenzen, das bedeutend älter ist[100]. Die Werte entsprechen dabei den Häufigkeiten, mit

---

[98] Autoren, die diesen Ansatz vertreten sind Bezdek et al. (1978, 1979) sowie Kacprzyk et al. (1989, 1992). Vom Ansatz her ganz ähnlich ist die sogenannte SSB-Theorie von Fishburn (1984, 1988), der die Frage jedoch von einem ganz anderen mathematischen Kontext heraus angeht.

[99] Vgl. hierzu auch Barrett/Pattanaik (1985).

[100] Vgl. z.B. Thurstone (1927), Gäfgen (1963), Marschak (1959), Chipman (1960).

denen eine Option bei mehrfacher Wiederholung einer anderen vorgezogen oder nachgeordnet wird. Im Gegensatz zur Fuzzy-Variante wird hier jedoch immer eine konsistente Definition von $\mu_R(x,x)$ verwendet, wobei in den unterschiedlichen Varianten je nach inhaltlicher Interpretation $\mu_R(x,x)$ der Wert 0, 0.5 oder 1 zugeordnet wird.

Diese Vorgehensweise wird fast ausschließlich in Arbeiten zu Gruppenpräferenzen verwendet, wobei dann die Werte $\mu_R(x,y)$ die Mehrheiten bei Abstimmungsergebnissen widerspiegeln. Sofern $\tilde{R}$ nur schwache Präferenzen abbildet, d.h. $\mu_R(x,y)$ den Anteil der Gruppe angibt, die x als nicht schlechter als y ansehen, ist dann auch Reziprozität nicht mehr bindend, sondern wird durch die Bedingung

$$\mu_R(x,y) + \mu_R(y,x) \geq 1$$

ersetzt. Denn Unentschiedenheit einzelner Individuen wird dann sinnvollerweise beiden Häufigkeiten $\mu_R(x,y)$ und $\mu_R(y,x)$ zugerechnet werden.

Im Rahmen von Gruppenpräferenzen erscheint diese Vorgehensweise dann auch durchaus sinnvoll, wenn auf eine konsistente Definition der Zugehörigkeitswerte geachtet wird. (Vgl. zu weiteren Ausführungen hierzu Kapitel 9)

Fuzzy-Präferenzrelation als Abstandsmaß von Fuzzy-Nutzen

Auch der Vergleich von Fuzzy-Nutzen wird häufig als Fuzzy-Präferenzrelation über den Alternativen dargestellt.[101] Unscharfe Informationen sind hierbei bereits in der Fuzzy-Nutzenbewertung enthalten, so daß die Fuzzy-Präferenzrelation lediglich noch ein formales Instrument zur Bildung der Rangordnung darstellt, nicht mehr aber direkt inhaltlich interpretiert werden kann. Ihre Interpretation hängt von der Interpretation der Unschärfe bei der Nutzenbewertung und den verwendeten Verknüpfungsoperatoren ab. Diese erscheinen jedoch überwiegend eher willkürlich und werden nur selten systematisch untersucht[102], was jedoch ausführlich im nächsten Kapitel diskutiert werden wird.

Fuzzy-Präferenzrelationen als Grad der Nicht-Schlechterbewertung

Die dritte Interpretation von Fuzzy-Präferenzrelationen ist diejenige, die sich zunehmend in der Literatur durchsetzt, vor allem wohl deshalb, weil sie als eine konsequente Fuzzy-Verallgemeinerung der klassischen Präferenztheorie anzusehen ist. Der Zugehörigkeitswert $\mu_R(x,y)$ wird dabei als Wahrheitswert der Aussage "x ist nicht schlechter als y" interpretiert (Orlovsky 1978, Barrett/Pattanaik 1985, Montero 1994) bzw. als Grad, zu dem x als mindestens gleichwertig zu y angesehen wird: "The number $\mu(x,v)$ can be taken as the 'cardinal' utility of x for the economic agent who weights the 'ideal' v with the membership function μ." (Mazzoleni 1990: 220).

Insbesondere die zweite Lesart leitet direkt auf eine maßtheoretische Interpretation hin, wie sie im vorherigen Kapitel allgemein für Fuzzy-Mengen diskutiert wurde. Bei

---

[101] Beispiele sind bei Watson et al. (1979), Delgado et al. (1988), Gonzales/Vila (1992), Lee et al. (1994) zu finden.

[102] Vgl. auch die Kritik bei Di Nola et al. (1991: 421).

der subjektiven Bewertung von Objekten lassen sich die Zugehörigkeitswerte im Sinne einer Likelihood als Ähnlichkeitsgrad zu einem "Idealobjekt" deuten, wobei dieses durch ein bestimmtes Bündel von Kriterien gekennzeichnet ist. Der Zugehörigkeitsgrad eines jeden zu bewertenden Objekts hängt dann von der Anzahl der jeweils mit dem Idealobjekt gemeinsamen Kriterien ab. In diesem Sinne lassen sich nun auch die Zugehörigkeitswerte von Fuzzy-Präferenzrelationen interpretieren. Sollen zwei Objekte miteinander verglichen und eine Rangskala aufgestellt werden, so kann man zunächst einmal davon ausgehen, daß ein Objekt in dem Umfang gegenüber dem anderen als mindestens gleichwertig angesehen wird, in dem es die gleichen Kriterien erfüllt. Um nun hieraus die Zugehörigkeitswerte für Fuzzy-Präferenzrelationen zu konstruieren, kann man sich folgenden Bewertungsprozeß vorstellen.

Zunächst werde Objekt A als Maßstab benutzt, d.h. es wird zum hypothetischen "Idealobjekt" einer Fuzzy-Menge $\tilde{A}$ erklärt, die damit durch die Eigenschaften des Objekts A charakterisiert wird. Objekt A hat damit den Zugehörigkeitswert $\mu_A(A) = 1$. Das Objekt B, das nicht alle Eigenschaften von A aufweist, hat dann einen Zugehörigkeitsgrad $\mu_A(B) < 1$. Wenn nun Objekt B gegenüber Objekt A in dem Maße als mindestens gleichwertig angesehen wird, in dem es die gleichen Kriterien erfüllt, so bestimmt sich der Zugehörigkeitswert zur Fuzzy-Ordnung $\tilde{R}$ als genau der Zugehörigkeitswert zu Fuzzy-Menge $\tilde{A}$: $\mu_R(B, A) = \mu_A(B)$.

Umgekehrt läßt sich auch der Grad, zu dem Objekt A als mindestens gleichwertig zu Objekt B angesehen wird, dadurch ausdrücken, daß nun Objekt B zum Maßstab erklärt wird. Der Zugehörigkeitsgrad zu Fuzzy-Ordnung $\tilde{R}$ ergibt sich dann als Zugehörigkeitsgrad des Objektes A zur Fuzzy-Menge $\tilde{B}$: $\mu_R(A, B) = \mu_B(A)$.

Bei dieser Interpretation messen die beiden Zugehörigkeitswerte in unterschiedlichen Dimensionen, was für die im nachfolgenden zu diskutierenden Verknüpfungen von großer Bedeutung ist, da beim jeweiligen Paarvergleich nicht alle nutzenrelevanten Kriterien Berücksichtigung finden müssen. Man kann daher die Zugehörigkeitswerte auch als lokale Präferenzen[103] bezeichnen.

Unbeschadet der Deutung mittels zufälliger Mengen läßt sich jedoch auch eine andere Interpretation auf Basis globaler Bewertungen geben. Geht man davon aus, daß die Individuen in der Lage sind, bei allen Paarvergleichen immer alle nutzenrelevanten Kriterien zu berücksichtigen, die dann auch nicht dichotom sein müssen, so sind die verschiedenen Zugehörigkeitswerte einer Fuzzy-Präferenzrelation im Sinne einer Verhältnisskala vergleichbar. Letztendlich wird bei dieser Interpretation ein allgemeines "Idealobjekt" mit allen relevanten Kriterien bestimmt. Das "Referenzobjekt" jedes Paarvergleichs legt dann jeweils nur den lokalen Erfülltheitsgrad der Kriterien fest. Beim Vergleich mit einem anderen Objekt tragen dann nur diejenigen Kriterien zum Zugehörigkeitsgrad bei, bei denen das zu vergleichende Objekt mindestens den gleichen Erfülltheitsgrad aufweist. Ein Zugehörigkeitsgrad von beispielsweise $\mu_R(B, A) = 0.4$ besagt dann, daß Objekt B 40% aller nutzenrelevanter Kriterien mindestens ebensogut erfüllt wie Objekt A. Damit sind dann die Größenordnungen der Zugehörigkeitswerte unterschiedlicher Paarvergleiche direkt miteinander vergleichbar, da jeweils das gesamte Spektrum aller Kriterien zugrunde liegt. Trotzdem messen auch hier die verschiedenen Paarvergleiche in unter-

---

[103] Diese Sichtweise hat z.B. Billot (1992a).

schiedlichen Dimensionen, da jeweils der lokale Erfülltheitsgrad als Referenz herangezogen wird. Bei dieser Betrachtungsweise sind höhere Zugehörigkeitswerte zu erwarten als bei der zuerst erwähnten, da bei allen Kriterien, die von beiden betrachteten Objekten nicht erfüllt werden, die Bedingung "Kriterium ist mindestens ebensogut erfüllt" wechselseitig eingehalten wird, und daher diese Kriterien mit zum Zugehörigkeitsgrad beitragen.

Schließlich läßt sich noch eine Interpretation angeben, bei der dann die Zugehörigkeitsgrade zur Fuzzy-Präferenzrelation entlang einer einzigen Dimension gemessen werden. Auch hierbei muß man davon ausgehen, daß die Individuen in der Lage sind, alle Objekte an einem allgemeinen "Idealobjekt" mit allen relevanten Kriterien zu messen. Der Zugehörigkeitsgrad jedes Objektes zu dieser "Ideal-Fuzzy-Menge" kann dann als globaler Nutzenindex aufgefaßt werden, aus dem sich in Analogie zu bedingten Wahrscheinlichkeiten Zugehörigkeitswerte zu Fuzzy-Präferenzrelationen ableiten lassen:

$$\mu_R(A,B) = \frac{\mu(A \cap B)}{\mu(B)} = \frac{t(\mu(A), \mu(B))}{\mu(B)},$$

die als "relative Nutzenverhältnisse" angesehen werden können. Diese Interpretation wird sofort einsichtig, wenn man für die t-Norm den *min*-Operator verwendet[104],

$$\mu_R(A,B) = \frac{\min\{\mu(A), \mu(B)\}}{\mu(B)} = \min\left\{\frac{\mu(A)}{\mu(B)}, 1\right\},$$

was allerdings nur bei perfekter positiver Korrelation der zugrunde liegenden zufälligen Mengen angebracht ist. Im vorliegenden Fall bedeutet das, daß bei allen Kriterien der Erfülltheitsgrad bei einem der beiden zu vergleichenden Objekte generell niedriger oder gleich hoch ist als beim anderen. In diesem Fall ist dann aber auch immer einer der beiden Zugehörigkeitswerte $\mu_R(A,B)$ oder $\mu_R(B,A)$ gleich 1. Kann dies nicht unterstellt werden, so muß eine andere t-Norm verwendet werden, die generell kleinere Werte als der *min*-Operator liefert. So ergibt sich bei Verwendung der algebraischen t-Norm, die bei unterstellter Unabhängigkeit anzuwenden ist,

$$\mu_R(A,B) = \frac{\mu(A) \cdot \mu(B)}{\mu(B)} = \mu(A),$$

und für die beschränkte t-Norm, dem Operator bei negativer Abhängigkeit,

$$\mu_R(A,B) = \frac{\max\{0, \mu(A) + \mu(B) - 1\}}{\mu(B)} = \max\left\{0, \frac{\mu(A)}{\mu(B)} - \left(1 - \frac{1}{\mu(B)}\right)\right\}.$$

Nun erscheint diese Konstruktion sicherlich äußerst hypothetisch, da ja, sofern die Individuen in der Lage sind, einzelnen Objekten Nutzenindexwerte zuzuordnen, diese direkt zur Konstruktion einer kardinalen Nutzenfunktion verwendet werden können, und der Weg über die Konstruktion einer Präferenzordnung aus Paarvergleichen überflüssig ist. Können jedoch nur Paarvergleiche angestellt und entsprechende Zugehörigkeitswerte zu einer Fuzzy-Präferenzrelation angegeben werden, die jedoch von den Individuen selbst im Sinne relativer Nutzenverhältnisse entlang

---

[104] Diese Definition verwendet auch Ovchinnikov (1987), ohne allerdings eine derartige Interpretation zugrunde zu legen.

einer einzigen Nutzendimension interpretiert werden, so kann man einen hypothetischen Bewertungsprozeß, wie den eben beschriebenen, dahinter annehmen, der dann die Verwendung bestimmter Verknüpfungsoperatoren motiviert und insbesondere bei der nachfolgend noch zu diskutierenden Transitivitätsbedingung von besonderer Bedeutung ist.

Der Unterschied zwischen den verschiedenen Interpretationen soll im folgenden an einem einfachen Beispiel demonstriert werden.

Beispiel: Vergleich dreier Objekte bei vier nutzenrelevanten Kriterien

Im folgenden sei davon ausgegangen, daß die schwache Fuzzy-Präferenzrelation bezüglich dreier Objekte aufgestellt werden soll, wobei es vier nutzenrelevante Kriterien zu beachten gibt. Weiter sei der Einfachheit halber unterstellt, daß diese Kriterien dichotom sind, also ein Objekt entweder die entsprechende Eigenschaft aufweist oder nicht. Es sei nun angenommen, daß die Kriterien von den Objekten folgendermaßen erfüllt werden:

Objekt	Kriterien			
	1	2	3	4
A	x	x		
B		x	x	
C		x	x	x

Bei Interpretation als lokale Präferenzen berechnen sich die Zugehörigkeitswerte $\mu_R(x,y)$ als Anteil der Kriterien von y, die auch x besitzt, an den Kriterien von y. Die schwache Fuzzy-Präferenzrelation $\tilde{R}_l$ ergibt sich dann als

$\tilde{R}_l$	A	B	C
A	1	$\frac{1}{2}$	$\frac{1}{3}$
B	$\frac{1}{2}$	1	$\frac{2}{3}$
C	$\frac{1}{2}$	1	1

Legt man jedoch alle nutzenrelevanten Kriterien zugrunde, so berechnen sich die Zugehörigkeitswerte $\mu_R(x,y)$ als Anteil der Kriterien, die x mindestens so gut wie y erfüllt, an allen nutzenrelevanten Kriterien, woraus sich folgende schwache Fuzzy-Präferenzrelation $\tilde{R}_g$ ergibt

$\tilde{R}_g$	A	B	C
A	1	$\frac{3}{4}$	$\frac{1}{2}$
B	$\frac{3}{4}$	1	$\frac{3}{4}$
C	$\frac{3}{4}$	1	1

Konstruiert man die Zugehörigkeitswerte als relative Nutzenverhältnisse, so ergeben sich je nach verwendetem Durchschnittsoperator unterschiedliche schwache Fuzzy-Präferenzrelationen, wobei allerdings anzumerken ist, daß in dem vorliegenden Beispiel die Verwendung des *min-* sowie des beschränkten Operators nicht angebracht ist, da keine perfekte positive oder negative Korrelationsstruktur vorliegt:

min-Operator $\tilde{R}_{n1}$	A	B	C
A	1	1	¾
B	1	1	¾
C	1	1	1

algebraische t-Norm $\tilde{R}_{n2}$	A	B	C
A	1	½	½
B	½	1	½
C	⅔	⅔	1

beschränkte t-Norm $\tilde{R}_{n3}$	A	B	C
A	1	0	¼
B	0	1	¼
C	⅓	⅓	1

<u>Französische Schule</u>

Eine etwas eigenwillige Sichtweise von Fuzzy-Präferenzen wird von der französischen Schule vertreten, der vor allem Ponsard (1985 und 1990) und Billot (1991b und 1992a) zuzurechnen sind. Hier werden zwei Kriterien, das der Reflexivität und das der Transitivität anders als üblich definiert.

Eine Fuzzy-Relation gilt als *reflexiv (e.f.)*[105], wenn $\mu_R(x,x) \in [0,1]$. Dieser Ausdruck wird als Ausmaß von intrinsischen Qualitäten interpretiert, die auch dann zwischen zwei Objekten unterschiedlich sein können, wenn der Entscheider bzgl. der relativen Qualitäten indifferent ist, d.h. wenn $\mu_R(x,y) = \mu_R(y,x)$. In einem solchen Fall wird dann anhand von intrinsischen Eigenschaften entschieden, d.h. es wird jene Alternative präferiert, für die gilt: $\mu_R(x,x) > \mu_R(y,y)$. Diese Definition erscheint jedoch nicht sehr einsichtig. Denn wenn es intrinsische oder, wie Billot (1991b: 55) auch schreibt, spezifische Kriterien des Objekts x gibt, die Objekt y nicht besitzt, so muß sich dies auch in den relativen Qualitäten zeigen, es sei denn, man vernachlässigt beim Vergleich von Objekten jene Kriterien, die nur ein Objekt besitzt, was wohl kaum als ein sinnvolles Rationalitätskriterium angesehen werden kann. Interpretationen, wie sie im vorherigen Abschnitt beschrieben wurden, erscheinen hier wesentlich brauchbarer, indem sie sich als logisch konsistent erweisen.

Weiterhin behauptet Billot (1992a: 11ff.), daß die üblicherweise bei Fuzzy-Relationen geforderte *max-min*-Transitivität (und auch andere Formen der *max-t*-Transitivität) dazu führt, daß die Präferenzordnung nicht das Prinzip der "Unabhängigkeit von irrelevanten Alternativen" erfüllt. Er verweist dabei auf ein Argument von Basu (1984: FN3), wonach ein Zugehörigkeitswert $\mu_R(x,y) = 0.5$ sowohl im Falle von $\mu_R(x,z) = 0.5 \wedge \mu_R(z,y) = 0.5$ als auch bei $\mu_R(x,z) = 1 \wedge \mu_R(z,y) = 0.5$ die *max-min*-Transitivität erfüllt, wo doch im zweiten Fall ein höherer Wert als im ersten zu erwarten wäre. Billot folgert daraus eine Verletzung des Unabhängigkeitsaxioms, da im zweiten Fall das dritte Objekt z zu einer Veränderung des Zugehörigkeitswertes

---

[105] *(e.f.)* für *Ecole Française* (Billot 1991b: 55).

$\mu_R(x,y)$ führen müßte. Er schlägt daher eine Transitivitätsbedingung, von ihm f-Transitivität genannt, vor, die nicht auf einem kardinalem Konzept beruht:

$$\mu_R(x,y) \geq \mu_R(y,x) \wedge \mu_R(y,z) \geq \mu_R(z,y) \Rightarrow \mu_R(x,z) \geq \mu_R(z,x).$$

Auch diesem Argument von Billot kann nicht zugestimmt werden. Die Transitivitätsbedingung, wie sie in Kapitel 6 definiert wurde, sagt ja nur aus, daß $\mu_R(x,z) \wedge \mu_R(z,y) \leq \mu_R(x,y)$, aber nicht, daß das Gleichheitszeichen erfüllt ist. Bei Verwendung des *min*-Operators ist es daher keinesfalls notwendig, daß jeweils der kleinste Wert gilt. Nichtsdestotrotz ist er zulässig, was aber trotzdem nicht das Unabhängigkeitsaxiom verletzt. Denn dem Argument von Basu kann hier nicht gefolgt werden. Es ist keineswegs im zweiten Fall ein höherer Zugehörigkeitswert "zu erwarten".[106] Das Konzept der unscharfen Mengen wurde ja gerade mit der Intention entwickelt, derartige nicht-additive Zusammenhänge zu modellieren. Besonders einsichtig wird dies bei der maßtheoretischen Interpretation. Wie in Kapitel 5 gezeigt wurde, entsprechen die Zugehörigkeitswerte von Fuzzy-Mengen über infiniten Stützbereichen Plausibilitätsfunktionen, sind also subadditiv, womit gerade jener von Basu kritisierte Fall modelliert werden kann. Entsprechende Transitivitätsbedingungen basieren somit nicht, wie Billot (1992a: S.5 und S. 13) fälschlicherweise behauptet, auf additiven Maßen. Das von Basu angeführte Beispiel ist somit sehr wohl logisch (im Sinne der Fuzzy-Logik) konsistent und erfüllt auch das Prinzip der "Unabhängigkeit von irrelevanten Alternativen", wenn man es in der von Ovchinnikov/Roubens (1991) vorgeschlagenen Definition für Fuzzy-Präferenzen betrachtet, wonach die strikte Präferenz zwischen zwei Alternativen $\mu_P(x,y)$ nur von den beiden Werten der schwachen Präferenz zwischen diesen Alternativen $\mu_R(x,y)$ und $\mu_R(y,x)$ abhängen darf, was, wie im nachfolgenden gezeigt wird, bei allen üblichen Definitionen der strikten Präferenz erfüllt ist.

8.1.2 Die Zerlegung einer schwachen Fuzzy-Präferenzrelation

Um wie im klassischen Fall aus einer schwachen Präferenzrelation die optimalen Handlungsoptionen im Sinne von Auswahlmengen bestimmen zu können, ist es notwendig, eine Fuzzy-Verallgemeinerung des Dominanzkriteriums zu definieren. Im klassischen Fall geschieht dies durch die Zerlegung der schwachen Präferenzrelation in eine strikte Präferenzrelation und eine Indifferenzrelation.

Die Bedingungen hierfür lauten

$$R = I \cup P \tag{8.1}$$

$$I \cap P = \emptyset \tag{8.2}$$

woraus

$$I = R \setminus P = R \cap P^C \tag{8.3}$$

und

$$P = R \setminus I = R \cap I^C \tag{8.4}$$

---

[106] Ganz abgesehen davon läßt sich ein entsprechender "Widerspruch" auch für die von Billot vorgeschlagene Transitivitätsbedingung konstruieren.

folgt[107]. Mit der Definition für die Indifferenzrelation

$$I = R \cap R^{-1} \tag{8.5}$$

ist dann die strikte Präferenzrelation eindeutig bestimmt als

$$P = R \cap \left(R^{-1}\right)^C. \tag{8.6}$$

Im Fuzzy-Fall ist eine vergleichbare Ableitung jedoch nicht möglich, da es kein De Morgan-Tripel gibt, das sowohl distributiv ist als auch die Komplementgesetze erfüllt[108]. Beide Eigenschaften sind aber für die Äquivalenz der Gleichungen (8.1) bis (8.4) nötig. Diese Unvereinbarkeit wird in der Literatur zu Fuzzy-Präferenzen jedoch kaum thematisiert.[109] Stattdessen wird meist von den beiden klassischen Definitionen (8.5) oder (8.6) ausgegangen und jeweils eine entsprechende Fuzzy-Verallgemeinerung definiert, ohne irgendwelche Konsistenzeigenschaften der so definierten Relationen zu untersuchen.

Zur Definition der *Fuzzy-Indifferenzrelation*

$$\tilde{I} = \tilde{R} \cap \tilde{R}^{-1} \tag{8.7}$$

wird meist der *min*-Operator verwendet[110], womit sich als Zugehörigkeitsfunktion

$$\mu_I(x,y) = \min\{\mu_R(x,y), \mu_R(y,x)\} \tag{8.8}$$

ergibt.

Bezüglich der *strikten Fuzzy-Präferenzrelation* existieren unterschiedliche Vorschläge, die auch nur teilweise als Fuzzy-Verallgemeinerung der klassischen Definition angesehen werden können. So geht Orlovsky (1978) von der Differenzbildung

$$\tilde{P} = \tilde{R} \setminus \left(\tilde{R} \cap \tilde{R}^{-1}\right) = \tilde{R} \setminus \tilde{R}^{-1} \tag{8.9}$$

aus, die er allerdings im Fuzzy-Kontext nicht mittels Durchschnitt und Komplement sondern als Differenz der Zugehörigkeitswerte definiert, und erhält damit

$$\mu_P(x,y) = \max\{0, \mu_R(x,y) - \mu_R(y,x)\}. \tag{8.10}$$

Ovchinnikov (1981) legt keine mengentheoretischen Bedingungen zugrunde und definiert die strikte Fuzzy-Präferenz als

$$\mu_P(x,y) = \begin{cases} \mu_R(x,y) & \text{für } \mu_R(x,y) > \mu_R(y,x) \\ 0 & \text{sonst} \end{cases}. \tag{8.11}$$

---

[107] Läßt man die Bedingung der Vollständigkeit der Präferenzrelation fallen, so lautet die Zerlegung im klassischen Fall $R = I \cup P \cup J$, wobei J die Unvergleichbarkeitsrelation mit der Bedingung $\neg r(x,y) \wedge \neg r(y,x)$ beschreibt. Die Übertragung auf den Fuzzy-Fall ist bei Fodor (1992) zu finden.

[108] Vgl. Alsina (1985: corrolary 2).

[109] Eine Ausnahme bildet Fodor (1992), der mit Theorem 2.2 eine vergleichbare Aussage beweist.

[110] So z.B. Orlovsky (1978), Banerjee (1994).

Andere Autoren gehen von

$$\tilde{P} = \tilde{R} \cap \left(\tilde{R}^{-1}\right)^C \tag{8.12}$$

aus, wobei wiederum unterschiedliche Vorschläge bezüglich des zu verwendenden Durchschnittsoperators existieren. Verwendet man die beschränkten Operatoren, so ergibt sich ebenfalls Bedingung (8.10). Roubens (1989) schlägt dagegen die Verwendung einer beliebigen t-Norm vor:

$$\mu_P(x,y) = t\big(\mu_R(x,y), 1 - \mu_R(y,x)\big), \tag{8.13}$$

wobei er zur Komplementbildung das Fuzzy-Komplement $\mu_C(x) = 1 - \mu(x)$ benutzt. Den letzten konsequenten Schritt hin zu einer Verallgemeinerung mittels t-Normen gehen dann Ovchinnikov/Roubens (1991), die auch zur Komplementbildung die Verwendung einer beliebigen Negation vorschlagen:

$$\mu_P(x,y) = t\big(\mu_R(x,y), c(\mu_R(y,x))\big). \tag{8.14}$$

Andere Autoren versuchen die Bedingung (8.1) und (8.2) zu fuzzyfizieren, indem sie nur von einer Fuzzy-Verallgemeinerung der Indifferenzrelation ausgehen und eine dazu konsistente strikte Fuzzy-Präferenzrelation ableiten. Allerdings werden hierbei unterschiedliche Verknüpfungsoperatoren gleichzeitig verwendet, was dann auch jeweils intuitiv begründet und nicht weiter theoretisch hinterfragt wird. So geht z.B. Banerjee (1994) von einer Definition der Fuzzy-Indifferenz mit dem *min*-Operator aus und leitet unter Verwendung der beschränkten Operatoren in (8.1) und (8.2)[111] die dazu konsistente strikte Fuzzy-Präferenz ab

$$\mu_P(x,y) = 1 - \mu_R(y,x). \tag{8.15}$$

Dutta (1987) bleibt zwar konsequent bei der Verwendung der *min-max*-Operatoren, läßt aber letztlich die Fuzzy-Verallgemeinerung der Bedingung (8.2) fallen und leitet als strikte Fuzzy-Präferenz die von Ovchinnikov (1981) vorgeschlagene Definition (8.11) ab. In diesem Kontext weist er zudem nach, daß die Definitionen (8.10) und (8.15) für die strikte Präferenzrelation nicht den Fuzzy-Verallgemeinerungen von (8.1) und (8.2) genügen. Allerdings gilt diese Aussage nur bei Verwendung der *min-max*-Operatoren. Wie im Nachfolgenden noch gezeigt wird, können beide bei Verwendung anderer Verknüpfungsoperatoren zumindest unter weiteren einschränkenden Bedingungen konsistente Definitionen darstellen.

Damit stellt sich die Frage nach den geeigneten Verknüpfungsoperatoren, die zu Bedingungen führen, die möglichst uneingeschränkt als Fuzzyfizierung der klassischen Zerlegung angesehen werden können. Aus der Sicht einer maßtheoretischen Interpretation von Fuzzy-Mengen sollte man jeweils konjugierte t-Normen verwenden, soweit man eine sich hinter den Mengen verbergende unveränderte Abhängigkeitsstruktur vermuten kann.

Versucht man also zumindest gewisse Konsistenzeigenschaften zu gewährleisten, d.h. sollen strikte Präferenz und Indifferenz so definiert werden, daß sie im weitesten Sinne als Fuzzy-Zerlegung der schwachen Präferenz angesehen werden kön-

---

[111] Banerjee (1994: 124) behauptet zwar, daß er keine Annahme über einen Durchschnittsoperator brauche, führt aber in Proposition 2.2 eine Bedingung ein, die exakt der Fuzzy-Verallgemeinerung von (8.2) bei Verwendung der beschränkten Differenz entspricht.

nen, so sollte immerhin die Fuzzy-Verallgemeinerung einer der vier Bedingungen (8.1) bis (8.4) erfüllt sein.

Je nachdem, ob man nun von der Fuzzy-Verallgemeinerung der strikten Präferenzen oder der Indifferenz ausgeht, ergibt sich dann eine Bedingung für die zugehörige Indifferenz- bzw. strikte Präferenzrelation, die aufgrund der fehlenden Distributivitätseigenschaft der meisten t-Normen im allgemeinen nicht mit der Fuzzy-Verallgemeinerung der entsprechenden scharfen Definition übereinstimmt. Ausgehend von der Definition (8.12) für die strikte Präferenzrelation ergibt sich

$$\tilde{P} = \tilde{R} \cap \left(\tilde{R}^{-1}\right)^C \Rightarrow \quad \tilde{I} = \tilde{R} \cap \tilde{P}^C$$

$$= \tilde{R} \cap \left(\tilde{R} \cap \left(\tilde{R}^{-1}\right)^C\right)^C$$

$$= \tilde{R} \cap \left(\tilde{R}^C \cup \tilde{R}^{-1}\right)$$

$$\text{im allg.} \neq \tilde{R} \cap \tilde{R}^{-1}$$

Umgekehrt erhält man ausgehend von der Fuzzy-Verallgemeinerung (8.7) für die Indifferenzrelation

$$\tilde{I} = \tilde{R} \cap \tilde{R}^{-1} \Rightarrow \quad \tilde{P} = \tilde{R} \cap \tilde{I}^C$$

$$= \tilde{R} \cap \left(\tilde{R} \cap \tilde{R}^{-1}\right)^C$$

$$= \tilde{R} \cap \left(\tilde{R}^C \cup \left(\tilde{R}^{-1}\right)^C\right)$$

$$\text{im allg.} \neq \tilde{R} \cap \left(\tilde{R}^{-1}\right)^C$$

Welche der beiden Vorgehensweisen angebracht ist, hängt dabei von der Fragestellung und der jeweiligen Interpretation der Fuzzy-Präferenzrelation ab. Daher sollen zunächst die inhaltliche Interpretation der strikten Präferenz und der Indifferenz noch etwas näher betrachtet werden.

Dazu soll zuerst von der Definition der strikten Präferenzrelation ausgegangen werden:

$$\tilde{P} = \tilde{R} \cap \left(\tilde{R}^{-1}\right)^C: \text{ bzw. } \mu_P(A,B) = \mu_R(A,B) \wedge \neg \mu_R(B,A).$$

Betrachtet man die strikte Fuzzy-Präferenzrelation $\mu_P(A,B)$ als Wahrheitswert der Aussage "A wird als besser angesehen als B", so bedeutet dies im Kontext der obigen Interpretation als lokale Präferenz, daß nicht nur bewertet wird, in welchem Umfang Objekt A die Kriterien von Objekt B erfüllt $(\mu_R(A,B))$, sondern in welchem Umfang Objekt A darüberhinaus Kriterien erfüllt, welche B im Vergleich mit A nicht aufweist $(\neg\mu_R(B,A))$. Gefragt wird also nach einem Maß für den Umfang der Kriterien, die Objekt A gegenüber Objekt B mehr oder besser erfüllt. Interpretiert man also z.B. die Zugehörigkeitsgrade $\mu_R(A,B) = 0.7$ und $\mu_R(B,A) = 0.5$ in dem Sinne, daß Objekt A 70% der Eigenschaften von B aufweist, dagegen Objekt B nur 50% der von A, so sollte man davon ausgehen, daß insgesamt A gegenüber B präferiert wird, und zwar, wenn z.B. die beschränkten Operatoren verwendet werden, mit Grad $\mu_P(A,B) = \mu_R(A,B) - \mu_R(B,A) = 0.2$.

Was bedeutet nun aber in diesem Kontext die Verwendung von unterschiedlichen Operatoren? Dazu ist es notwendig, die Korrelationsstruktur der die beiden Zugehörigkeitswerte $\mu_R(x,y)$ und $\mu_R(y,x)$ generierenden zufälligen Mengen zu untersuchen. Fragt man nach den beiden Extremen, so bedeutet im Kontext der Interpretation als lokale Präferenz perfekte positive Korrelation, daß beim paarweisen Vergleich die Anzahl der gemeinsamen Kriterien maximal ist, d.h. daß es keine wechselseitig nicht erfüllten Kriterien gibt, sondern daß immer nur eines der beiden Objekte einige Kriterien mehr oder besser als das andere erfüllt. Dagegen bedeutet perfekte negative Korrelation, daß die Kriterien maximal unterschiedlich sind, was bedeutet, daß der Überschneidungsbereich der Kriterien, d.h. die Anzahl der gemeinsamen Kriterien möglichst klein ist. Welche der t-Normen nun geeignete Durchschnittsoperatoren[112] darstellen, soll im Nachfolgenden noch diskutiert werden.

Beispiel: Vergleich dreier Objekte bei vier nutzenrelevanten Kriterien

Wie sich die unterschiedlichen Definitionen sowie unterschiedliche Operatoren auf den Grad der strikten Präferenz auswirken, sei anhand des obigen Beispiels für die Interpretation als lokale Präferenzen dargestellt.[113]

$\max\left\{\begin{array}{c}0, \mu_R(x,y)\\ -\mu_R(y,x)\end{array}\right\}$ $\quad$ $\mu_R(x,y)$ für $\mu_R(x,y) > \mu_R(y,x)$ $\quad$ $1 - \mu_R(y,x)$ $\quad$ $\min\left\{\begin{array}{c}\mu_R(x,y),\\ 1-\mu_R(y,x)\end{array}\right\}$

	A	B	C
A	0	0	0
B	0	0	0
C	⅙	⅓	0

	A	B	C
A	0	0	0
B	0	0	0
C	½	1	0

	A	B	C
A	0	½	½
B	½	0	0
C	⅔	⅓	0

	A	B	C
A	0	½	⅓
B	½	0	0
C	½	⅓	0

Betrachtet man nun die Definition der Indifferenzrelation

$$\tilde{I} = \tilde{R} \cap \tilde{R}^{-1} : \text{ bzw. } \mu_I(A,B) = \mu_R(A,B) \wedge \mu_R(B,A),$$

so wird hier noch deutlicher, wie bedeutsam die jeweilige Interpretation der Zugehörigkeitswerte ist. Geht man zunächst wieder von der Interpretation als lokale Präferenz aus, so steigt mit zunehmender Anzahl gemeinsamer Kriterien der Wert des Zugehörigkeitsgrades zur Indifferenzrelation, d.h. dieser ist ein Maß dafür, wie ähnlich die Objekte sind.

Dies gilt zwar genauso für die zweite Interpretation, bei der alle nutzenrelevanten Kriterien Berücksichtigung finden, jedoch mißt man hier eine andere Art Ähnlichkeit. Denn bei dieser Interpretation erhöht sich der Zugehörigkeitswert der Indif-

---

[112] Lediglich bei der Interpretation der Fuzzy-Präferenzrelation als relative Nutzenwerte unter der Verwendung des *min*-Operators spielt die Wahl des Verknüpfungsoperators keine Rolle, da einer der beiden Zugehörigkeitswerte immer 1 ist und sich daher als strikte Präferenz bei jeder t-Norm der Wert $\mu_P(x,y) = 1 - \mu_R(y,x)$ ergibt.

[113] Die entsprechenden Werte für die anderen Interpretationen sind in Anhang 11.7 zu finden.

ferenz, je mehr nutzenrelevante Kriterien von beiden Objekten nicht erfüllt werden. Im Gegensatz zur ersten Interpretation, bei der nur die lokalen Unterschiede und Gemeinsamkeiten betrachtet werden, wird hier auch berücksichtigt, wie ähnlich sich die beiden Objekte im Nicht-Erfüllen von nutzenrelevanten Kriterien sind. Hohe Indifferenzwerte drücken demnach eine starke Ähnlichkeit zweier Objekte gemessen im Gesamtnutzen aus, ohne allerdings Informationen darüber zu enthalten, wo im Nutzenspektrum diese Objekte angesiedelt sind. Die Ähnlichkeitswerte verschiedener Objektpaare sind damit direkt vergleichbar.

Die erste Interpretation betont dagegen die Unterschiede zwischen zwei Objekten bei den vorhandenen Kriterien. Kleine Indifferenzwerte bedeuten dabei keineswegs, daß nicht beide Objekte im gesamten Nutzenspektrum ganz unten angesiedelt sind und in ihrer globalen Minderbewertung sehr ähnlich sein können. Bei einer lokalen Interpretation sind demnach auch die Indifferenzwerte unterschiedlicher Paarvergleiche nicht mehr miteinander vergleichbar.

Gerade das Gegenteil gilt für die letzte Interpretation der Fuzzy-Präferenzen als relative Nutzenverhältnisse. Hier wird immer in derselben Dimension gemessen, so daß alle Werte direkt vergleichbar sind.[114]

Beispiel: Vergleich dreier Objekte bei vier nutzenrelevanten Kriterien

Wie sich die Verwendung der unterschiedlichen Operatoren auf den Indifferenzgrad auswirkt sei ebenfalls anhand des obigen Beispiels für die Interpretation als lokale Präferenzen dargestellt.[115]

min-Operator $\tilde{R} \cap \tilde{R}^{-1}$	A	B	C	algebraische t-Norm $\tilde{R} \cap \tilde{R}^{-1}$	A	B	C	beschränkte t-Norm $\tilde{R} \cap \tilde{R}^{-1}$	A	B	C
A	1	$\frac{1}{2}$	$\frac{1}{3}$	A	1	$\frac{1}{4}$	$\frac{1}{6}$	A	1	0	0
B	$\frac{1}{2}$	1	$\frac{2}{3}$	B	$\frac{1}{4}$	1	$\frac{2}{3}$	B	0	1	$\frac{2}{3}$
C	$\frac{1}{3}$	$\frac{2}{3}$	1	C	$\frac{1}{6}$	$\frac{2}{3}$	1	C	0	$\frac{2}{3}$	1

An dieser Stelle wird sehr deutlich, daß die jeweiligen Annahmen über das Zustandekommen der individuellen Bewertungen nicht unerheblich für die weitere Verwendung der Fuzzy-Methode in der Entscheidungstheorie sind. Dies gilt umso mehr, wenn man neben den hier vorgestellten maßtheoretisch motivierten Interpretationen auch noch andere Deutungsweisen von Fuzzy-Mengen und Fuzzy-Relationen zuläßt, wie sie in der Literatur in sehr unterschiedlicher Weise zu finden sind. Im Einzelfall gilt es sehr genau zu spezifizieren, welche konkreten Annahmen über die individuellen Fähigkeiten und Verhaltensweisen bei der Bewertung von

---

[114] Bei Verwendung des *min*-Operators ist zudem auch hier die Auswahl des Verknüpfungsoperators irrelevant, da einer der beiden Zugehörigkeitswerte $\mu_R(x,y)$ und $\mu_R(y,x)$ immer den Wert 1 aufweist und sich daher bei Verwendung jeder t-Norm immer der kleinere beider Werte als Zugehörigkeitswert zur Fuzzy-Indifferenzrelation ergibt.

[115] Die entsprechenden Werte für die anderen Interpretationen sind in Anhang 11.7 zu finden.

Objekten zugrunde gelegt werden, da davon die Auswahl der zu verwendenden Operatoren abhängt. Ein schlichter Hinweis, daß mit Fuzzy-Mengen ja jede Art von Unschärfe modellierbar ist, und eine intuitive Auswahl der Verknüpfungsoperatoren genügen hier keineswegs wissenschaftlichen Anforderungen. Zwar muß konzediert werden, daß vielfach in der Entwicklungsphase neuer Methoden eine gute Intuition oft richtungsweisend ist und sich oft im nachhinein auch im axiomatischen Sinne als konsistent erweist, wie für die frühen Definitionen von strikter Präferenz und Indifferenz im folgenden gezeigt wird, sofern aber ein gewisses Instrumentarium bereits entwickelt ist, sollte dieses auch in systematischer Weise eingesetzt werden. Der hier vorgestellte maßtheoretisch motivierte Zugang zu Fuzzy-Mengen und deren Operatoren soll ein Schritt in dieser Richtung sein.

Dazu sollen nun im weiteren die formalen Eigenschaften der Zerlegung einer schwachen Fuzzy-Präferenzrelation bei Verwendung unterschiedlicher t-Normen untersucht werden. Geht man von einer mit einer t-Norm definierten strikten Präfe-

Tabelle 8-1: Berechnung der Fuzzy-Indifferenzrelation aus gegebener strikter Fuzzy-Präferenzrelation

$\tilde{P} = \tilde{R} \cap (\tilde{R}^{-1})^C \Rightarrow \tilde{I} = \tilde{R} \cap \tilde{P}^C$	
$\mu_P(x,y) = \mu_R(x,y) \wedge \neg \mu_R(y,x)$ $= t(\mu_R(x,y), c(\mu_R(y,x)))$ $\mu_I(x,y) = \mu_R(x,y) \wedge \neg \mu_P(x,y)$ $= t(\mu_R(x,y), c(t(\mu_R(x,y), c(\mu_R(y,x)))))$	
beschränkte Operatoren	$\mu_P(x,y) = \max\{0, \mu_R(x,y) - \mu_R(y,x)\}$ $\mu_I(x,y) = \min\{\mu_R(x,y), \mu_R(y,x)\}$
min-max- Operatoren	$\mu_P(x,y) = \min\{\mu_R(x,y), 1 - \mu_R(y,x)\}$ $\mu_I(x,y) = \begin{cases} 1 - \mu_R(x,y) & \text{für } \mu_R(x,y) \leq 1 - \mu_R(y,x) \text{ und} \\ & \mu_R(x,y) > 0.5 \\ \mu_R(y,x) & \text{für } \mu_R(x,y) > 1 - \mu_R(y,x) \text{ und} \\ & \mu_R(x,y) > \mu_R(y,x) \\ \mu_R(x,y) & \text{sonst} \end{cases}$
archimedische t-Normen mit Nullteiler	$\mu_P(x,y) = W^\phi(\mu_R(x,y), N^\phi(\mu_R(y,x)))$ $= \phi^{-1}(\max\{0, \phi(\mu_R(x,y)) - \phi(\mu_R(y,x))\})$ $\mu_I(x,y) = W^\phi(\mu_R(x,y), N^\phi(\mu_P(x,y)))$ $= \phi^{-1}(\min\{\phi(\mu_R(x,y)), \phi(\mu_R(y,x))\})$

renz- bzw. Indifferenzrelation aus, so leiten sich bei Verwendung der dazu konjugierten Funktionen die in Tabelle 8-1 und Tabelle 8-2 dargestellten entsprechenden Indifferenz- bzw. strikten Präferenzrelationen ab (zur Berechnung vgl. Anhang 11.8).

Eine Zerlegung der schwachen Präferenz im klassischen Sinne ergibt sich allerdings nur bei den archimedischen t-Normen mit Nullteiler, d.h. nur für diese gilt (vgl. Anhang 11.8):

$$\tilde{R} = \tilde{I} \cup \tilde{P} \quad \text{und} \quad \tilde{I} \cap \tilde{P} = \emptyset.$$

Wie man weiter in Tabelle 8-1 sieht, ergeben sich bei Verwendung der beschränkten Operatoren für Definition (8.12) und die daraus abgeleitete Indifferenzrelation die von Orlovsky (1978) vorgeschlagenen Definitionen, dessen intuitive Begründungen sich nun auch in einem maßtheoretischen Kontext untermauern lassen. Geht man von obiger Interpretation der schwachen Fuzzy-Präferenzrelation aus, so liegt zwischen $\tilde{R}$ und $\tilde{R}^{-1}$ eine positive Korrelationsstruktur vor, da mit steigender Anzahl gemeinsamer Kriterien beide Zugehörigkeitswerte $\mu_R(x,y)$ und $\mu_R(y,x)$ wachsen. Zwischen $\tilde{R}$ und dem Komplement von $\tilde{R}^{-1}$ liegt dementsprechend eine negative Korrelationsstruktur vor, was die Verwendung der beschränkten Operatoren begründet. Die sich daraus ergebende Definition für die Indifferenz hat damit zunächst einmal nichts mit dem *min*-Operator zu tun, sondern ist das Ergebnis der

Tabelle 8-2: Berechnung der strikten Fuzzy-Präferenzrelation aus gegebener Fuzzy-Indifferenzrelation

$\tilde{I} = \tilde{R} \cap \tilde{R}^{-1} \quad \Rightarrow \quad \tilde{P} = \tilde{R} \cap \tilde{I}^C$	
$\mu_I(x,y) = \mu_R(x,y) \wedge \mu_R(y,x)$ $= \mathbf{t}(\mu_R(x,y), \mu_R(y,x))$	
$\mu_P(x,y) = \mu_R(x,y) \wedge \neg \mu_I(x,y)$ $= \mathbf{t}(\mu_R(x,y), \mathbf{c}(\mathbf{t}(\mu_R(x,y), \mu_R(y,x))))$	
beschränkte Operatoren	$\mu_I(x,y) = \max\{0, \mu_R(x,y) + \mu_R(y,x) - 1\}$ $\mu_P(x,y) = \min\{\mu_R(x,y), 1 - \mu_R(y,x)\}$
min-max- Operatoren	$\mu_I(x,y) = \min\{\mu_R(x,y), \mu_R(y,x)\}$ $\mu_P(x,y) = \min\{\mu_R(x,y), 1 - \min\{\mu_R(x,y), \mu_R(y,x)\}\}$
archimedische t-Normen mit Nullteiler	$\mu_I(x,y) = W^\phi(\mu_R(x,y), \mu_R(y,x))$ $= \phi^{-1}(\max\{0, \phi(\mu_R(x,y)) + \phi(\mu_R(y,x)) - 1\})$ $\mu_P(x,y) = W^\phi(\mu_R(x,y), N^\phi(\mu_I(x,y)))$ $= \phi^{-1}(\min\{\phi(\mu_R(x,y)), 1 - \phi(\mu_R(y,x))\})$

mehrfachen Anwendung beschränkter Operatoren.

Andererseits ist es aber auch kein Zufall, daß sich gerade diese Formel ergibt. Denn annahmegemäß sind $\tilde{R}$ und $\tilde{R}^{-1}$ positiv korreliert, und damit der *min*-Operator auch aus maßtheoretischer Sichtweise angebracht. Die verschiedenen t-Normen sind ja nicht generell unvereinbar, sondern ergeben sich, wie in Kapitel 5 diskutiert wurde, in eindeutiger Weise aus der probabilistischen Abhängigkeitsstruktur der zugrunde liegenden zufälligen Mengen. Sofern mehrere zufällige Mengen mit unterschiedlicher Abhängigkeitsstruktur miteinander verknüpft werden, ergibt sich dann ebenso eindeutig eine Mischung verschiedener Operatoren. Es ist also nicht notwendig, für komplexere Probleme immer nur den gleichen Operatortyp zu verwenden; nichtsdestotrotz darf die Auswahl aber nicht willkürlich vorgenommen werden. Im vorliegenden Fall resultiert eine gewisse Verwirrung aus der Tatsache, daß $\tilde{R}$ und $\tilde{P}^C$ negativ korreliert sind, während $\tilde{R}$ und $\tilde{R}^{-1}$ positiv korreliert sind. Daß $\tilde{P}^C$ nicht wie im klassischen Fall mit $\tilde{R}^C \cup \tilde{R}^{-1}$ identisch ist, liegt, wie bereits gezeigt, an der fehlenden Distributivität. Wie diese fehlende Distributivität nun im probabilistischen Sinne zu interpretieren ist, muß an dieser Stelle unklar bleiben. Hier bedarf es erst noch der Weiterentwicklung der Theorie der zufälligen Mengen.

Ähnliches gilt auch für die Verwendung von archimedischen t-Normen mit Nullteiler. Verwendet man für alle Operationen den gleichen Automorphismus ϕ, was mit der Verwendung des gleichen Parameters λ äquivalent ist (vgl. Tabelle 3-4 in Abschnitt 3.2.2), so erhält man zwar eine eindeutige Zerlegung der schwachen Fuzzy-Präferenzrelation, die Verknüpfungen sind jedoch nicht mehr alle im probabilistischen Sinne interpretierbar, da, wie bereits bei den gleichzeitig t-Norm- und t-Conorm-zerlegbaren Maßen beschrieben wurde, mit Ausnahme der beschränkten Operatoren immer entweder die t-Norm oder die t-Conorm außerhalb des Bereichs der Verknüpfung zufälliger Mengen liegt.

Verwendet man z.B. ein λ-Sugeno-Maß mit positivem λ, so liegt der Durchschnittsoperator im Bereich zwischen beschränkter und algebraischer Differenz (vgl. Abbildung 3.5 und Tabelle 3-4 im Abschnitt 3.2.2), also im Bereich mehr oder weniger starker negativer Korrelation, was nach den oben beschriebenen Interpretationen eine durchaus angebrachte Annahme ist, wenn man von der sehr strengen Voraussetzung der perfekten negativen Korrelation abrücken will. Für die Vereinigung, in diesem Fall von $\tilde{I} \cup \tilde{P}$, ist keine probabilistische Interpretation möglich, was zwar unter formalen Gesichtspunkten unbefriedigend, aber im Rahmen der inhaltlichen Interpretation nach dem oben Gesagten durchaus akzeptabel ist.

8.2 Bestimmung von Auswahlfunktionen auf Präferenzrelationen

Um nun aus der Menge der zur Verfügung stehenden Alternativen die optimale Auswahl zu treffen, genügt das Aufstellen einer Präferenzrelation allein noch nicht, was besonders auch im unscharfen Fall gilt. Wie im klassischen Fall ist die Auswahl jedoch eindeutig, sofern die Fuzzy-Präferenzrelation die Kriterien einer Fuzzy-Präferenzordnung erfüllt. Ist dies nicht der Fall, so kann aber auch hier wie im klassischen Fall die Auswahlmenge durch entsprechende Kriterien eingegrenzt werden.

8.2.1 Existenz einer Fuzzy-Präferenzordnung

Eine Fuzzy-Präferenzrelation ist eine Fuzzy-Präferenzordnung, wenn sie reflexiv, vollständig und transitiv ist. Geht man von der im vorherigen Abschnitt zugrunde gelegten Interpretation einer schwachen Fuzzy-Präferenzrelation aus, nach der die Zugehörigkeitswerte den Wahrheitsgehalt von Aussagen "x ist nicht schlechter als y" ausdrücken, so kann man Reflexivität und Vollständigkeit als gegeben voraussetzen, da man davon ausgehen kann, daß der Entscheider in der Lage ist, derartige vage Bewertungen vorzunehmen. Wie aber bereits mehrfach angeklungen, ist die Transitivitätsbedingung im Fuzzy-Kontext nicht unproblematisch.

Bleibt man bei der Interpretation von Zugehörigkeitswerten als Wahrheitswerte, so bedeutet Transitivität, daß der Wahrheitsgehalt der Aussage "A ist nicht schlechter als C" mindestens so groß ist wie der *gemeinsame* Wahrheitsgehalt, daß "A nicht schlechter als B" und gleichzeitig "B nicht schlechter als C" ist, bzw. in aussagenlogischer Schreibweise

$$\left(\begin{array}{c} (A \text{ ist nicht schlechter als } B) \wedge (B \text{ ist nicht schlechter als } C) \\ \rightarrow (A \text{ ist nicht schlechter als } C) \end{array} \right) = 1$$

d.h.

$$\left(\mu_R(A,B) \wedge \mu_R(B,C) \rightarrow \mu_R(A,C) \right) = 1.$$

Für strikte Präferenzrelationen gilt das gleiche für Aussagen der Form "X wird Y vorgezogen".

Wie nun aber dieser *gemeinsame* Wahrheitsgehalt bestimmt wird, hängt von der Art der Verknüpfung ab. Die Transitivitätsbedingung in allgemeiner Formulierung mit t-Normen lautet $t(\mu_R(x,z), \mu_R(z,y)) \le \mu_R(x,y)$. Vergegenwärtigt man sich nochmals die Ordnung der verschiedenen t-Normen, so ergibt sich daraus, daß die *max-min*-Transitivität die schärfsten Anforderungen impliziert, während die beschränkten Operatoren zur schwächsten Transitivitätsbedingung führen. Welche Transitivitätsbedingung nun jeweils angebracht ist, hängt stark von der Korrelationsstruktur der die Zugehörigkeitswerte generierenden zufälligen Mengen ab, wobei wiederum die jeweilige Interpretation des Bewertungsprozesses eine bedeutende Rolle spielt. Dies soll im folgenden an dem bereits oben eingeführten Beispiel demonstriert werden.

Beispiel: Vergleich dreier Objekte bei vier nutzenrelevanten Kriterien

Betrachtet man für die auf den fünf verschiedenen Interpretationen basierenden Fuzzy-Präferenzrelationen die Transitivitätsbedingungen unter Verwendung verschiedener t-Normen, so zeigt sich folgendes Bild.

	$\tilde{R}_l$	$\tilde{R}_g$	$\tilde{R}_{n1}$	$\tilde{R}_{n2}$	$\tilde{R}_{n3}$
$\mu_R(A,B) \geq \mu_R(A,C) \wedge \mu_R(C,B)$	✓	✓	✓	✓	✓
$\mu_R(A,C) \geq \mu_R(A,B) \wedge \mu_R(B,C)$	✓ außer min	nur für bes_t	✓	✓	✓
$\mu_R(B,C) \geq \mu_R(B,A) \wedge \mu_R(A,C)$	✓	✓	✓	✓	✓
$\mu_R(B,A) \geq \mu_R(B,C) \wedge \mu_R(C,A)$	✓	✓	✓	✓	✓
$\mu_R(C,A) \geq \mu_R(C,B) \wedge \mu_R(B,A)$	✓	✓	✓	✓	✓
$\mu_R(C,B) \geq \mu_R(C,A) \wedge \mu_R(A,B)$	✓	✓	✓	✓	✓

✓: Transitivität ist für alle t-Normen erfüllt

Für die Fuzzy-Präferenzrelationen in der Interpretation von relativen Nutzenverhältnissen ($\tilde{R}_{n1}, \tilde{R}_{n2}$ und $\tilde{R}_{n3}$) ist die Transitivitätsbedingung für alle t-Normen erfüllt, und damit auch für die stärkste, die *max-min*-Transitivität. Dies sollte man bei dieser Interpretation auch als Rationalitätskriterium fordern. Denn es wird entlang einer Dimension des globalen Nutzens mit den gleichen Kriterien verglichen, so daß man von einer positiven bis peferkt positiven Korrelationsstruktur ausgehen kann.

Bei Interpretationen, die in unterschiedlichen Dimensionen messen, ist dagegen nur eine schwächere Transitivitätsbedingung sinnvoll. Insbesondere liegt in dem vorliegenden Beispiel bei den ersten beiden Interpretationen negative Korrelation vor, da die Kriterien zwischen A und C maximal verschieden sind.

Mit einem solchen Ansatz lassen sich auch Intransitivitäten modellieren, die üblicherweise mit mangelnden Fühlbarkeitsschwellen erklärt werden. Geht man davon aus, daß die Bewertung der Objekte von verschiedenen Kriterien abhängen, wobei die Kriterien zunächst unabhängig voneinander bewertet werden, und werden für die Bewertung der Kriterien sowohl sub- als auch superadditive Maße verwendet, so kann es dadurch zu Intransitivitäten kommen, daß beim paarweisen Vergleich je nach Niveau der Kriterien die Sub- bzw. Superadditivität zum Tragen kommt. Dies soll kurz an einem Beispiel von Gottinger (1974) erläutert werden.

Intransitivitätsbeispiel von Gottinger (1974)

Gottinger (1974: 64) beschreibt als ein Beispiel für Intransitivität, die er mit "Fühlbarkeitsschwellen" erklärt, folgende Entscheidungssituation: "Einem Akademiker X mit Doktorgrad werden drei Alternativen zur Wahl gestellt: (x) ordentlicher Professor mit einem Jahreseinkommen von DM 20.000,-, (y) außerordentlicher Professor mit einem Jahreseinkommen von DM 25.000,-, (z) Dozent mit Jahreseinkommen von DM 30.000,-. X zieht x gegenüber y vor, da er meint, daß der hohe Rang ihm mehr wert ist als der Gehaltsunterschied. Aus gleichem Grund zieht er y gegenüber z vor. Doch er mag z gegenüber x vorziehen, da ihm der Gehaltsunterschied zu groß erscheint, um den Rangunterschied aufzuheben."

Bewertet man nun den Rangunterschied mit einer stark subadditiven Funktion, was bedeutet, daß ein Statussprung um 2 Stufen nicht wesentlich besser bewertet wird als einer um eine Stufe, dagegen das Gehalt mit einer superadditiven

Funktion, so lauten die schwachen Präferenzrelationen für die Kriterien "Status" und "Gehalt" beispielsweise

$\tilde{R}_S$	x	y	z
x	1	1	1
y	$1/2$	1	1
z	$5/11$	$1/2$	1

$\tilde{R}_G$	x	y	z
x	1	$3/4$	$4/11$
y	1	1	$3/4$
z	1	1	1

Verknüpft man die beiden Kriterien mittels der beschränkten t-Norm, da ja die Kriterien negativ korreliert sind, so ergibt sich als gemeinsame Fuzzy-Präferenzrelation

$\tilde{R}$	x	y	z
x	1	$3/4$	$4/11$
y	$1/2$	1	$3/4$
z	$5/11$	$1/2$	1

Daraus folgt dann die strikte Präferenzordnung

$\tilde{P}$	x	y	z
x	0	$1/4$	0
y	0	0	$1/4$
z	$1/11$	0	0

die dem beobachtbaren Verhalten entspricht, und bei Verwendung der beschränkten t-Norm gleichzeitig transitiv ist.

Wie diese Beispiele zeigen, lassen sich Intransitivitäten bei klassischen ordinalen Präferenzrelationen mit einer weicherer Modellierung doch häufig als ein transitives Verhalten beschreiben, das damit schwächeren Rationalitätsbedingungen genügt. Wann dies der Fall ist, hängt von der Definition der Rationalitätskriterien ab, über die im Fuzzy-Kontext die Ansichten noch weit auseinandergehen, wie bereits die im letzten Abschnitt diskutierten unterschiedlichen Definitionen für Reflexivität, Transitivität, Indifferenz und strikte Präferenz zeigen. So gibt es verschiedene Ansätze, die unterschiedliche Rationalitätsaxiome aufstellen und die Bedingungen für die Existenz einer Fuzzy-Präferenzordnung aufzeigen.[116] Im folgenden soll jedoch nur

---

[116] Zu nennen sind hier beispielsweise Basu (1984), Banerjee (1995), Nakamura (1986), Gisin (1994) und Roubens/Vincke (1987).

auf denjenigen von Ovchinnikov/Roubens (1991) eingegangen werden, der mit der hier gewählten Definition von Fuzzy-Präferenzrelationen im Einklang steht.

Ovchinnikov und Roubens (1991) definieren für Präferenzrelationen die zusätzlichen Axiome:

(A1) Unabhängigkeit von irrelevanten Alternativen:

Die strikte Fuzzy-Präferenzrelation hängt nur von den beiden zu vergleichenden Objekten und den schwachen Präferenzen zwischen ihnen ab

$$\mu_P(x,y) = f(\mu_R(x,y), \mu_R(y,x)) \quad \forall x,y \in X.$$

(A2) Monotonie:

f ist eine nicht-fallende Funktion im ersten Argument und eine nicht-steigende Funktion im zweiten Argument.

Ovchinnikov und Roubens (1991) zeigen, daß eine gemäß Gleichung (8.6) definierte strikte Fuzzy-Präferenzrelation, die die Bedingungen (A1) und (A2) erfüllt, nur dann antisymmetrisch ist, wenn die verwendete t-Norm Nullteiler besitzt. Dies bedeutet, daß sich nur bei Verwendung von archimedischen t-Normen mit Nullteiler eine strikte Fuzzy-Präferenzordnung bilden läßt, die die Axiome (A1) und (A2) erfüllt. Die entsprechende Zugehörigkeitsfunktion läßt sich dann schreiben als

$$\mu_P(x,y) = W^\phi(\mu_R(x,y), N^\psi(\mu_R(y,x))),$$

womit sich umgekehrt zeigen läßt, daß eine Fuzzy-Präferenzrelation genau dann strikt ist, wenn gilt

$$N^\psi \leq N^\phi.$$

Verwendet man archimedische t-Normen mit Nullteiler zur Konstruktion der strikten Präferenz, so zeigt Ovchinnikov (1990), daß diese auch transitiv ist, sofern nur die zugrunde liegende Fuzzy-Präferenzrelation selbst transitiv ist.

8.2.2 Auswahlfunktion und Auswahlmengen

Nun ist es aber keineswegs immer sicher, daß eine Fuzzy-Präferenzrelation auch gleichzeitig eine Fuzzy-Präferenzordnung darstellt. Aber selbst dann kann, wie im klassischen Fall, die Menge der als Lösung in Frage kommenden Alternativen weiter eingeschränkt werden. In Analogie zu den sogenannten Auswahlmengen[117] ("maximal set" und "choice set"), wie sie von Arrow (1959), Fishburn (1970) und Sen (1971) für die klassische Präferenztheorie eingeführt wurden, werden auch im Fuzzy-Kontext entsprechende Mengen definiert. Für Fuzzy-Präferenzen ist es jedoch nicht von vornherein klar, wie die jeweiligen Mengen bestimmt werden

---

[117] Im folgenden wird der Begriff "Auswahlmenge" als Überbegriff für alle Mengen verwendet, die eine unter bestimmten Kriterien gebildete Auswahl aus allen Alternativen umfassen. Der von Sen (1971) eingeführte Begriff "choice set", der in der deutschen Literatur auch als "Auswahlmenge" übersetzt wird, bezieht sich dagegen nur auf ein spezielles Auswahlverfahren. Da es im Gegensatz zum klassischen Fall im Fuzzy-Kontext hierbei zu leicht zu Mißverständnissen kommen kann, wird das "choice set", das häufig auch "greatest set" genannt wird, im folgenden als "Menge der besten Alternativen" oder "Bestenmenge" bezeichnet.

sollen. Die meisten Autoren[118] gehen davon aus, daß als Fuzzy-Maximalmenge die Menge der nicht-strikt-dominierten Alternativen angesehen werden soll, wie dies zuerst von Orlovsky (1978) vorgeschlagen wurde. Zur Bildung der übrigen Fuzzy-Auswahlmenge werden dann sehr unterschiedliche Ansätze verwendet.

Fuzzy-Maximalmenge

Die Maximalmenge ist nach Sen (1979: 9) die Menge der nicht strikt dominierten Alternativen, auch Maximalelemente genannt. Dabei ist ein Maximalelement dadurch gekennzeichnet, daß es kein anderes Element gibt, das strikt präferiert wird:

$$M = \{x \mid \neg \exists y\colon r(y,x) \wedge \neg r(x,y)\}.$$

Die Fuzzy-Verallgemeinerung lautet dann (vgl. Orlovsky 1978):

$$\tilde{M} = \{x, \mu_M(x) \mid x \in X\} \quad \text{mit}$$

$$\mu_M(x) = \inf_{y \in X} [1 - \mu_P(y,x)]$$

$$= 1 - \sup_{y \in X} \mu_P(y,x)$$

$$= 1 - h(x)$$

μ_M gibt dabei den Grad an, mit dem x nicht strikt präferiert wird, wenn man $h(x)$ Switalski (1988) folgend als den "Grad der Dominiertheit" bezeichnet. Bei Verwendung der Definition von Orlovsky für die strikte Präferenz ergibt sich dann

$$\mu_M(x) = 1 - \sup_{y \in X} \max\{\mu_R(y,x) - \mu_R(x,y), 0\}.$$

Wie Orlovsky (1978) nachweist, existieren für Fuzzy-Präferenzordnungen mit *max-min*-Transitivität immer Elemente, die nach diesem Kriterium mit Grad 1 zur Maximalmenge gehören.

Geht man jedoch von einer Verallgemeinerung der logischen Operatoren der urspünglichen scharfen Definition mittels t-Normen[119] aus, so erhält man

$$\tilde{M} = \{x, \mu_M(x) \mid x \in X\}$$

$$\mu_M(x) = c\left(\mathop{\mathbf{S}}_{y \in X} \left(t(r(x,y), c(r(y,x)))\right)\right)$$

Die Definition von Orlovsky ist dann ein Spezialfall bei Verwendung der Negation $c(x) = 1 - x$, der beschränkten t-Norm $t(x,y) = \max\{x + y - 1, 0\}$ und dem *max*- bzw. *sup*-Operator als Partikularisator.

---

[118] Vgl. z.B. Barrett et al. (1990a), Dasgupta/Deb (1991), Roubens/Vincke (1987) und Switalski (1988). Eine davon abweichende Definition verwendet Ovchinnikov (1982).

[119] Dies schlägt auch Roubens (1989) vor, der allerdings an der Komplementbildung mittels $c(x) = 1-x$ festhält.

Fuzzy-Bestenmenge

Die Menge der besten Alternativen ist nach Sen (1979: 10) dadurch gekennzeichnet, daß die ausgewählten Alternativen mindestens so gut bewertet werden wie alle anderen Alternativen:

$$C = \{x \mid \forall y: r(x,y)\}.$$

Damit sind alle Elemente der Bestenmenge auch Elemente der Maximalmenge, die sich von der Auswahlmenge nur dadurch unterscheidet, daß nicht vergleichbare Alternativen in der Maximalmenge enthalten sind, nicht jedoch in der Bestenmenge. Es gilt also $C \subseteq M$.

Die unscharfe Verallgemeinerung, die Fuzzy-Bestenmenge, wird nun üblicherweise definiert als

$$\tilde{C} = \left\{ (x, \mu_C(x)) \,\Big|\, \mu_C(x) = \min_{y \in X} \mu_R(x,y) \right\},$$

und lautet in einer allgemeinen Formulierung mit einer beliebigen t-Norm als Generalisator

$$\tilde{C} = \left\{ (x, \mu_C(x)) \,\Big|\, \mu_C(x) = \underset{y \in X}{\boldsymbol{t}}\, \mu_R(x,y) \right\}.$$

Auch hier ergibt sich die übliche Definition wieder als Spezialfall.

Bei Verwendung der beschränkten Operatoren für die Junktoren und der *min-max*-Operatoren für die Quantoren gilt ebenfalls $\tilde{C} \subseteq \tilde{M}$, da gilt:

$$\begin{aligned}
\mu_M(x) &= 1 - \sup_{y \in X} \max\{\mu_R(y,x) - \mu_R(x,y), 0\} \\
&= \inf_{y \in X} \left(1 - \max\{\mu_R(y,x) - \mu_R(x,y), 0\}\right) \\
&= \inf_{y \in X} \min\{1 - \mu_R(y,x) + \mu_R(x,y), 1\} \\
&\geq \inf_{y \in X} \mu_R(x,y) = \mu_C(x)
\end{aligned}$$

Daß bei maßtheoretischer Interpretation die Verwendung der beschränkten Operatoren zur Definition der strikten Präferenz, die ja in der Maximalmenge verwendet wird, sinnvoll ist, wurde bereits im vorhergehenden Abschnitt diskutiert. Für die Quantoren, d.h. den Partikularisator bei der Definition der Maximalmenge und den Generalisator bei der Definition der Bestenmenge, ist dagegen die Verwendung der *min-max*-Operatoren als der stärksten Bedingung angebracht, da hier sämtliche Paarvergleiche der interessierenden Alternativen verknüpft werden, für die positive Korrelation nicht ausgeschlossen ist und für die jeweils "besten" Elemente sogar zu erwarten ist.

Weitere Auswahlmengen

Switalski (1988), Roubens (1989) sowie Barrett et al. (1990a) definieren noch weitere Auswahlmengen, wie z.B.

- die Menge der nicht-dominierten Elemente:

$$\tilde{N} = \left\{ (x, \mu_N(x)) \middle| \mu_N(x) = \inf_{y \in X} [1 - \mu_R(y, x)] \right\}$$

und verallgemeinert

$$= \left\{ (x, \mu_N(x)) \middle| \neg \exists y : \mu_R(y, x) > 0 \right\}$$

$$= \left\{ (x, \mu_N(x)) \middle| \mu_N(x) = c \left(\underset{y \in X}{\mathbf{S}} (\mu_R(y, x)) \right) \right\}$$

- die Menge der strikt dominierenden Elemente:

$$\tilde{S} = \left\{ (x, \mu_S(x)) \middle| \mu_S(x) = \min_{y \in X} \mu_P(x, y) \right\}$$

und verallgemeinert

$$= \left\{ (x, \mu_S(x)) \middle| \forall y \in X : \mu_P(x, y) > 0 \right\}$$

$$= \left\{ (x, \mu_S(x)) \middle| \mu_S(x) = \underset{y \in X}{\mathbf{t}} (\mu_P(x, y)) \right\}$$

und einige weitere, auf die an dieser Stelle nicht weiter eingegangen werden soll.

Die Autoren untersuchen jeweils die Eigenschaften dieser Mengen v.a. im Vergleich zur Fuzzy-Maximal- und Fuzzy-Bestenmenge. Es zeigt sich dabei, daß einige dieser Auswahlmengen Eigenschaften aufweisen, die Fuzzy-Maximal- und Fuzzy-Bestenmenge nicht besitzen. Insofern mag die Berücksichtigung dieser Mengen, insbesondere wenn aufgrund der Fuzzy-Maximal- und Fuzzy-Bestenmenge noch keine eindeutige Auswahl getroffen werden kann, als zusätzliche Auswahlkriterien u.U. sehr sinnvoll sein.

Fuzzy-Auswahlfunktion

Zwar stellen sich die in der Literatur verwendeten Definitionen von Fuzzy-Maximalmenge und Fuzzy-Bestenmenge als konsequente Verallgemeinerung der Definitionen von Sen (1979) für den klassischen Fall dar, die gewissen Rationalitätskriterien genügen. Die Möglichkeiten, im Fuzzy-Kontext eine Vielzahl weiterer Auswahlmengen zu konstruieren, die von der inhaltlichen Begründung her ebenfalls plausibel erscheinen, weisen jedoch auf die Notwendigkeit hin, die Kriterien zu diskutieren, denen eine Auswahlfunktion genügen sollte, die derartige Mengen abgrenzt.

Nach Sen (1971) ist eine Auswahlfunktion (choice function) C definiert als Korrespondenz, die jeder Teilmenge S aus der Grundgesamtheit eine Menge von Elementen dieser Teilmenge zuordnet:

$C: \mathcal{P}(X) \to \mathcal{P}(X)$

$S \mapsto C(S)$

mit $C(S) \subseteq S$

Sofern die Auswahlkriterien auf einer Präferenzrelation R basieren, nennt man C Auswahlfunktion bezüglich der Präferenzrelation R und schreibt $C(S,R)$.

Die üblichen Rationalitätsbedingungen für Auswahlfunktionen lauten dann (vgl. z.B. Aizerman 1985):

1) C ist wohldefiniert

2) Unabhängigkeit von irrelevanten Alternativen:
$$C(S_2) \subseteq S_1 \subseteq S_2 \Rightarrow C(S_1) = C(S_2)$$

3) Heritage:
$$S_1 \subseteq S_2 \Rightarrow C(S_1) \cap S_2 \subseteq C(S_2)$$

4) Concordance:
$$S_1 \cup S_2 = S_3 \Rightarrow C(S_1) \cap C(S_2) \subseteq C(S_3)$$

5) Stabilität:
$$S_1 \subseteq C(S_2) \Rightarrow C(S_1) = S_1$$

6) Condorcet Prinzip:
$$\forall x \in X: \bigcup_{y \in X} C(\{x,y\}) \subset C(X)$$

Bonderova (1990) und Barrett et al. (1990a) verallgemeinern diese Bedingungen für den Fuzzy-Kontext, wobei sie sie teilweise abwandeln[120], und untersuchen, welche Auswahlfunktionen die Bedingungen erfüllen. Wie Banerjee (1993) zeigt, erfüllt die Orlovsky-Auswahlfunktion als einzige die Mehrheit all dieser Kriterien.

Basu(1984), Banjerjee (1995), Bondareva (1990) und Dasgupta/Deb (1991) untersuchen darüber hinaus, unter welchen Bedingungen eine solche Auswahlfunktion eineindeutig ist, so daß im Sinne der Theorie offenbarter Präferenzen aus den Entscheidungen auf die zugrunde liegenden Präferenzen geschlossen werden kann. Auch hier zeigt sich, daß die Orlovsky-Auswahlfunktion die Bedingungen soweit erfüllt, daß aus offenbarten Präferenzen zumindest auf die strikte Präferenz zurückgeschlossen werden kann.

8.2.3 Scharfe Auswahl bei Fuzzy-Präferenzen

Auswahlmengen liefern im allgemeinen noch keine eindeutigen Lösungen. Dies gilt umso mehr im Fuzzy-Kontext, da hier alle Alternativen, die gemäß der jeweiligen Auswahlfunktion einen positiven Zugehörigkeitswert besitzen, der Auswahlmenge angehören. Damit stellt sich die Frage, nach welchen Kriterien die letztendliche Auswahl einer Alternative aus der Auswahlmenge getroffen werden soll.

Switalski (1988) schlägt vor, diejenige Alternative aus der Fuzzy-Maximalmenge bzw. der Fuzzy-Bestenmenge zu wählen, die den *höchsten Zugehörigkeitsgrad* aufweist. Dies erscheint nicht unproblematisch, da sich je nach zugrunde gelegter Auswahlmenge eine andere Alternative als optimal erweisen kann. So mag z.B. der Zugehörigkeitsgrad einer Alternative zur Fuzzy-Maximalmenge durchaus sehr hoch sein, was lediglich bedeutet, daß es kaum Alternativen gibt, die gegenüber der

---

[120] Bondareva (1990) ist dabei der einzige, der konsequent die klassischen Bedingungen mittels der Operatoren der mehrwertigen Logik verallgemeinert.

betrachteten Alternative zu einem wesentlichen Grad strikt präferiert werden. Trotzdem kann der Zugehörigkeitswert zur Fuzzy-Bestenmenge sehr gering sein, wenn nämlich die Alternativen nur schwer miteinander vergleichbar sind. Daher ist es zusätzlich notwendig, eine Reihenfolge der Auswahlmengen anzugeben. Da $\tilde{C} \subseteq \tilde{M}$ ist, bietet es sich an, zuerst eine Auswahl aus der Fuzzy-Bestenmenge vorzunehmen und nur, wenn diese nicht eindeutig ist, auch die Fuzzy-Maximalmenge zugrunde zu legen.

Hier zeigt sich ein Vorteil beim Fuzzy-Ansatz gegenüber dem klassischen scharfen Konzept. Während nämlich im klassischen Fall die Maximalmenge zur Entscheidungsfindung nichts beitragen kann, sofern die Bestenmenge nicht leer ist, kann im Fuzzy-Fall bei nicht eindeutiger Lösung durch die Bestenmenge, d.h. wenn es mehrere Elemente in $\tilde{C}$ gibt, die den gleichen höchsten Zugehörigkeitsgrad besitzen, die Reihung in der Maximalmenge als zusätzliches Entscheidungskriterium herangezogen werden, da die Zugehörigkeitswerte zu den beiden Mengen nicht identisch sein müssen. Dies gilt ebenso für weitere Auswahlmengen mit anderen Kriterien, weshalb diese, sofern aufgrund der Fuzzy-Maximal- und Fuzzy-Bestenmenge immer noch keine eindeutige Auswahl getroffen werden kann, zusätzlich zur Entscheidungsfindung sehr hilfreich sein können.

Ein anderer Vorschlag, die letzte exakte Auswahl zu treffen, ist die Bildung einer *abstandsminimalen scharfen Präferenzordnung*.[121] Hierbei wird mittels einer Distanzfunktion eine scharfe Präferenzordnung gesucht, die zu der unscharfen möglichst ähnlich ist. Eine solche scharfe Präferenzordnung liefert dann eine eindeutige Reihung der Alternativen. Die zugrunde liegende unscharfe Präferenzrelation kann dabei sowohl eine schwache als auch die strikte Fuzzy-Präferenzrelation sein. Im allgemeinen wird als Distanzfunktion die sog. verallgemeinerte Hammindistanz vorgeschlagen:

$$\min_{S} d(\tilde{R}, S) = \left(\sum_{x \in \Omega} \sum_{y \in \Omega} |r(x,y) - s(x,y)|^q \right)^{\frac{1}{q}}.$$

Allerdings bleibt auch hier offen, welche Spezifikation der Distanzfunktion nun im einzelnen angemessen ist. Die Eigenschaften solcher Funktionen sind in der Literatur noch nicht systematisch untersucht worden. Daher bleibt im Augenblick an dieser Stelle ebenfalls wiederum nur die Empfehlung einer Sensitivitätsanalyse, indem verschiedene Distanzfunktionen zugrunde gelegt werden, um die Robustheit der Lösung zu untersuchen.

Hilfreich mag dabei auch der von Basu (1984) entwickelte *Fuzzyness-Index* sein, der einen Indikator für den Grad der Unschärfe der Entscheidung darstellt und den Basu auch als Grad der Rationalität interpretiert. Dieser Index berechnet sich als

$$\delta(\tilde{R}) = \frac{2d(R, N(\tilde{R}))}{card(X \times X) - card(X)}$$

wobei $N(\tilde{R})$ die "nächste exakte Menge" gemessen in $d(\ )$ ist.

---

[121] Vgl. z.B. Dutta et al. (1986), Ok (1994), Kuz'min/Ovchinnikov (1980).

Der Vergleich dieser Indexwerte für unterschiedliche Distanzfunktionen mag dann bei der vergleichenden Bewertung der möglichen Auswahlfunktionen hilfreich sein. Die Forderung nach der Formulierung geeigneter Rationalitätskriterien im Fuzzy-Kontext bleibt davon jedoch unberührt.

8.3 Unscharfe Nutzenbewertungen

Beim Ansatz mit unscharfen Nutzenbewertungen wird davon ausgegangen, daß der Entscheider in der Lage ist, jeder Aktion bzw. jedem Handlungsergebnis einen Nutzenwert zuzuordnen, der aber unscharf ist. D.h. es können unterschiedliche Nutzenwerte eintreten, allerdings mit unterschiedlichen Realisierungschancen, die mit den Zugehörigkeitswerten zu einer Fuzzy-Menge ausgedrückt werden können. Die Bewertungen lassen sich damit als *unscharfe Nutzenmengen* darstellen:

$$\tilde{U}(A_i) = \{(u, \mu_i(u)) | u \in U_i\} =: \tilde{U}_i,$$

wobei

A_i Alternative i

U_i Menge der für Alternative i in Betracht kommenden Nutzenwerte, wobei $\bigcup_i U_i \subseteq U$ mit $U \subset \mathbb{R}$ Grundmenge aller möglichen Nutzenwerte

μ_i Zugehörigkeitsgrad jedes Nutzenwertes $u \in U_i$ zur Menge der "wahren" Nutzenwerte der Alternative A_i, was als Ausdruck der subjektiv empfundenen Realisierungschance angesehen werden kann.

Die Rangfolge der Alternativen mittels der so definierten Fuzzy-Nutzen abzuleiten, ist im allgemeinen nicht trivial, da die Fuzzy-Mengen unterschiedliche Ausdehnung und Form haben und sich mehrfach überschneiden können. In der Literatur sind allerdings mittlerweile eine Vielzahl von sog. Rangordnungsverfahren beschrieben, die das Ziel verfolgen, Fuzzy-Mengen zu ordnen.[122] Mittels solcher Rangordnungsverfahren, die teilweise gar nicht zum Vergleich von Nutzenwerten sondern allgemein zum Vergleich von Fuzzy-Zahlen oder Fuzzy-Intervallen konzipiert wurden, lassen sich Alternativen mit unscharfen Fuzzy-Nutzen in eine Rangfolge bringen und es kann diejenige Alternative mit dem höchsten Rang ausgewählt werden.

Letztendlich geht es dabei jeweils um eine konkrete Spezifikation des Präferenzfunktionals. Wie auch in der klassischen Nutzentheorie sind derartige Spezifikationen hochgradig subjektiv und es gibt kein objektives Kriterium dafür, welches Verfahren vorzuziehen ist. Allerdings ist es für die meisten der Verfahren nicht einfach, sie überhaupt zu vergleichen, da bisher so gut wie keine Bewertungskriterien entwickelt wurden. Zwar gibt es einige Untersuchungen, die die Verfahren einem empirischen Test unterziehen und ihre Güte bei der Deskription analysieren (vgl. z.B. Rommelfanger 1986). Derartige Kriterien genügen jedoch nicht, sofern eine Entscheidungstheorie auch einen präskriptiven Anspruch besitzt, wonach Entschei-

---

[122] Überblicke geben Chen/Hwang (1992), Rommelfanger (1986) und Kaufmann/Gupta (1988).

dungskriterien gewissen Rationalitätsbedingungen entsprechen sollten, die jedoch im Fuzzy-Kontext noch nicht klar umrissen sind.

Selbst mit einer maßtheoretischen Interpretation, die zumindest geeignet sein sollte, logische Inkonsistenzen aufzudecken, steht eine systematische vergleichende Analyse der Verfahren noch aus, da vielfach auch das mathematische Instrumentarium der Fuzzy-Maßtheorie noch nicht weit genug entwickelt ist, um die verschiedenen, teilweise sehr komplexen Konstruktionen der Rankingverfahren inhaltlich angemessen zu interpretieren. Im folgenden kann daher lediglich ein erster Schritt in dieser Richtung versucht werden.

8.3.1 Vorgehensweisen bei der Bestimmung von Rangfolgen

Bei der Bestimmung der Rangfolgen von Fuzzy-Nutzen gibt es im Prinzip zwei Vorgehensweisen:

- Entweder wird ein Nutzenindexwert für jede Alternative, d.h. ein absolutes Nutzenniveau, definiert, das meist als Zugehörigkeitsgrad zur Menge der optimalen Alternativen angegeben wird,
- oder es wird, meist über eine Abstandsfunktion, eine Präferenzrelation über den Fuzzy-Alternativen, d.h. ein relatives Nutzenniveau, festgelegt. Die Zugehörigkeit zur Auswahlmenge wird dann erst in einem zweiten Schritt bestimmt.

<u>Grad der Optimalität</u>

Sofern der Grad der Optimalität direkt bestimmt werden soll, wird zunächst die Menge der optimalen Alternativen definiert, die im Prinzip dem im vorherigen Abschnitt beschriebenen maximal set oder dem choice set entsprechen, wobei jedoch häufig die entsprechenden Verallgemeinerungen nicht ganz klar definiert sind:

$$\tilde{C} = \{(i, \mu_C(i)) | i \in I\}.$$

Die Zugehörigkeitsgrade $\mu_C(i)$ der Alternativen $i \in I$ werden dann über einfache Bewertungsindizes oder komplexere Bewertungsalgorithmen bestimmt. Allgemeine Bewertungsindizes werden dabei durch die Bildung des relativen Anteils gegenüber der besten Alternative normiert.

<u>Präferenzrelationen über Fuzzy-Alternativen</u>

Die andere Vorgehensweise bestimmt über den Fuzzy-Alternativen oder den Fuzzy-Nutzenmengen eine Präferenzrelation ganz in Analogie zu den Fuzzy-Präferenzrelationen über scharfen Alternativen, wie sie auch im vorherigen Abschnitt beschrieben wurden. Entsprechend der Vorgehensweise dort, wird dann im zweiten Schritt auch bei Fuzzy-Präferenzen über Fuzzy-Alternativen die Auswahlmenge und Auswahlfunktion bestimmt.

Unabhängig von dieser inhaltlich unterschiedlichen Vorgehensweise werden auch zur Konstruktion sehr unterschiedliche Verfahren angewandt. Dabei lassen sie sich in folgende Gruppen unterscheiden:

- Es wird ein Bewertungsindex aufgrund der "besten" Nutzenzugehörigkeitswerte erstellt.
- Mittels sog. α-Schnitt-Verfahren werden Rangskalen auf bestimmten Sicherheitsniveaus bestimmt.
- Es wird der Abstand zu sog. Fuzzy-Maximum- und Fuzzy-Minimum-Mengen bestimmt.
- Es wird eine sog. "Zufriedenheitsfunktion" gebildet.
- Es werden Kriterien aus dem Vergleich von oberen und unteren Wahrscheinlichkeiten gebildet.
- Es werden Mittelwert und Streuung von stochastischen Fuzzy-Zahlen als Kriterium verwendet.

Die Verfahren sollen im nachfolgenden entsprechend dieser Gruppierung diskutiert werden, da die gleichen Konstruktionsprinzipien sowohl zur Bestimmung des Grades der Optimalität als auch von Präferenzrelationen eingesetzt werden.

8.3.2 Rangordnungsverfahren

a) Bewertungsindex aufgrund "bester" Nutzenzugehörigkeitswerte

Baas und Kwakernaak (1977) haben einen sehr einfachen Index vorgeschlagen, indem sie den Grad der Optimalität einer Alternative A_i als den maximalen Zugehörigkeitswert ansehen, den jeder realisierbare Nutzenwert des Fuzzy-Nutzens $\tilde{U}_i$ mindestens mit allen kleineren Nutzenwerten der anderen Alternativen gemeinsam hat:

$$\mu_C(i) = \max\{\min\{\mu_1(u_1),\ldots,\mu_m(u_m)\} | u \in U_i\}$$

$$\text{mit} \quad U_i = \{u = (u_1,\ldots,u_m) \in U^m | u_i \geq u_j \; \forall j \in I\}$$

Ein hierzu äquivalentes Verfahren benutzen Watson et al. (1979) zur Konstruktion einer Präferenzrelation:

$$\mu_P(\tilde{U}_i \succ \tilde{U}_j) = \min_{u_i \leq u_j}(1 - \min\{\mu_i(u_i), \mu_j(u_j)\}).$$

Baldwin und Guild (1979) zerlegen dagegen die unscharfe Nutzenbewertung in eine unscharfe Fuzzy-Alternative A_i und eine scharfe Nutzenfunktion $u(a_i)$. Die Nutzenfunktion entspricht dabei der oben definierten "elementaren Nutzenfunktion", während die Fuzzy-Alternativen Ergebnisfunktion und Präferenzfunktional zusammen beinhalten. In den Bewertungsindex geht damit zum einen die Unsicherheit über die Ergebnisse der Handlungsalternative mittels der Zugehörigkeitswerte der möglichen Ausprägungen der Fuzzy-Alternative ein, und zum anderen die scharfe Bewertung der Ergebnisse, die als Fuzzy-Präferenzrelation modelliert werden, wobei als Bewertungskriterium der Nutzenabstand gewählt wird:

$$\mu_C(i) = \min_{\substack{j \in I \\ i \neq j}}\left\{\max_{a_i \in A_i}\{\min\{\mu_i(a_i), \mu_j(a_j), \mu_P(a_i, a_j)\}\}\right\}$$

mit

$$\tilde{P} = \left\{ \left((a_i, a_j), \mu_P(a_i, a_j) \right) \mid \mu_P(a_i, a_j) = u_i(a_i) - u_j(a_j) \right\}.$$

Baldwin und Guild (1979) untersuchen die Ergebnisse ihres Ansatzes mit unterschiedlichen Nutzenfunktionen, einer linearen $u(x) = x$, einer risikoaversen $u(x) = \sqrt{x}$ und einer risikofreudigen $u(x) = x^2$, wobei sie für die zugrunde liegenden unscharfen Alternativen Fuzzy-Zahlen verwenden. Sie kommen dabei zu dem Ergebnis, daß die Risikoneigung eine geringere Rolle spielt als Lage und Form der zu vergleichenden Fuzzy-Nutzenmengen.

Allerdings stellt sich hier schon die Frage, ob dies überhaupt in diesem Sinne interpretiert werden darf. Denn die Form einer Nutzenfunktion drückt nur dann Risikoneigung aus, wenn Unsicherheit oder unscharfes Wissen über das Eintreten von bestimmten Ereignissen oder Ergebnissen von Handlungsalternativen in Form von Wahrscheinlichkeiten in die Nutzenfunktion eingeht, was ja mit dem Fuzzy-Konzept gerade in anderer Form modelliert werden soll. Hier wird dieses unscharfe Wissen bereits mittels der Zugehörigkeitswerte zu den Fuzzy-Alternativen in der Bewertung der Handlungsalternativen berücksichtigt, so daß die von Baldwin und Guild verwendete Nutzenfunktion letztlich nur die elementare Nutzenbewertung repräsentiert und keineswegs bereits die Risiko- bzw. Unsicherheitsneigung der Entscheidungsperson widerspiegelt.

Als weiterer Kritikpunkt ist darüber hinaus zu fragen, inwieweit die Verwendung des *min*-Operators überhaupt inhaltlich sinnvoll zu interpretieren ist, da Werte miteinander verglichen werden, die nicht auf derselben Skala gemessen werden, die Zugehörigkeitswerte zu den Fuzzy-Nutzenmengen und der Nutzenabstand der zu vergleichenden Alternativen. Zwar wird auch der Nutzenabstand formal als Zugehörigkeitswert zu einer Fuzzy-Präferenzrelation modelliert, so daß die Vergleichbarkeit auf den ersten Blick gewährleistet erscheint. Nichtsdestotrotz handelt es sich um eine Nutzendifferenz, die zwar bei normierter Nutzenfunktion formal einer Zugehörigkeitsfunktion entspricht, deren Werte aber inhaltlich nicht mit den Zugehörigkeitswerten der Alternativen zu Fuzzy-Nutzenmengen verglichen werden können.

Geht man allerdings von einer maßtheoretischen Interpretation aus, so gilt dieser Einwand nicht mehr, da dann die Zugehörigkeitswerte als Plausibilitätsgrade interpretiert werden, die den "Grad der Wahrheit" der Aussagen "a_i gehört zur Fuzzy-Alternative A_i" und "$u(a_i)$ wird $u(a_j)$ vorgezogen" ausdrücken und damit vergleichbar werden, da sie entlang der Dimension "Wahrheitsgehalt" messen. Jedoch ist dann hier zu fragen, ob die *min-max*-Operatoren die adäquaten Verknüpfungsoperatoren darstellen, deren Verwendung ja nur bei positiver Korrelationsstruktur der zugrundeliegenden hypothetischen zufälligen Mengen angebracht ist. Dies kann man jedoch bei allen inhaltlich sinnvollen Interpretationen nur unter sehr restriktiven Zusatzannahmen erwarten. Viel eher ist zu vermuten, daß im allgemeinen den beiden Fuzzy-Nutzenmengen sowie der Fuzzy-Präferenzrelation voneinander unabhängige zufällige Mengen zugrunde liegen. In diesem Fall wären die algebraischen Operatoren angemessen.

Eine allgemeine Notation des Verfahrens von Baldwin/Guild (1979) würde dementsprechend lauten:

$$\mu_C(i) = \bigcap_{\substack{j \in I \\ i \neq j}} \bigcup_{a_i \in A_i} \left(\mu_i(a_i) \cap \mu_j(a_j) \cap \mu_P(a_i, a_j) \right).$$

In diese Richtung geht auch der Vorschlag von Di Nola et al. (1991)[123], die jedoch nicht von einer maßtheoretischen Interpretation ausgehen, sondern die konsequente Verallgemeinerung der mehrwertigen Logik mittels t-Normen (vgl. Gottwald 1984 und 1986) zur Lösung von Fuzzy-Relationen-Gleichungen einsetzen, und in diesem Kontext auch Präferenzrelationen diskutieren. Allerdings schlagen sie nur für die inneren Durchschnitte die Verwendung von t-Normen vor, wofür die Begründung allerdings unklar bleibt. Aus aussagenlogischer Sicht ergibt sich zunächst nur die obige allgemeine Notierung. Welche Verknüpfungsoperatoren dann angemessen sind, muß durch zusätzliche Kriterien festgelegt werden. Die maßtheoretische Interpretation kann hierbei hilfreich sein.

Geht man also in diesem Sinne von obiger Überlegung der Unabhängigkeit der zugrunde liegenden zufälligen Mengen aus und verwendet entsprechend die algebraischen Operatoren, so ergibt sich

$$\mu_C(i) = \prod_{\substack{j \in I \\ i \neq j}} \sum_{a_i \in A_i} \left(\mu_i(a_i) \cdot \mu_j(a_j) \cdot \mu_P(a_i, a_j) \right),$$

was bei Interpretation der Zugehörigkeitswerte als Likelihoods der üblichen Vorgehensweise der mit Wahrscheinlichkeiten gewichteten Nutzen entspricht.

b) α-Schnitt-Verfahren

Einer völlig anderen Vorgehensweise entspricht das Rangordnungsverfahren mit Hilfe von α-Schnitten. Hierbei werden im Prinzip nur solche Nutzenwerte betrachtet, die einen Mindest-Zugehörigkeitswert aufweisen, also über einem bestimmten α-Level liegen.

Einfache Kriterien, um einen Vergleich zweier Fuzzy-Nutzen mittels α-Schnitten durchzuführen, sind die sog. ρ-Präferenz und ε-Präferenz. Beide Verfahren betrachten nur den Teil oberhalb eines α-Niveaus der zu vergleichenden Fuzzy-Mengen, für den ein eindeutiges Präferenzkriterium erfüllt ist, und bestimmen das niedrigste entsprechende α-Niveau. Das Präferenzkriterium berücksichtigt dabei jeweils die linken und rechten Ränder des durch den α-Schnitt generierten Intervalls $\left[u_{i1}^\alpha, u_{i2}^\alpha \right]$.

So bedeutet das Kriterium der ρ-Präferenz[124], daß eine Menge $\tilde{U}_i$ gegenüber einer Menge $\tilde{U}_j$ auf Niveau ρ vorgezogen wird ($\tilde{U}_i \succ_\rho \tilde{U}_j$), wenn $\rho \in [0,1]$ die kleinste reelle Zahl ist, so daß

$u_{i1}^\alpha \geq u_{j2}^\alpha \quad \forall \alpha \in [\rho, 1]$ und

$u_{i1}^\alpha > u_{j2}^\alpha \quad$ für mindestens ein $\alpha \in [\rho, 1]$.

---

[123] Einen ganz ähnlichen Ansatz schlägt auch Ovchinnikov (1988) vor.

[124] Dieses Verfahren schlagen z.B. Buckley und Chanas (1989) vor.

Das Kriterium der ε-Präferenz einer Menge $\tilde{U}_i$ gegenüber einer Menge $\tilde{U}_j$ ($\tilde{U}_i \succ_\varepsilon \tilde{U}_j$) ist erfüllt, wenn $\varepsilon \in [0,1]$ die kleinste reelle Zahl ist, so daß

$$u_{i1}^\alpha \geq u_{j1}^\alpha \quad \wedge \quad u_{i2}^\alpha \geq u_{j2}^\alpha \qquad \forall \alpha \in [\varepsilon,1]$$

$$u_{i1}^\alpha > u_{j1}^\alpha \quad \vee \quad u_{i1}^\alpha > u_{j2}^\alpha \qquad \text{für mindestens ein } \alpha \in [\varepsilon,1].$$

Ein noch weicheres Kriterium wurde von Adamo (1980) vorgeschlagen, der für jede Alternative einen α-Schnitt-Index definiert, der lediglich den rechten Rand eines vorgegebenen α-Niveaus berücksichtigt:

$$F_\alpha(\tilde{U}_i) = \max\{u \in U_i | \mu_i(u) \geq \alpha, \alpha \in [0,1]\}.$$

Dieser Index gibt für jede Alternative das höchste Nutzenniveau an, das einen Zugehörigkeitsgrad $\geq \alpha$ besitzt.

Diese Kriterien haben den Nachteil, daß sie die Bewertung lediglich an einem einzigen α-Level bestimmen, wobei dann die Verteilung der Zugehörigkeitsgrade unterhalb dieses Levels nicht zur Bewertung beiträgt.

Diesen Nachteil vermeiden andere Verfahren, wie z.B. das sog. Niveau-Ebenen-Verfahren, das von Rommelfanger (1984) vorgeschlagen wurde. Dieses Verfahren bestimmt ebenfalls für jede Alternative einen Präferenzindex, bei dem jedoch mehrere α-Niveaus sowie deren Ausdehnung berücksichtigt werden. Dabei muß es sich bei den zu vergleichenden Alternativen nicht ausschließlich um konvexe Fuzzy-Mengen handeln, sondern je α-Schnitt werden auch mehrere Intervalle berücksichtigt (Parameter k):

$$U_i^\alpha = \{u \in U | \mu_i(u) \geq \alpha\} = [u_{i1}^\alpha, u_{i2}^\alpha] \cup \ldots \cup [u_{ik-1}^\alpha, u_{ik}^\alpha], \quad k = k(\alpha, i)$$

$$\overline{U}_i^\alpha = \frac{\frac{u_{i1}^\alpha + u_{i2}^\alpha}{2}(u_{i2}^\alpha - u_{i1}^\alpha) + \ldots + \frac{u_{ik-1}^\alpha + u_{ik}^\alpha}{2}(u_{ik}^\alpha - u_{ik-1}^\alpha)}{(u_{i2}^\alpha - u_{i1}^\alpha) + \ldots + (u_{ik}^\alpha - u_{ik-1}^\alpha)}$$

$$H(\tilde{U}_i) = \frac{1}{r} \sum_{s=1}^{r} \overline{U}_i^{\alpha_s}$$

Ein Spezialfall dieses Niveau-Ebenen-Verfahrens ist der Vorschlag von Yager (1981):

$$H(\tilde{U}_i) = \int_0^1 M(U_i^\alpha) d\alpha,$$

wobei $M(U_i^\alpha)$ der Durchschnittswert der Elemente ist, die mindestens Level α besitzen.

Ein anderer Ansatz wird von Mabuchi (1988) vorgeschlagen, der ebenfalls einen Index über alle α-Schnitte konstruiert. Er bildet zunächst die Differenz der zu vergleichenden Fuzzy-Mengen und berücksichtigt auch die Länge der jeweiligen Schnitt-Intervalle, und zwar getrennt nach positiven und negativen Anteilen, was letztlich zu einer ungleichen Berücksichtigung von positiven und negativen Abweichungen führt[125]:

$$J° = 2 \int_0^{h(\tilde{D})} \alpha \cdot J(\alpha)\,d\alpha \qquad \text{mit}$$

$$J(\alpha) = \frac{\left|d_2^\alpha\right| - \left|d_1^\alpha\right|}{d_2^\alpha - d_1^\alpha} \qquad \text{und}$$

$$\tilde{D} = \tilde{U}_i - \tilde{U}_j = \left\{ (v, \mu_D(v)) \middle| \mu_D(v) = \sup_{v = u_i - u_j} \min\{\mu_i(u_i), \mu_{ji}(u_j)\} \right\}$$

Gonzales/Vila (1992) konstruieren dagegen über mehrere α-Schnitte einen Vergleichsindikator von je zwei Alternativen, der letztendlich eine Fuzzy-Präferenzrelation darstellt. Dabei werden die Intervalle der einzelnen α-Schnitte mittels einer Linearkombination ihrer Ränder berücksichtigt, deren Parameter λ als Optimismus- bzw. Pessimismus-Parameter interpretiert werden kann. In Abhängigkeit von diesem Parameter lassen sich dann Bereiche der Indifferenz und Präferenz identifizieren. Der Bereich der strikten Präferenz lautet

$$\mu_P(A_i, A_j) = \left\{ \lambda \in [0,1] \middle| f_\lambda(A_i) \geq f_\lambda(A_j) \quad \forall \alpha = 1,\ldots,n \right\} \qquad \text{mit}$$

$$f_\lambda(A_i) = \begin{pmatrix} \lambda u_{i2}^1 + (1-\lambda)u_{i1}^1 \\ \vdots \\ \lambda u_{i2}^\alpha + (1-\lambda)u_{i1}^\alpha \\ \vdots \\ \lambda u_{i2}^n + (1-\lambda)u_{i1}^n \end{pmatrix}$$

Die Ansätze mit α-Schnitten lassen sich unter maßtheoretischen Gesichtspunkten kaum bewerten, da es erstens nicht ganz einfach ist, einem α-Schnitt eine sinnvolle maßtheoretische Interpretation zu geben, und zweitens die Eigenschaften beliebiger Verkettungen für Fuzzy-Maße noch nicht systematisch untersucht sind.

c) Vergleich mit Fuzzy-Maximum- und Fuzzy-Minimum-Mengen

Bei diesen Verfahren wird zunächst eine sog. Fuzzy-Maximum-Menge und Fuzzy-Minimum-Menge bestimmt, die quasi eine "Idealmenge" und eine "Anti-Idealmenge" darstellen. Mit diesen Mengen wird dann jede der zu bewertenden Mengen verglichen und daraus ein Bewertungsindex konstruiert.

Die meisten Ansätze basieren dabei auf dem von Jain (1976) vorgeschlagenen Fuzzy-Maximum, dessen Zugehörigkeitsfunktion durch eine isotone Abbildung aus dem Stützbereich der Fuzzy-Menge auf das Einheitsintervall gebildet wird:

---

[125] Dies entspricht dann den empirischen Beobachtungen, daß Verluste stärker als Gewinne gewertet werden.

$$M\tilde{A}X = \left\{(u, \mu_{\max}(u)) \big| u \in U\right\} \quad \text{mit} \quad \mu_{\max}(u) = \left(\frac{u - \inf U}{\sup U - \inf U}\right)^k.$$

Für $k < 1$ ergibt sich damit eine konkave, für $k > 1$ eine konvexe und für $k = 1$ eine lineare Zugehörigkeitsfunktion. In maßtheoretischer Interpretation können damit die Zugehörigkeitswerte zum Fuzzy-Maximum bei $k \leq 1$ als obere Wahrscheinlichkeiten bzw. Plausibilitätsgrade und bei $k \geq 1$ als untere Wahrscheinlichkeiten bzw. Glaubwürdigkeitsgrade angesehen werden.

Den Zugehörigkeitgrad zur Menge der optimalen Alternativen bestimmt Jain dann als den Zugehörigkeitswert des größten Nutzenniveaus, dessen Realisierungschance, d.h. dessen Zugehörigkeitsgrad zur Fuzzy-Nutzenmenge der betrachteten Alternative als wenigstens so hoch wie zum Fuzzy-Maximum eingeschätzt wird:

$$\mu_C^{\max}(i) = \sup_{u \in U} \left\{\min\{\mu_i(u), \mu_{\max}(u)\}\right\}.$$

Ein Nachteil diese Verfahrens ist, daß das Ergebnis nur von einem einzigen Nutzenwert abhängt. Chen (1985) definiert daher noch ein analoges Fuzzy-Minimum

$$M\tilde{I}N = \left\{(u, \mu_{\min}(u)) \big| u \in U\right\} \quad \text{mit} \quad \mu_{\min}(u) = \left(\frac{\sup U - u}{\sup U - \inf U}\right)^k$$

und einen entsprechenden Zugehörigkeitsgrad jeder Alternative zu diesem Fuzzy-Minimum

$$\mu_C^{\min}(i) = \sup\left\{\min[\mu_i(u), \mu_{\min}(u)] \big| u \in U\right\}$$

und konstruiert daraus den Zugehörigkeitsgrad zur Menge der optimalen Alternativen

$$\mu_C = \tfrac{1}{2}\left[\mu_C^{\max}(i) + \left(1 - \mu_C^{\min}(i)\right)\right].$$

Vielfach wurde insbesondere beim einfachen Verfahren von Jain die Willkürlichkeit des Parameters k kritisiert, weshalb häufig nur die lineare Funktion (d.h. $k = 1$) zur Konstruktion von Fuzzy-Maximum und Fuzzy-Minimum verwendet wird (z.B. Chen/Hwang 1992, Yager 1980b). Bereits Chen (1985) weist jedoch darauf hin, daß dieser Parameter als Indikator für die Risiko- bzw. Unsicherheitsaversion dient, eine Interpretation, die sich durch die maßtheoretische Sichtweise erhärten läßt. k-Werte kleiner als 1 generieren eine Plausibilitätsfunktion und stellen damit obere Wahrscheinlichkeiten dar. Dies bedeutet, daß der Entscheider eine möglichst hohe Realisierungschance fordert, die dann den Grad der Optimalität bestimmt. Umgekehrtes gilt für k-Werte größer als 1. Hier ist der Entscheider mit möglichst kleinen Realisierungschancen zufrieden, was einer Orientierung an unteren Wahrscheinlichkeiten entspricht. Letztendlich bieten solche Parametervariationen die Möglichkeit von Sensitivitätsanalysen auch schon für den Entscheider, indem nämlich nicht nur ein Kriterium, d.h. ein bestimmter k-Wert zugrunde gelegt, sondern die Bandbreite der Ergebnisse bei unterschiedlichen Parameterwerten vorab abgeschätzt wird. Sofern sich bei unterschiedlichen Parameterwerten die gleichen Rangfolgen ergeben, darf man die Ordnung als gesichert ansehen, anderenfalls geben die unterschiedlichen Ergebnisse Hinweise auf die bzgl. der Annahme der Unsicherheitsaversion sensiblen Alternativen, was für den Entscheider einen zusätzlichen Informationsgewinn bedeutet.

Yager (1980b) wandelt das Verfahren von Jain (1976) ab, indem er nur Fuzzy-Mengen über dem Einheitsintervall betrachtet und zur Konstruktion des Fuzzy-Maximums nur die lineare Funktion verwendet. Hauptunterschied ist jedoch, daß er zum Vergleich mit den zu bewertenden Alternativen die *Hamming-Distanz* verwendet. Diese ist definiert als

$$d(\tilde{U}_i, \tilde{U}_j) = \int_{-\infty}^{+\infty} |\mu_i(u_i) - \mu_j(u_j)| \, dx \qquad \text{für kontinuierliche Fuzzy-Mengen und}$$

$$d(\tilde{U}_i, \tilde{U}_j) = \sum_{x \in X} |\mu_i(u_i) - \mu_j(u_j)| \qquad \text{für diskrete Fuzzy-Mengen.}$$

Es werden nun diejenigen Alternativen vorgezogen, die zu dem "Idealobjekt" Fuzzy-Maximum die geringere Distanz aufweisen.

Kerre (1982) wandelt das Verfahren von Yager darüber hinaus noch dadurch ab, daß er ein anderes Fuzzy-Maximum definiert:

$$\widetilde{MAX} = \left\{ (u, \mu_{max}(u)) \Big| \mu_{max}(u_i) = \sup_{u_i \geq u_j} \left(\min\{\mu_i(u_i), \mu_j(u_j)\} \right) \right\}.$$

Dieses kann jedoch nicht als ein absolutes "Idealobjekt" angesehen werden, sondern stellt den Fuzzy-Nutzen dar, den beide Alternativen gemeinsam liefern würden.

Nakamura (1986) definiert zusätzlich noch das analoge Fuzzy-Minimum

$$\widetilde{MIN} = \left\{ (u, \mu_{min}(u)) \Big| \mu_{min}(u_i) = \sup_{u_i \leq u_j} \left(\min\{\mu_i(u_i), \mu_j(u_j)\} \right) \right\}$$

und generiert damit vier verschiedene Hamming-Distanzen, die anschließend zu einem gemeinsamen Indikator zusammengefaßt werden. Allerdings lassen sich diese Verfahren nicht mehr vergleichend bewerten.

d) Bildung einer Zufriedenheitsfunktion

Lee et al. (1994) konstruieren einen Rankingindex mittels einer sog. Zufriedenheitsfunktion. Sofern die Stützbereiche der Fuzzy-Mengen nicht diskret sind, werden sie mit einem äquidistanten Gitter diskret approximiert. Die Knotenpunkte des Gitters beim Vergleich zweier Alternativen kennzeichnen dann jeweils ein Tupel möglicher Nutzenwerte beider Alternativen. Aus den paarweisen Vergleichen der zu jedem Tupel gehörenden Zugehörigkeitswerte wird dann über alle Tupel hinweg die Zufriedenheitsfunktion konstruiert. Dabei wird die

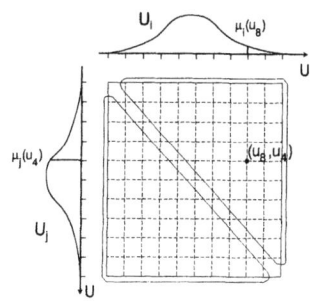

Summe der Zugehörigkeitswerte der Knotenpunkte des unteren bzw. des oberen Dreiecks ins Verhältnis zur Summe der Zugehörigkeitswerte aller Knotenpunkte gesetzt:

$$S(\tilde{U}_i < \tilde{U}_j) = \frac{\sum_{u_j=\min(U_j)}^{\max(U_j)} \sum_{u_i=\min(U_i)}^{\min(u_j-\delta,\max(U_i))} t(\mu_i(u_i), \mu_j(u_j))}{\sum_{u_j=\min(U_j)}^{\max(U_j)} \sum_{u_i=\min(U_i)}^{\max(U_i)} t(\mu_i(u_i), \mu_j(u_j))}$$

$$S(\tilde{U}_i > \tilde{U}_j) = \frac{\sum_{u_i=\min(U_i)}^{\max(U_i)} \sum_{u_j=\min(U_j)}^{\min(u_i-\delta,\max(U_j))} t(\mu_i(u_i), \mu_j(u_j))}{\sum_{u_j=\min(U_j)}^{\max(U_j)} \sum_{u_i=\min(U_i)}^{\max(U_i)} t(\mu_i(u_i), \mu_j(u_j))}$$

$$S(\tilde{U}_i = \tilde{U}_j) = \frac{\sum_{u_i=\max(\min(U_i),\min(U_j))}^{\min(\max(U_i),\max(U_j))} t(\mu_i(u_i), \mu_j(u_j))}{\sum_{u_j=\min(U_j)}^{\max(U_j)} \sum_{u_i=\min(U_i)}^{\max(U_i)} t(\mu_i(u_i), \mu_j(u_j))}$$

Mit diesen Zufriedenheitswerten bilden sie eine schwache Präferenzrelation, indem sie den Zufriedenheitswert für die Gleichheit der beiden Alternativen jeweils zur Hälfte zu den beiden anderen Zufriedenheitswerten addieren. Aus dieser Präferenzrelation bilden sie dann mittels des Kriteriums der minimalen Nicht-Dominiertheit die Rangfolge.

Lee et al. (1994) gehören zu den wenigen, die von der ausschließlichen Verwendung der *min-max*-Operatoren abgehen und beliebige t-Normen zulassen[126]. Allerdings diskutieren sie die inhaltlichen Konsequenzen der Verwendung unterschiedlicher Operatoren nicht, so daß es letztlich auch unverständlich bleibt, warum bei Verwendung von t-Normen zur Bewertung jedes Knotenpunktes, die ja aus einer Durchschnittsoperation resultieren, dann zur Vereinigung dieser Bewertungen grundsätzlich die Summe verwendet wird. Auch die Konstruktion der Präferenzrelation erscheint nicht sehr durchdacht. Denn wenn die schwache Präferenzordnung angeben soll, zu welchem Grad eine Alternative als mindestens so gut wie eine andere eingeschätzt wird, muß der Grad, zu dem beide als gleichwertig eingeschätzt werden, beiden schwachen Präferenzgraden zugerechnet werden.

---

[126] Sie gehen sogar noch weiter und lassen auch kompensatorische Operatoren zu, was aber für Vergleichsoperationen zwischen zwei Objekten ziemlich unverständlich erscheint und daher hier nicht weiter betrachtet werden soll.

e) Verfahren basierend auf oberen und unteren Wahrscheinlichkeiten

Daneben gibt es einige Verfahren, die direkt in maßtheoretischem Sinne interpretierbar sind, da sie an der oben beschriebenen Konstruktion von Fuzzy-Intervallen mittels Möglichkeits- und Notwendigkeitsmaßen anknüpfen.

So konstruieren Dubois/Prade (1983b und 1988: 101ff.) vier Kriterien zum Vergleich von Fuzzy-Zahlen[127], wobei sie von einer Interpretation der Zugehörigkeitswerte als Possibilitätsgrade ausgehen. Eine Rangordnung $\tilde{U}_i \succ \tilde{U}_j$ sehen sie als gesichert an, wenn der Grad von $\tilde{U}_i$ größer ist als der Grad von $\tilde{U}_j$ in den Kriterien:

(1) Möglichkeitsgrad der Dominanz (*grade of possibility of dominance*)

$$PD(\tilde{U}_i) = \sup_{u_i \geq u_j} \left\{ \min\{\mu_i(u_i), \mu_j(u_j)\} \big| u_i, u_j \in U \right\}.$$

Dies ist äquvalent zu

$$\max_{y} \min_{y \leq x} \left(1 - U_{i*}(x), U_j^*(y)\right),$$

d.h. verglichen wird die obere Wahrscheinlichkeit von U_j:

$$U_j^*(y) = prob_{U_j}^*(v \leq y)$$

und das Komplement der unteren Wahrscheinlichkeit von U_i:

$$1 - U_{i*}(x) = prob_{*U_i}(u \geq x | x = y),$$

was letzlich dem Plausibilitätsgrad entspricht, daß der größte Wert von U_i größer ist als der kleinste Wert von U_j.[128]

(2) Möglichkeitsgrad der strengen Dominanz

$$PSD(\tilde{U}_i) = \sup \left\{ \inf_{u_j \geq u_i} \left\{ \min\{\mu_i(u_i), 1 - \mu_j(u_j)\} \big| u_j \in U \right\} \big| u_i \in U \right\}.$$

Dies ist äquvalent zu

$$\max_{y} \min_{y \leq x} \left(1 - U_{i*}(x), U_{j*}(y)\right),$$

d.h. verglichen wird die untere Wahrscheinlichkeit von U_j:

$$U_{j*}(y) = prob_{*U_j}(v \leq y)$$

und das Komplement der unteren Wahrscheinlichkeit von U_i:

$$1 - U_{i*}(x) = prob_{*U_i}(u \geq x | x = y),$$

was dem Möglichkeitsgrad entspricht, daß der größte Wert von U_i größer ist als der größte Wert von U_j.

---

[127] Einen ähnlichen Ansatz verfolgen Tsukamoto et al. (1983), der aber nicht die gleiche logische Konsistenz wie der Ansatz von Dubois/Prade aufweist, und daher hier nicht diskutiert werden soll.

[128] Entspricht dem Rangordnungsverfahren von Baas/Kwakernaak (1977).

(3) Notwendigkeitsgrad der Dominanz

$$ND(\tilde{U}_i) = \inf\left\{ \sup_{u_j \leq u_i} \left\{ \max\{1 - \mu_i(u_i), \mu_j(u_j)\} \middle| u_j \in U \right\} \middle| u_i \in U \right\}.$$

Dies ist äquivalent zu

$$\max_{y} \min_{y \leq x} \left(1 - U_i^*(x), U_j^*(y)\right),$$

d.h. verglichen wird die obere Wahrscheinlichkeit von U_j:

$$U_j^*(y) = prob_{U_j}^*(v \leq y)$$

und das Komplement der oberen Wahrscheinlichkeit von U_i:

$$1 - U_i^*(x) = prob_{U_i}^*(u \geq x | x = y),$$

was dem Notwendigkeitsgrad entspricht, daß der kleinste Wert von U_i größer ist als der kleinste Wert von U_j.

(4) Notwendigkeitsgrad der strengen Dominanz

$$NSD(\tilde{U}_i) = 1 - PD(\tilde{U}_j).$$

Dies ist äquivalent zu

$$\max_{y} \min_{y \leq x} \left(1 - U_i^*(x), U_{j*}(y)\right),$$

d.h. verglichen wird die untere Wahrscheinlichkeit von U_j:

$$U_{j*}(y) = prob_{*U_j}(v \leq y)$$

und das Komplement der oberen Wahrscheinlichkeit von U_i:

$$1 - U_i^*(x) = prob_{U_i}^*(u \geq x | x = y),$$

was dem Notwendigkeitsgrad entspricht, daß der kleinste Wert von U_i größer ist als der größte Wert von U_j.

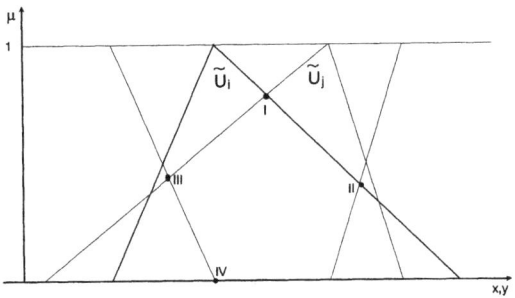

Abbildung 8.1: Die Kriterien von Dubois und Prade

Die Zugehörigkeitswerte für die entsprechenden vier Auswahlmengen lassen sich dann als Minimum über allen Paarvergleichen bestimmen. Sofern sich dabei für alle vier Kriterien das gleiche Ranking ergibt, hat man ein klares Entscheidungskriterum zur Verfügung. Sofern dies nicht der Fall ist, bieten die vier Kriterien die Möglichkeit einer nach Risiko- bzw. Unsicherheitsaversion abgestuften Entscheidung, denn Kriterium (4) ist ausschließlich an unteren Wahrscheinlichkeiten orientiert, ist also als "vorsichtig" oder "unsicherheitsavers" zu bezeichnen, während Kriterium (1) nur obere Wahrscheinlichkeiten berücksichtigt, also als "unsicherheitsfreudig" einzustufen ist.

Auch im Rahmen eines maßtheoretischen Ansatzes schlagen Delgado et al. (1988) ein Rankingverfahren vor. Sie gehen in ihrer Verallgemeinerung noch weiter, indem sie beliebige obere und untere Wahrscheinlichkeiten als Interpretation der Zugehörigkeitswerte und konsequenterweise entsprechend alle t-Normen als Verknüpfungsoperatoren zulassen. Ausgangspunkt ist ein λ-Fuzzy-Maß, das ja sowohl sub- wie auch superadditive Maße erzeugen kann, und daher als besonders flexibel angesehen werden kann. Damit konstruieren sie dann eine Fuzzy-Präferenzrelation über den Fuzzy-Alternativen[129]:

$$\mu_R(\tilde{U}_i, \tilde{U}_j) = 1 - \sup_{u \in U} \left(t(f_i(u), \mu_j(u)) \right) \quad \text{mit} \quad f_i(u) = \frac{(1+\lambda)U_i^*(u)}{1+\lambda U_i^*(u)}$$

$$\mu_R(\tilde{U}_j, \tilde{U}_i) = 1 - \sup_{u \in U} \left(t(g_i(u), \mu_j(u)) \right) \quad \text{mit} \quad g_i(u) = \frac{1-U_{i*}(u)}{1+\lambda U_{i*}(u)}.$$

Für $\lambda = 0$ entspricht f_i bzw. g_i genau der oberen Wahrscheinlichkeit bzw. dem Komplement der unteren Wahrscheinlichkeit und damit dem linken bzw. rechten Ast der Fuzzy-Zahl. In diesem Fall ist das Verfahren eine Verallgemeinerung der Kriterien (3) und (4) von Dubois/Prade, wenn statt des min-Operators eine beliebige t-Norm zugelassen wird. Ein positives λ führt zu einer positiven monotonen Transformation, was, wenn bereits obere Wahrscheinlichkeiten betrachtet werden, inhaltlich nicht mehr sinnvoll ist, es sei denn, man unterstellt eine nicht-lineare Risikobewertung in der Nutzenfunktion. Ein negatives λ ermöglicht dagegen die Orientierung an Werten innerhalb der oberen und unteren Wahrscheinlichkeiten. Für Sensitivitätsanalysen im oben angesprochenen Sinne erscheint eine derartige Differenzierung jedoch überflüssig, da es dann sinnvoll ist, den gesamten in Frage kommenden Bereich zu untersuchen, d.h. die Werte bei den oberen und unteren Wahrscheinlichkeiten abzuschätzen, womit man letztendlich wieder beim Ansatz von Dubois/Prade wäre. Lediglich die Verwendung beliebiger t-Normen stellt dann noch eine Verallgemeinerung dar, deren inhaltliche Interpretation jedoch noch genauerer Untersuchungen bedarf.

Auch Saade und Schwarzlander (1992) verwenden Funktionen, die den oberen und unteren Wahrscheinlichkeiten, wie sie oben zur Interpretation von Fuzzy-Zahlen beschrieben wurden, entsprechen, ohne allerdings selbst einen maßtheoretischen Zusammenhang herzustellen. Sie benutzen diese Funktionen zur Verallgemeinerung des traditionellen Maximax-, Maximin- und Hurwitzkriteriums für Fuzzy-Intervalle.

---

[129] Zur genauen Herleitung siehe Delgado et al. (1988).

Dazu definieren sie zunächst linke und rechte Maxima der beiden zu vergleichenden Fuzzy-Zahlen, die letztendlich den Possibilitätsgraden der linken und rechten Ränder der Vereinigung der beiden Fuzzy-Mengen entsprechen:

linkes Maximum: $\tilde{U}_i \vee_l \tilde{U}_j = \{(z, \mu_{i \vee_l j}(z))\}$ mit

$$\mu_{i \vee_l j}(z) = \sup_{z = x \vee y} \left(\min\{U_i^*(x), U_j^*(y)\} \right)$$

rechtes Maximum: $\tilde{U}_i \vee_r \tilde{U}_j = \{(z, \mu_{i \vee_r j}(z))\}$ mit

$$\mu_{i \vee_r j}(z) = \sup_{z = x \vee y} \left(\min\{1 - U_{i^*}(x), 1 - U_{j^*}(y)\} \right)$$

Mittels einer Distanzfunktion werden dann die Verallgemeinerungen der bekannten Prinzipien definiert:

- <u>Maximax-Prinzip</u>:

$$\tilde{U}_i \succ \tilde{U}_j \Leftrightarrow \int_{-\infty}^{\infty} \left| (1 - U_{i^*}(z)) - \mu_{i \vee_r j}(z) \right| dz < \int_{-\infty}^{\infty} \left| (1 - U_{j^*}(z)) - \mu_{i \vee_r j}(z) \right| dz,$$

wobei die rechten Ränder der Fuzzy-Zahlen, d.h. also die maximalen Nutzenwerte verglichen werden.

- <u>Maximin-Prinzip</u>:

$$\tilde{U}_i \succ \tilde{U}_j \Leftrightarrow \int_{-\infty}^{\infty} \left| U_i^*(z) - \mu_{i \vee_l j}(z) \right| dz < \int_{-\infty}^{\infty} \left| U_j^*(z) - \mu_{i \vee_l j}(z) \right| dz,$$

bei dem die linken Ränder, d.h. also die minimalen Nutzenwerte verglichen werden.

- <u>Hurwitz-Prinzip</u>:

$$\tilde{U}_i \succ \tilde{U}_j \Leftrightarrow \int_{-\infty}^{\infty} \left| (1 - U_{i^*}(z)) - \mu_{i \vee_r j}(z) \right| dz + \int_{-\infty}^{\infty} \left| U_i^*(z) - \mu_{i \vee_l j}(z) \right| dz <$$

$$\int_{-\infty}^{\infty} \left| (1 - U_{j^*}(z)) - \mu_{i \vee_r j}(z) \right| dz + \int_{-\infty}^{\infty} \left| U_j^*(z) - \mu_{i \vee_l j}(z) \right| dz$$

das eine Kombination von Maximax- und Maximin-Prinzip darstellt. Saade und Schwarzlander zeigen zudem, daß dieses Kriterium mit dem Rangordnungsverfahren von Yager (1981) übereinstimmt und weisen nach, daß ihr Kriterium der totalen Distanz (also das symmetrische Hurwitzkriterium) mit dem Yager-Index identisch ist, wie auch mit dem von Kaufmann und Gupta (1985).

Bei all diesen Verfahren ist jedoch als Kritik die ausschließliche Verwendung von *min-max*-Operatoren anzumerken, denn wie bereits oben erläutert wurde, sind sie zur Verknüpfung von Possibilitätsfunktionen nur dann geeignet, wenn positive Korrelation vorliegt. Dies kann man zwar für den rechten und linken Rand jeder einzelnen Fuzzy-Menge unterstellen, nicht jedoch für zwei zu vergleichende Fuzzy-

Zahlen oder Fuzzy-Nutzenmengen. Sofern also keine Zusatzinformationen Hinweise auf eine positive Korrelationsstruktur der beiden zu vergleichenden Fuzzy-Mengen geben, scheint die ausschließliche Verwendung dieser Operatoren doch eine sehr einseitige Betrachtungsweise. Entweder läßt sich bei verschiedenen Handlungsalternativen begründet Unabhängigkeit vermuten, womit die algebraischen Operatoren anzuwenden wären, oder man sollte im Sinne einer Sensitivitätsanalyse die gesamte Bandbreite analysieren und entsprechende Kriterien auch für andere t-Normen entwickeln, insbesondere für die beschränkten Operatoren als anderes Extrem.

f) Fuzzy-Mittelwert und Streuung

Schließlich gibt es noch einige Verfahren, die in Analogie zu scharfen Erwartungswertkriterien, sog. Fuzzy-Erwartungswerte bestimmen und daraus einen Bewertungsindex konstruieren. Beim sog. Fuzzy-Erwartungswert handelt es sich um eine mit den Zugehörigkeitswerten gewichtete Integration über alle Nutzenwerte (vgl. z.B. Lee/Li 1988):

$$m(\tilde{U}_i) = \frac{\int_U u \cdot \mu_i(u) du}{\int_U \mu_i(u) du}$$

wobei $\int_U \mu_i(u) du =: p(\tilde{U}_i)$ auch als Wahrscheinlichkeit des Fuzzy-Ereignisses $\tilde{U}_i$ bezeichnet wird.

Yager (1980a) verallgemeinert diesen Ansatz, indem er zusätzlich eine Gewichtungsfunktion über u zuläßt:

$$u_\circ = \frac{\int_0^1 g(u) \mu_i(u) du}{\int_0^1 \mu_i(u) du} \cdot$$

Da allein aufgrund der Mittelwerte häufig die Lösung noch nicht eindeutig ist, schlagen Lee/Li (1988) darüber hinaus die Verwendung der "Varianz" vor, die sie dann folgendermaßen definieren:

$$\text{var}(\tilde{U}_i) = \frac{1}{p(\tilde{U}_i)} \int_U \left(u - m(\tilde{U}_i)\right)^2 \mu_i(u) \, du.$$

Sofern also Mittelwerte keine Unterscheidung liefern, soll diejenige Alternative mit der kleineren Varianz vorgezogen werden.

Letztlich werden die Zugehörigkeitswerte bei diesen Ansätzen wie die Wahrscheinlichkeiten bzw. Dichten im wahrscheinlichkeitstheoretischen Ansatz behandelt. Da diese aber von der Intention her schon unterschiedlich sind und auch rein formal nicht den Bedingungen von Wahrscheinlichkeitsmaßen genügen, erscheint die Vorgehensweise - Multiplikation und Lebesque-Stieltjes-Integral - konzeptionell verfehlt.

Ein weiterer Ansatz, der dieses Problem explizit berücksichtigt, wurde von Dubois und Prade (1987) sowie von Heilpern (1992, 1993) vorgeschlagen, die diesen allerdings voneinander unabhängig und mit einer unterschiedlichen Herangehensweise entwickelt haben. Während Dubois und Prade von der Interpretation der Zugehörigkeitswerte einer Fuzzy-Zahl als Possibilitätsmaße ausgehen, unterstellt Heilpern eine zufällige Intervallmenge, d.h. eine zufällige Menge, deren Bilder aus Intervallen besteht. Da aber, wie oben in Kap. 5 ausgeführt wurde, von einer Konturfunktion nicht eindeutig auf die zugrunde liegende zufällige Menge geschlossen werden kann, ist es nicht erstaunlich, daß beide Vorgehensweisen das gleiche Resultat liefern. Letztlich benutzen beide das sog. Choquet-Integral[130] zur Integration der Konturfunktion, als die sie die Zugehörigkeitsfunktion der Fuzzy-Zahl[131] ansehen, um damit den linken und rechten Rand des "Erwartungsintervalls" zu bestimmen:

$$EI(\tilde{A}) = [E_l, E_r]$$

$$= \left[\int_{m_1-\alpha}^{m_1} x \, d\mu_A(x), - \int_{m_{2+\beta}}^{m_2} x \, d\mu_A(x) \right]$$

wobei $\tilde{A} = (m_1, m_2, \alpha, \beta)$ ein Fuzzy-Intervall.

Als Erwartungswert der Fuzzy-Zahl wird dann der Mittelwert des Erwartungsintervalls bezeichnet. Wie Heilpern (1992) zeigt, ist dieser Erwartungswert identisch mit der von Kaufmann und Gupta (1988) als "ordinary number associated with fuzzy number" bezeichneten Distanz vom Ursprung.

Auch für Fuzzy-Nutzen können auf diese Art Erwartungswerte berechnet werden, die dann eine Ordnung auf den verschiedenen Alternativen bilden.

Zusammenfassend erscheinen die Rangordnungsverfahren bis auf wenige Ausnahmen sehr heuristisch. Meist werden sie intuitiv begründet, ohne daß eine entscheidungstheoretische Konzeption zugrunde liegt. Nur vereinzelt werden sie als systematische Verallgemeinerung von klassischen Entscheidungskriterien angegangen. Insbesondere wird die Verwendung der Verknüpfungsoperatoren im Hinblick auf ihre Angemessenheit kaum hinterfragt. So führt die ausschließliche Verwendung der *min-max*-Operatoren zu dem vielfach kritisierten Problem bei den einfachen Kriterien, daß sie häufig nur von einem einzigen Vergleich abhängen, was dann letztlich Anstoß für die Entwicklung neuer komplexerer Verfahren war, die jedoch nicht unbedingt überzeugender sind. Schreibt man allerdings die einfachen Verfahren, wie z.B. das von Baas/Kwakernaak, mittels t-Normen und verwendet andere Verknüpfungsoperatoren, so mag das Ergebnis deutlich anders aussehen.

---

[130] Vgl. Choquet (1953). Das Choquet-Integral wird im nachfolgenden Abschnitt noch ausführlich erläutert.

[131] Es ist allerdings nicht notwendig, daß es sich dabei um eine Fuzzy-Zahl handelt. Der Ansatz läßt sich auf jede konvexe Fuzzy-Menge anwenden.

Damit erhebt sich die Frage, ob aus maßtheoretischer Sicht die *min-max*-Operatoren überhaupt angebracht sind. Wie bereits mehrfach erläutert wurde, kann man beim Vergleich zweier Handlungsalternativen und ihrer Nutzenbewertung kaum eine positive Korrelationsstruktur der zugrunde liegenden zufälligen Mengen annehmen, sondern sollte eher Unabhängigkeit unterstellen. Nun muß man hier allerdings konzedieren, daß die Rangordnungsverfahren nicht primär zur Ordnung von Nutzenwerten entwickelt wurden, sondern allgemein zur Ordnung beliebiger Fuzzy-Mengen, und in anderen Zusammenhängen mögen die verwendeten Operatoren durchaus ihre Berechtigung haben. Eine unkritische Anwendung auf entscheidungstheoretische Fragestellungen erscheint jedoch problematisch.

Um jedoch die Robustheit der Ergebnisse gegenüber unterschiedlichen Abhängigkeitsstrukturen zu untersuchen, sollten Sensitivitätsanalysen mit unterschiedlichen Verknüpfungsoperatoren durchgeführt werden, was ja mit der Verfügbarkeit der unterschiedlichen t-Normen, die zudem eine klare maßtheoretische Interpretation haben, ohne weiteres zu bewerkstelligen ist. Aber auch, wenn man der maßtheoretischen Interpretation von Fuzzy-Mengen nicht folgen mag, ist eine derartige Sensitivitätsanalyse grundsätzlich anzuraten, die dem Entscheider auf jeden Fall zusätzliche Informationen liefert. Und sofern die Kriterien in allgemeiner Form mit t-Normen formuliert werden, hält sich der Aufwand einer solchen Sensitivitätsanalyse auch in Grenzen.

8.4 Unscharfer Erwartungsnutzen

Neben diesen Ansätzen, die eine Gesamtbewertung einer Aktion insgesamt abzubilden versuchen, gibt es nun verschiedene Vorschläge, in Analogie zum Erwartungsnutzenkonzept unscharfe erwartete Nutzen von Aktionen zu bestimmen. Das klassische Erwartungsnutzenkonzept ist dadurch gekennzeichnet, daß entsprechend dem Bernoulli-Prinzip die bewerteten Ergebnisse von Aktionen bei unterschiedlichen Zuständen mit den Eintrittswahrscheinlichkeiten dieser Zustände gewichtet werden. Es geht also um die angemessene Berücksichtigung der durch die Verkettung von Ergebnisfunktion und elementarer Nutzenfunktion $v \circ e$ erzeugten Zufallsvariablen in der Nutzenfunktion mittels des Präferenzfunktionals ψ.

Bei der weicheren Modellierung werden nun Verallgemeinerungen auf beiden Ebenen vorgenommen. So gibt es Ansätze, die zwar am wahrscheinlichkeitstheoretischen Konzept der Wissensrepräsentierung der Eintrittschancen festhalten, dieses aber auf verallgemeinerte, unscharfe Ergebnisbewertungen anwenden. Andere Ansätze unterstellen ein geringeres Wissen über die Eintrittschancen verschiedener Zustände und verwenden Fuzzy-Wahrscheinlichkeiten oder nicht-additive Wahrscheinlichkeiten und ein anderes Präferenzfunktional. Schließlich gibt es Ansätze, die Unschärfe auf beiden Ebenen zulassen.

Tabelle 8-3 gibt eine Übersicht über die verschiedenen Modellierungstypen.[132]

---

[132] Eine ausführliche Diskussion der meisten Ansätze, vor allem unter dem Gesichtspunkt einer präskriptiven Theorie und der Anwendungsmöglichkeiten für entscheidungsunterstützende Verfahren, ist bei Rommelfanger (1988) zu finden, eine kritische Beurteilung unter entscheidungstheoretischen Gesichtspunkten bei Bosch (1993).

Tabelle 8-3: Typen der Modellierung von Unsicherheit bei der Bewertung von Aktionen

	$v \circ e(a_i, s_j)$	$v \circ e(a_i, \tilde{s}_j)$	$\widetilde{v \circ e}(a_i, s_j)$
Wahrscheinlichkeiten $p(s_j)$	Erwartungsnutzen	Fuzzy-Zustände	Fuzzy-Erwartungswerte Erwartete Zugehörigkeitswerte
Fuzzy-Wahrscheinlichkeiten $\tilde{p}(s_j)$			Fuzzy-probabilistische Entscheidungen
Possibilitäten $\pi(s_j)$			Possibilistische Entscheidungen
nicht-additive Wahrscheinlichkeiten $\mu(s_j)$	Choquet-Erwartungsnutzen LPI		

8.4.1 Fuzzy-Zustände

Von Zadeh (1968) wurde sehr früh der Vorschlag eingebracht, die beiden verschiedenen Unsicherheitsquellen zu trennen. Einerseits geht er davon aus, daß über das Eintreten bestimmter Zustände Information in Form von Wahrscheinlichkeiten vorliegt, und andererseits definiert er Fuzzy-Ereignisse, die bei ihm dadurch gekennzeichnet sind, daß verschiedene mögliche scharfe Zustände einem unscharfen Ereignis zugeordnet werden können. Als Beispiel nennt er das Ereignis "ein warmer Tag", dem die verschiedenen scharfen Temperaturen jeweils mit einem bestimmten Zugehörigkeitsgrad angehören. Die Wahrscheinlichkeit dieses Fuzzy-Ereignisses ist dann

$$P(\tilde{S}) = \int_{x \in S(\tilde{S})} \mu_S(x) dp = E(\mu_S). \tag{8.16}$$

Dieser Ansatz wurde dann von verschiedenen Autoren für entscheidungstheoretische Fragen genutzt[133], indem sie das Bernoulli-Prinzip auf diese Fuzzy-Ereignisse anwenden. Es werden also scharfe Nutzen $u(a_i, \tilde{S}_j)$ in Abhängigkeit der Aktionen und der Fuzzy-Zustände definiert[134], wobei Fuzzy-Zustände auch durch mehrere

---

[133] Z.B. Tanaka et al. (1976) und Sommer (1980).

[134] Es wird also die Verkettung von Ergebnis- und elementarer Nutzenfunktion betrachtet.

Fuzzy-Ereignisse über unterschiedlichen Parameterräumen gleichzeitig gekennzeichnet sein können. Die Fuzzy-Zustände sind jedoch disjunkt, d.h. es kann immer nur ein Fuzzy-Zustand eintreten.[135] Entsprechend dem üblichen Erwartungsnutzenkonzept kann dann mit den nach (8.16) berechneten Wahrscheinlichkeiten der Fuzzy-Erwartungsnutzen berechnet werden.

Wie allerdings bereits Tanaka et al. (1976) bemerken, ist es dazu notwendig, daß die $P(\tilde{S}_i)$ auch den Bedingungen von Wahrscheinlichkeiten genügen, wofür gelten muß

$$\sum_{i \in I} P(\tilde{S}_i) = 1 \qquad \text{mit } I: \text{Indexmenge des Zustandsraumes } S.$$

Damit dies erfüllt ist, muß wiederum

$$\sum_{i \in I} \mu_{S_i}(x) = 1$$

gelten, d.h. die Fuzzy-Zustände müssen orthogonal sein. Dies ist immer erfüllt, wenn zur Komplementbildung das Fuzzy-Komplement $\mu_{A^C}(x) = 1 - \mu_A(x)$ verwendet wird und sich bei linguistischen Variablen die Zugehörigkeitswerte eines Elements der Grundgesamtheit zu den verschiedenen Ausprägungen zu 1 addieren. Daß dies u.U. eine sinnvolle Forderung ist, wurde bereits in Kapitel 5 diskutiert. Ist dies allerdings nicht gefordert, wie dies in der Literatur zu linguistischen Variablen häufig als besondere Möglichkeit der unscharfen Modellierung hervorgehoben wird, so erfüllen die nach (8.16) berechneten Werte nicht die Bedingungen eines Wahrscheinlichkeitsmaßes und können daher auch nicht als solche verwendet werden.

8.4.2 Fuzzy-Erwartungswerte

Beim Konzept des Fuzzy-Erwartungswertes wird davon ausgegangen, daß das Wissen bezüglich der Eintrittschancen verschiedener Zustände in Form von objektiven oder subjektiven Wahrscheinlichkeiten repräsentiert werden kann, der Entscheider aber nur in der Lage ist, unscharfe zustandsabhängige Nutzenwerte anzugeben. Die Unschärfe mag dabei bei der Bewertung entstehen (z.B. Watson et al. 1979) oder aus unscharfen Aktionen resultieren (z.B. Mathieu-Nicot 1986).

Watson et. al. (1979) definieren dabei den Erwartungswert einer Alternative a_i als

$$\tilde{E}(a_i) = \left\{ \left(\hat{u}, \mu_i^E(\hat{u}) \right) \middle| \hat{u} \in \mathbb{R} \right\} \quad \text{mit}$$

$$\mu_i^E(\hat{u}) = \sup_{(u_1,\ldots,u_n) \in U^n} \left\{ \min\{\mu_{i1}(u_1),\ldots,\mu_{in}(u_n)\} \right\}$$

$$\hat{u} = \sum_{j=1}^{n} u_j \cdot p(s_j)$$

wobei μ_{ij} den Zugehörigkeitsgrad zum Fuzzy-Nutzen $\tilde{U}(a_i, s_j)$ kennzeichnet.

Mit den erweiterten Operatoren läßt sich dieser Erwartungswert auch schreiben als

---
[135] Dies gilt allerdings nicht für die jeweiligen stützenden Mengen, andernfalls hätte man den Spezialfall der scharfen Zustände.

$$\tilde{E}(a_i) = \tilde{U}(a_i, s_1) \odot p(s_1) \oplus \ldots \oplus \tilde{U}(a_i, s_n) \odot p(s_n).$$

Inhaltlich bedeutet dieser Ansatz, daß sämtliche möglichen Erwartungswerte gebildet werden, d.h. es werden alle möglichen Nutzenkonstellationen kombiniert und der entsprechende Erwartungswert ausgerechnet. Für jeden dieser Erwartungswerte wird dann der Zugehörigkeitsgrad zum Fuzzy-Erwartungswert unter Verwendung der *min-max*-Operatoren aus den Zugehörigkeitsgraden zu den zustandsabhängigen Fuzzy-Nutzen bestimmt.

Da die so berechneten Fuzzy-Erwartungsnutzen auch wieder Fuzzy-Mengen sind, legen sie noch keine eindeutige Ordnung über den Aktionen fest. Sie müssen also noch mittels eines Rangordnungsverfahrens geordnet werden.

Die Probleme, die mit vielen Rangordnungsverfahren verbunden sind, wurden bereits in Abschnitt 8.3.2 diskutiert. Ansonsten erscheint der Ansatz aus maßtheoretischer Sicht eine angemessene Verallgemeinerung des Erwartungsnutzenkonzeptes, sofern die zustandsabhängigen Ergebnisse oder deren Bewertung nur vage beschrieben werden können. Die Verwendung der *min-max*-Operatoren läßt sich mit geringen Zusatzannahmen auch maßtheoretisch begründen. Sofern man nämlich unterstellt, daß der Zufallsprozeß der zugrunde liegenden zufälligen Mengen vom jeweiligen Zustand unabhängig ist, so unterscheiden sich die zufallsabhängigen Fuzzy-Nutzen einer Aktion nur im Niveau und evtl. einer monotonen Transformation der Zugehörigkeitsfunktion. Die sie generierenden zufälligen Mengen sind dann positiv korreliert.

8.4.3 Erwartete Zugehörigkeitswerte

Eine andere Möglichkeit zur Kombination von unscharfen Nutzenbewertungen und Wahrscheinlichkeiten über die verschiedenen Zustände wurde von Rommelfanger (1984) vorgeschlagen. Er benutzt die verfügbare Information über die Eintrittschancen der Zustände, um den Erwartungswert der Zugehörigkeitswerte zur Nutzenbewertung der Alternative *i* zu bestimmen:

$$\tilde{U}^B(a_i) = \left(u, \mu_i^B(u) | u \in U\right) \quad \text{mit}$$

$$\mu_i^B(u) = \sum_{j=1}^{n} \mu_{ij}(u) \cdot p(s_j)$$

Auch hier erhält man als Ergebnis wieder Fuzzy-Nutzenbewertungen der Alternativen, die noch mittels Rangordnungsverfahren in eine Ordnung gebracht werden müssen.

Eine Bewertung dieses Ansatzes ist nicht einfach, da hier eine konzeptionell völlig andere Vorgehensweise gewählt wurde, die nicht ohne weiteres mit den anderen Ansätzen vergleichbar ist. Die Grundidee erscheint aus entscheidungstheoretischer Sicht sehr plausibel, wenn man von einer Interpretation der Zugehörigkeitswerte als Wahrheitswerte ausgeht. Daß der Wahrheitsgehalt einer Aussage wie "das Ergebnis einer Aktion a_i liefert einen Nutzen u_i" von dem jeweiligen eintreffenden Zustand s_j abhängt und die Entscheidung am erwarteten Wahrheitsgehalt ausgerichtet wird, ist ebenfalls eine konsequente Verallgemeinerung des klassischen Entscheidungskalküls mittels mehrwertiger Logik. Hier wird wieder besonders deutlich, daß es mehrere sinnvolle Verallgemeinerungen gibt, womit wiederum die

Frage nach den angemessenen Rationalitätskriterien im Fuzzy-Kontext aufgeworfen wird.

Aus maßtheoretischer Sicht entspricht der Vorschlag Rommelfangers formal einer Verallgemeinerung der Wahrscheinlichkeiten zweiter Ordnung, deren intensivere Diskussion auch in der Wahrscheinlichkeitstheorie noch relativ jung ist.[136] Verallgemeinungen auf zufällige Mengen sind in der Literatur noch nicht zu finden.

8.4.4 Fuzzy-probabilistische Entscheidungen

Gerade den umgekehrten Weg schlagen Watson et al. (1979), Freeling (1980) und Dubois/Prade (1982b) ein, die zwar auch bezüglich der Eintrittschancen künftiger Zustände eine zweite Ungewißheitsebene zulassen, allerdings indem sie die Eintrittswahrscheinlichkeiten als Fuzzy-Zahlen modellieren:

$$\tilde{P}(s_j) = \left\{ \left(p, \mu_{p_j}(p)\right) \mid p \in [0,1] \right\}.$$

In Analogie zum oben beschriebenen Fuzzy-Erwartungsnutzen läßt sich dann der Fuzzy-Erwartungsnutzen bei Fuzzy-Wahrscheinlichkeiten berechnen als

$$\tilde{E}^P(a_i) = \left\{ \hat{u}, \mu_i^P(\hat{u}) \mid \hat{u} \in U \right\} \quad \text{mit}$$

$$\mu_i^P(\hat{u}) = \sup \left\{ \min\left(\mu_{i1}(u_1), \ldots, \mu_{in}(u_n), \mu_{p1}(p_1), \ldots, \mu_{pn}(p_n) \right) \right\}$$

wobei $(u_1, \ldots, u_n, p_1, \ldots, p_n) \in U^n \times [0,1]^n$

$$\hat{u} = \sum_{j=1}^{n} u_j p_j \quad \wedge \quad \sum_{j=1}^{n} p_j = 1$$

Da zusätzlich zu den normalen Restriktionen des Erweiterungsprinzips auch noch die Additivitätsbedingung der Wahrscheinlichkeitsrechnung beachtet werden muß, ist die Berechnung dieses Erwartungswertes sehr aufwendig, wie Rommelfanger (1988: 126ff.) deutlich demonstriert.

Zudem ist diese Vorgehensweise auch inhaltlich nicht sehr überzeugend. Wenn die Informationen so gering sind, daß der Entscheider weder eine scharfe Bewertung noch scharfe Eintrittswahrscheinlichkeiten für künftige Zustände anzugeben vermag, stellt sich die Frage, warum überhaupt am wahrscheinlichkeitstheoretischen Konzept festgehalten wird und die Eintrittschancen nicht mittels nicht-additiver Maße berücksichtigt werden.

8.4.5 Possibilistische Entscheidungsmodelle

Die possibilistischen Entscheidungsmodelle (vgl. Yager 1979, Whalen 1984) versuchen das Entscheidungsproblem in einem ordinalen Kontext zu lösen. Die situationsabhängigen Nutzenbewertungen der Handlungsalternativen werden dabei als Zugehörigkeitswerte zur Fuzzy-Menge der voll befriedigenden Ergebnisse[137] und die

---

[136] Vgl. z.B Good (1952, 1980), Lindley et al. (1979), Levi (1985) und zu einem zusammenfassenden Überblick Pearl (1988: 7.3) und Walley (1991: 5.10).

[137] Vgl. Yager (1979). Whalen (1984) betrachtet dagegen die Fuzzy-Menge der unerwünschten Zustände.

Eintrittschancen der Umweltzustände als Zugehörigkeitswerte zur Fuzzy-Menge des wahren Zustands modelliert. Der possibilistische Erwartungswert ergibt sich dann als

$$u(a_i) = \max_{s_j \in S} \min\bigl(v(a_i, s_j), \pi_{ij}(s_j)\bigr),$$

wobei im reinen ordinalen Kontext nur die *min-max*-Operatoren verwendet werden können.

Gerade diese Beschränkung ist dann auch der kritische Punkt des Ansatzes. Denn es werden damit Vergleiche zwischen den Zugehörigkeitswerten zweier verschiedener Fuzzy-Mengen verlangt, die letztlich nicht vergleichbar sind, nämlich ob ein Ergebnis genauso befriedigend ist wie ein Zustand möglich. Die gemeinsame Bezeichnung als "Zugehörigkeitsgrad" oder auch eine Interpretation als "Wahrheitsgrad" allein legt noch keine gemeinsame Skala fest, die derartige Vergleiche erlauben würde. Diese gemeinsame Skala erfordert auch eine gemeinsame inhaltliche Referenz. Wie French (1984: 34) zu Recht bemerkt, benötigt man "a reference scale of 'membership of a set' in the same way that the auxiliary experiment forms a reference scale in the measurement of subjective probability".

Dazu kommt noch, daß der ordinale Rahmen einen direkten paarweisen Vergleich der Zugehörigkeitswerte erfordert, da eine allgemeine Referenzskala nur bei erfüllter Transitivitätsbedingung hinreicht, die ja aber gerade im allgemeinen nicht unterstellt werden soll. Der Entscheider muß also in der Lage sein, vorweg eine gemeinsame Rangfolge zu erstellen. Damit wird aber jedes Entscheidungskriterium überflüssig, das ja gerade das Bilden dieser Rangfolge aus den Zugehörigkeitswerten zu jeder Fuzzy-Menge leisten soll.

Aber auch, wenn man die Annahme des ordinalen Meßniveaus aufgibt und die Zugehörigkeitsgrade als Werte auf einer kardinalen Skala auffaßt, wie Mathieu-Nicot (1990) dies vorschlägt, gewinnen die possibilistischen Entscheidungsmodelle nicht an Überzeugungskraft. In diesem Fall kann man zwar mit der maßtheoretischen Interpretation eine inhaltliche Referenz angeben, nämlich die hypothetischen zugrunde liegenden zufälligen Mengen, die jedoch im allgemeinen keine gemeinsame Skala im Sinne einer Bewertungsfunktion erzeugen. Die Verknüpfung dieser unscharfen Mengen erfolgt dann in Verallgemeinerung des Erwartungsnutzenkriteriums als

$$u(a_i) = \bigcup_{s_j \in S} \bigl(v(a_i, s_j) \cap \pi_{ij}(s_j)\bigr),$$

wobei als Durchschnitts- und Vereinigungsoperatoren die *min-max*-Operatoren verwendet werden. Auch wenn nun $v(a_i, s_j)$ und $\pi_{ij}(s_j)$ als Possibilitätsfunktionen aufgefaßt werden können, kann man trotzdem nicht, wie bereits in Kapitel 5 dargelegt, die *min-max*-Operatoren von vornherein als die geeigneten Verknüpfungsoperatoren ansehen. Im allgemeinen muß man wohl eher Unabhängigkeit zwischen den Fuzzy-Mengen der voll befriedigenden Ergebnisse und des wahren Zustandes annehmen, womit andere Operatoren eher angebracht wären.

Dies weist auf die generelle Problematik des Entscheidungskriteriums auch im ordinalen Kontext hin, das nur rein formal einer Verallgemeinerung des klassischen Erwartungsnutzenkonzepts entspricht. So ist es inhaltlich keineswegs so plausibel, daß diejenige Alternative gewählt wird, die bei einem möglichen Zustand gleichzeitig einen hohen Nutzenwert und eine hohe Realisierungschance ungeachtet der Nutzenwerte bei den anderen Zuständen hat. Dies kommt eher einer Verallgemeinerung des klassischen Maximax-Kriteriums gleich, das von risikoaversen Individuen wohl kaum angewendet wird. Wie sehr dieser Ansatz realem Verhalten widerspricht, sei wiederum am Ellsberg-Paradoxon demonstriert.

Beispiel: Ellsberg-Paradoxon

Dazu müssen zunächst die Auszahlungen in Zugehörigkeitsgrade zur Fuzzy-Menge der voll befriedigenden Ergebnisse transformiert werden. Da allerdings bei den Wetten immer die volle Summe oder garnichts ausbezahlt wird, haben alle Zugehörigkeitsgrade den Wert 1 oder 0. Als Zugehörigkeitsgrade zur Fuzzy-Menge der möglichen wahren Umweltzustände bieten sich die in Tabelle 4-1 berechneten oberen Wahrscheinlichkeiten an, die eine Konturfunktion darstellen, die auch als Possibilitätsfunktion interpretiert werden kann.

Die Ergebnisse sind in Tabelle 8-4 dargestellt. Nach diesem Entscheidungskriterium wird Spiel B dem Spiel A vorgezogen, während Spiel C und Spiel D gleichwertig sind. Es ergeben sich also gerade die umgekehrten Abweichungen vom Erwartungsnutzenkonzept als in Experimenten beobachtet wird.

Tabelle 8-4: Possibilistische Entscheidung beim Ellsberg-Spiel

	normierte Auszahlung $v(a_i, s_j)$ bei Ziehung einer Kugel der Farbe			$\max_{s_j \in S} \min(v(a_i, s_j), \pi_{\tilde{y}}(s_j))$
	rot	blau	gelb	
Spiel A	1	0	0	⅓
Spiel B	0	0	1	⅔
Spiel C	1	0	1	⅔
Spiel D	0	1	1	⅔
$\pi_{\tilde{y}}(s_j)$	⅓	⅔	⅔	

8.4.6 Choquet-Erwartungsnutzen

Schließlich ist als letzter Ansatz der Entscheidungen bei Unschärfe das Konzept des sogenannten Choquet-Erwartungsnutzens zu nennen, das allerdings nicht im Rahmen der Fuzzy-Mathematik entwickelt wurde.[138] Da aber, wie in Kapitel 4 ge-

---

[138] Neuere umfassende Darstellungen dieses Ansatzes sind bei Wakker (1989) und Dyckerhoff (1994) zu finden.

zeigt wurde, Choquet-Kapazitäten als Fuzzy-Maße aufgefaßt werden können, kann dieser Ansatz vollständig im Rahmen der Fuzzy-Mathematik interpretiert werden. So wird er in jüngster Zeit auch zunehmend von Fuzzy-Mathematikern verwendet.[139]

Bei diesem Ansatz wird im Vergleich zum traditionellen Erwartungsnutzenkonzept lediglich die Annahme fallengelassen, daß die Information über die Eintrittschancen der künftigen Zustände den Kriterien eines Wahrscheinlichkeitsmaßes genügt, und durch die Annahme von nicht-additiven Wahrscheinlichkeiten, d.h. Fuzzy-Maßen oder Choquet-Kapazitäten ersetzt. Der Erwartungswert bezüglich solcher nicht-additiver Wahrscheinlichkeiten läßt sich dann mit dem sogenannten Choquet-Integral berechnen, das ganz in Analogie zum Lebesgue-Stieltjes-Integral definiert ist.

Definition 8-1:

Sei μ ein Fuzzy-Maß auf $\mathcal{A}$, und $f:\Omega \to \mathbb{R}$ eine $\mathcal{A}$-meßbare Funktion, dann ist das *Choquet-Integral* definiert als

$$\int_\Omega f\, d\mu = \int_0^\infty \mu(\{\omega \in \Omega | f(\omega) \geq \tau\})\, d\tau + \int_{-\infty}^0 \left[\mu(\{\omega \in \Omega | f(\omega) \geq \tau\}) - 1\right] d\tau$$

Für reguläre Fuzzy-Maße ergibt sich dann der Pseudo-Erwartungswert von f. Ist μ ein normales Wahrscheinlichkeitsmaß, ist das Choquet-Integral mit dem Lebesgue-Stieltjes-Integral identisch.

Im diskreten Fall läßt sich das Choquet-Integral nun sehr anschaulich interpretieren (vgl. Wakker 1990). Dazu werden die Elemente der Grundgesamtheit Ω entsprechend der Auszahlungsfunktion f fallend geordnet.

Für $\Omega = \{\omega_1, ..., \omega_n\}$ und $f(\omega_{(1)}) \geq f(\omega_{(2)}) \geq ... \geq f(\omega_{(n)})$ gilt dann

$$\int_\Omega f\, d\mu = \sum_{i=1}^n \left[f(\omega_{(i)}) - f(\omega_{(i+1)})\right] \cdot \mu(\{\omega_{(1)}, ..., \omega_{(i)}\})$$

$$= \sum_{i=1}^n f(\omega_{(i)}) \cdot \left[\mu(\{\omega_{(j)} | j \leq i\}) - \mu(\{\omega_{(j)} | j < i\})\right]$$

$$= \sum_{i=1}^n f(\omega_{(i)}) \cdot P(\{\omega_{(i)}\})$$

Das Choquet-Integral ergibt sich also als Summe der Auszahlungen aller Alternativen $i \in I$, die mit ihrem marginalen Beitrag zum Fuzzy-Maß über der Menge aller Alternativen, die mindestens so gut wie i sind, gewichtet werden, wie dies in Abbildung 8.2 dargestellt ist. Dieser marginale Beitrag einer Alternative i berechnet sich als Differenz der Maße über der Menge aller Alternativen, die im Ranking der

---

[139] Hier sind z.B. Dubois/Prade (1988b), Grabisch et al. (1992), Murofushi/Sugeno (1989 und 1991a/b) zu nennen.

Auszahlungen nicht hinter Alternative i stehen, und derjenigen, die im Ranking vor Alternative i stehen. Diese marginalen Beiträge erfüllen dann das Additivitätskriterium, womit das Choquet-Integral gleichzeitig auch eine Transformation eines Fuzzy-Maßes in ein Wahrscheinlichkeitsmaß liefert.

Sofern man nun statt der Funktion f die elementare Nutzenfunktion über den situationsabhängigen Ergebnissen $v \circ e$ verwendet, ergibt das Choquet-Integral als Präferenzfunktional ψ einen verallgemeinerten Erwartungsnutzen mit nicht-additiven Wahrscheinlichkeiten, auch Choquet-Erwartungsnutzen genannt:

$$u^C(a_i) = \psi\Big(v\big(e(a_i, s_j)\big), \mu\Big) = \int_{A \times S} v \circ e(a_i, s_j) \, d\mu.$$

Das Choquet-Integral läßt sich nun für alle Fuzzy-Maße berechnen, was einen Einsatz bei unterschiedlichen Informationslagen zuläßt. Ist der Entscheider in der Lage, für jeden möglichen künftigen Zustand konkrete Werte für die subjektive Einschätzung der Eintrittschancen anzugeben, so können die Werte direkt verwendet werden, ob sie nun additiv, super- oder subadditiv oder auch ganz beliebig sind. Können nur für einige Zustände Werte angegeben werden, so ist es vielfach möglich, mittels geeigneter t-Normen und t-Conormen die Fokalmengen zu bestimmen und die Einschätzungen für den restlichen Zustandsraum zu ergänzen (vgl. die Diskussion in Kapitel 5). Sind nur vage Einschätzungen der Eintrittschancen bekannt, die sich aber zumindest durch Intervalle im Sinne oberer und unterer Wahrscheinlichkeiten angeben lassen, können im Sinne einer Sensitivitätsanalyse mit dem Choquet-Integral obere und untere Erwartungswerte gebildet werden. Sofern diese für die gleiche Alternative maximal sind, hat der Entscheider ein hartes Entscheidungskriterium an der Hand. Ist dies nicht der Fall, wird letztlich die Risikoneigung des Entscheiders ausschlaggebend sein.

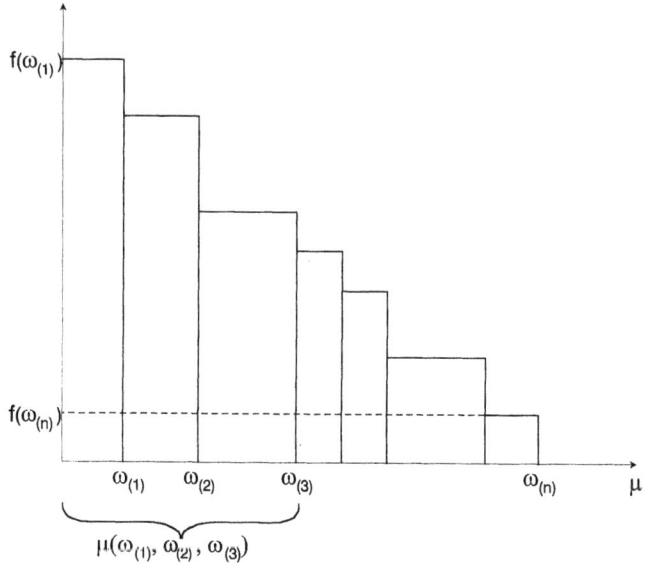

Beispiel: Ellsberg-Paradoxon

Dies soll ebenfalls am Beispiel des Ellsbergs-Paradoxons erläutert werden. Benutzt man die in Tabelle 4-1 berechneten Glaubwürdigkeits- und Plausibilitätsgrade im Ellsberg-Spiel, so ergeben sich mittels des Choquet-Integrals die Erwartungswerte, wie sie in Tabelle 8-5 dargestellt sind. Verwendet man die unteren Wahrscheinlichkeiten, so führt die Maximierung des Choquet-Erwartungsnutzens zu dem in Experimenten von der Mehrheit gezeigten Verhalten.[140] Die Verwendung der oberen Wahrscheinlichkeit würde dagegen genau das umgekehrte Verhalten induzieren. Dies wiederum legt den Schluß nahe, daß die Individuen mehrheitlich unsicherheitsavers sind.

Tabelle 8-5: Choquet-Erwartungswerte im Ellsberg-Spiel

	Auszahlung bei Ziehung einer Kugel der Farbe			Erwartungswert mit	Choquet-Erwartungswert mit	
	rot	blau	gelb	$prob(s_j)$	$Bel(s_j)$	$Pl(s_j)$
Spiel A	100	0	0	$100/3$	$100/3$	$100/3$
Spiel B	0	0	100	$100/3$	0	$200/3$
Spiel C	100	0	100	$200/3$	$100/3$	100
Spiel D	0	100	100	$200/3$	$200/3$	100
$prob(s_j)$	$1/3$	$1/3$	$1/3$	nach dem Prinzip des unzureichenden Grundes		
$m(.)$	$1/3$	$2/3$				
$Bel(s_j)$	$1/3$	0	0			
$Pl(s_j)$	$1/3$	$2/3$	$2/3$			

Das Konzept des Choquet-Erwartungsnutzens ist im übrigen identisch mit dem von Menges und Kofler entwickelten LPI-Konzept[141]. Bei diesem wird durch Restriktionen auf den Wahrscheinlichkeiten die Menge Π aller innerhalb dieser Grenzen liegenden Wahrscheinlichkeiten als Lösungsmenge des entsprechenden Ungleichungssystems bestimmt. Aus der Menge Π wird dann für jede Aktion jene Wahrscheinlichkeitsverteilung gesucht, die den minimalen Erwartungsnutzen aufweist. Im Sinne einer Verallgemeinerung des klassischen Maximin-Prinzips, bei dem jedoch die gesamte verfügbare Information über Eintrittswahrscheinlichkeiten genutzt wird, wird dann jene Aktion ausgewählt, die diesen minimalen Erwartungs-

---

[140] Wie Dyckerhoff (1994) zeigt, lassen sich auch viele andere Paradoxa mit dem Choquet-Erwartungsnutzenkonzept nachvollziehen.

[141] LPI steht für *Linear Partial Information*. Zur ausführlichen Beschreibung des Ansatzes siehe Kofler/Menges (1976), Menges/Kofler (1976), Menges (1981), Brachinger (1992) und zu einigen Anwendungsbeispielen Bühler (1981), Schelbert (1981), Zweifel (1981), Zimmermann et al. (1985), Kofler (1989). Offenbar unabhängig davon haben Jacob und Karrenberg (1977) einen vergleichbaren Ansatz entwickelt.

nutzen maximiert. Wie Menges und Kofler (1976) zeigen, kommen dafür nur die Extremalpunkte von Π in Frage.

So ist z.B. in Abbildung 8.3 die Lösungsmenge folgender Restriktionen auf den Wahrscheinlichkeiten dargestellt:

$$p_1 - p_2 \geq 0$$
$$p_2 - p_3 \geq 0$$
$$p_3 \geq 0$$
$$p_1 + p_2 + p_3 = 1$$

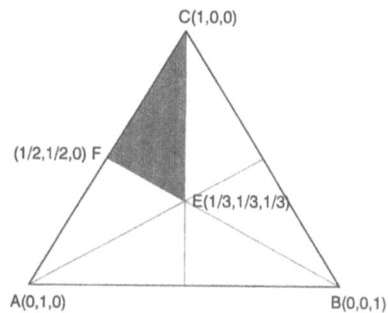

Daraus ergeben sich die oberen und unteren Wahrscheinlichkeiten

	1	2	3
P^*	1	½	⅓
P_*	⅓	0	0

Die Extremalpunkte sind die Punkte E, F und C. Nur für diese ist es notwendig, den Erwartungsnutzen auszurechnen. Berechnet man den Choquet-Erwartungsnutzen mittels der oberen und unteren Wahrscheinlichkeiten, so erhält man als die marginalen Beiträge zum Fuzzy-Maß ebenfalls genau einen dieser Punkte. Dabei kann je nach Auszahlungsfunktion jeder dieser Punkte der optimale sein.

Mit dem LPI-Ansatz erhält der Choquet-Erwartungswert eine äußerst anschauliche Interpretation, was allein schon für die Brauchbarkeit des Ansatzes spricht.[142] Darüber hinaus zeichnet sich das Konzept des Choquet-Erwartungsnutzens jedoch dadurch aus, daß seine Eigenschaften bereits umfassend untersucht und gewisse Rationalitätskriterien entwickelt worden sind, wie Stochastische Dominanz, Unsicherheitsaversion und Verallgemeinerungen der klassischen Rationalitätskriterien.[143]

Das doch sehr überzeugende Konzept des Choquet-Erwartungsnutzens, seine Anschaulichkeit und vergleichsweise einfache Handhabbarkeit, sowie seine Erklärungskraft haben in allerjüngster Zeit dazu geführt, daß das Instrument des Choquet-Integrals verstärkt in die Fuzzy-Mathematik einbezogen wird. Insbesondere gibt es einige Versuche, dieses Instrument weiter zu verallgemeinern. Immerhin werden wie beim klassischen Wahrscheinlichkeitskonzept zur Verknüpfung von Bewertungsfunktion und Fuzzy-Maß auf dem Zustandsraum einfache Multiplikation und Addition verwendet. Geht man nun aber von einer Fuzzy-mengentheoretischen Interpretation beider Funktionen aus[144], so stellt sich hier schon die

---

[142] Ebenfalls dafür spricht, daß beide Ansätze offensichtlich völlig unabhängig voneinander entwickelt wurden.

[143] Vgl. hierzu v.a. Chateauneuf (1988 und 1991), Nakamura (1990), sowie Wakker (1989) und Dyckerhoff (1994).

[144] Eine Normierung der Nutzenfunktion, um sie als Zugehörigkeitsfunktion zu einem Fuzzy-Ideal-Nutzen interpretieren zu können, ist dabei nicht notwendig, wenn man die beiden Werte beider Funktionen nicht wie im ordinalen Ansatz direkt miteinander vergleichen will.

Frage, welche Annahmen dies eigentlich impliziert und ob hier eine Verallgemeinerung möglich ist.

Verschiedene Versuche einer solchen Verallgemeinerung des Choquet-Integrals mittels t-Normen wurden in einigen neueren Arbeiten[145] vorgenommen. Für spezielle Klassen von Fuzzy-Maßen, den archimedischen und den nilpotenten, läßt sich ein verallgemeinertes Integral mittels t-Normen definieren, das die nützliche Eigenschaft der Repräsentation des Fuzzy-Maßes mittels eines Wahrscheinlichkeitsmaßes, wie sie das Choquet-Integral aufweist, beibehält. Insbesondere ist das von Sugeno (1974) vorgeschlagene Fuzzy-Integral als Spezialfall enthalten.

Ob dieser Versuch erfolgreich sein wird, läßt sich noch nicht absehen. Er scheint zumindest ein Schritt in eine vielversprechende Richtung zu sein. Insbesondere bietet eine solche Verallgemeinerung die Perspektive, evtl. auch unscharfe Nutzenwerte angemessen verarbeiten zu können. Ob dies gelingen wird und welche Eigenschaften dann derartige Modellierungen aufweisen, wird die zukünftige Forschung zeigen müssen.

---

[145] Vgl. Murofushi/Sugeno (1989, 1991a und b), de Campos/Jorge (1992), Grabisch et al. (1992), Grabisch (1995).

8.5 Fuzzy-Optimierungsmodelle

Optimierungsmodelle sind dadurch gekennzeichnet, daß der Aktionsraum nicht mehr aus diskreten, einzeln beschriebenen Alternativen besteht, sondern die Menge der zur Verfügung stehenden Alternativen durch eine oder mehrere Restriktionen beschränkt wird. Die Aktionen werden dann durch eine Kombination von Handlungsparametern beschrieben, die sowohl diskret als auch kontinuierlich sein können.

Bei Fuzzy-Optimierungsmodellen können nun sämtliche Variablen des Optimierungsproblems unscharf sein, sowohl der Zielwert und die Restriktionen als auch die Systemparameter, oder auch nur einige davon. Die Vorgehensweise zur Bestimmung der optimalen Lösung ist davon unabhängig. Sie ist bei allen Modelltypen im Prinzip gleich und geht auf das Modell von Bellmann/Zadeh (1970) zurück.[146]

- Zunächst werden die unscharfen und scharfen Restriktionen als Fuzzy-Mengen $\tilde{B}_1, ..., \tilde{B}_n$ dargestellt. Da sie alle gleichzeitig den Aktionsraum beschränken, bildet der Durchschnitt dieser Fuzzymengen die *Menge der zulässige Lösungen*

$$\tilde{B} = \bigcap_{i=1}^{n} \tilde{B}_i .$$

- In einem zweiten Schritt[147] werden dann auch die Ziele als Fuzzy-Mengen dargestellt, indem, sofern sie nicht bereits als Fuzzy-Mengen definiert sind, entweder die möglichen Ergebnisse in Abweichung zu einem fixierten Idealzielwert bewertet werden oder indem eine monoton steigende Zielfunktion, wie z.B. eine Nutzenfunktion, durch eine montone Transformation auf das Einheitsintervall beschränkt wird, mit einem normierten Anspruchsniveau von 1 als Asymptote. Sofern mehrere Ziele $\tilde{Z}_1, ..., \tilde{Z}_k$ gleichzeitig verfolgt werden, die nicht in einer gemeinsam spezifizierten Zielfunktion festgelegt sind, wird wiederum der Durchschnitt gebildet, der dann die *Menge der zufriedenstellenden Lösungen* angibt:

$$\tilde{Z} = \bigcap_{j=1}^{k} \tilde{Z}_j .$$

- Die *Lösungsmenge* umfaßt schließlich die Elemente, die sowohl die Restriktionen erfüllen als auch eine zufriedenstellende Lösung darstellen; sie ergibt sich damit wiederum als der Durchschnitt von Fuzzy-Zielen und Fuzzy-Restriktionen

$$\tilde{L} = \tilde{Z} \cap \tilde{B} = \tilde{Z}_1 \cap ... \cap \tilde{Z}_j \cap \tilde{B}_1 \cap ... \cap \tilde{B}_i .$$

- Aus dieser Fuzzy-Lösungsmenge wird dann jene Alternative mit dem größten Zugehörigkeitsgrad ausgewählt.

Üblicherweise wird dabei der *min*-Operator verwendet, womit sich das Entscheidungsproblem schreiben läßt als

---

[146] Zur Vorgehensweise im Detail bei den verschiedenen Modelltypen vgl. Rommelfanger (1988) und Zimmermann (1991).

[147] Bei komplexen Modellen kann es notwendig sein, zunächst noch, um Pareto-Effizienz zu gewährleisten, die *Menge der nicht-dominierten Lösungen* zu bestimmen (vgl. Rommelfanger 1988: 174ff.).

$$\max_{x \in \Omega} \left(\min \left\{ \mu_{Z_1}(x), \ldots, \mu_{Z_j}(x), \mu_{B_1}(x), \ldots, \mu_{B_l}(x) \right\} \right).$$

Von den meisten Autoren wird zwar angemerkt, daß zur Schnittmengenbildung auch andere Operatoren verwendet werden, wobei u.U. auch kompensatorische Operatoren sinnvoll sein können. Allerdings wird dabei meist nur auf die Präferenzen des Entscheiders verwiesen, der den seiner Einschätzung nach "besten" Operator wählen soll. Eine Hilfestellung für diese Entscheidung in Form von Kriterien, die angeben, welche Implikationen die verschiedenen Operatoren im Rahmen eines solchen Modelles haben, wird selten versucht.[148]

Aus maßtheoretischer Sicht ist nun der *min*-Operator nur angebracht, wenn eine positive Korrelationsstruktur vorliegt. Betrachtet man zuerst nur die verschiedenen Restriktionen, so mag dann der *min*-Operator für unsicherheitsaverse Entscheider durchaus der geeignete Operator sein, da er sich am schlechtesten Fall orientiert, bei dem alle Restriktionen gemeinsam überschritten werden. Ähnliches gilt auch für Ziele, sofern sie zwar unabhängig formuliert werden, ein niedriger Nutzenwert gleichzeitig in allen Zielvariablen jedoch als sehr negativ empfunden wird. Ob der *min*-Operator aber für die Verknüpfung von Zielen und Restriktionen angebracht ist, d.h. ob hier eine positive Korrelation angenommen werden darf, hängt sicher von der jeweiligen Entscheidungssituation ab.

Dies soll im folgenden anhand eines einfachen Beispiels diskutiert werden, bei dem gleichzeitig der Versuch eines Vergleichs mit traditionellen Entscheidungsmodellen unter Nebenbedingungen unternommen wird.

Beispiel: Konsummodell mit zwei Gütern und einer Budgetrestriktion

Ausgangspunkt ist das übliche Nutzenmaximierungsproblem

$$\max_{x_1, x_2} U(x_1, x_2)$$
$$x_1 p_1 + x_2 p_2 \leq y + d$$

bei dem jedoch die Restriktion[149] als unscharf angesehen wird. D.h. es besteht die Möglichkeit, daß das Einkommen bis zu einem Betrag d größer ausfällt als das sichere Einkommen y.

Eine solche Unschärfe kann z.B. dadurch entstehen, daß der Entscheider ein Los einer Jahreslotterie besitzt, d.h. es fallen für ihn keine Kosten mehr an, aber möglicherweise erhält er einen Gewinn in maximaler Höhe von d. Andere denkbare Gründe wären Kredite mit unbekannten Zinsen oder Geldgeschenke von Verwandten.

Geht man weiterhin davon aus, daß die Güterbestellung sofort erfolgen muß, die Rechnung aber erst später beglichen wird, so besteht das Entscheidungsproblem nun darin, ob der Entscheider aufgrund dieser Eventualitäten sein sicheres Budget überschreiten soll, und wenn ja um wieviel.

---

[148] Vereinzelte Ausnahmen sind z.B. Dubois/Prade (1984) und Felix (1994).

[149] Die Notation der unscharfen Restriktion y; $y+d$ orientiert sich an Rommelfanger (1988: 166).

Im traditionellen Modellansatz würde man dies mit einer entsprechenden Erwartungskostenfunktion berücksichtigen, da ja für den Fall der nichtgedeckten Budgetüberschreitung Kosten anfallen. Ist dies nicht möglich, weil entweder die Kosten nicht genau abgeschätzt oder keine Wahrscheinlichkeiten für den Fall der Nichtdeckung angegeben werden können, so muß die Bewertung direkt in Form von Nutzenverlusten erfolgen, die dann im traditionellen Modell in der Zielfunktion berücksichtigt würden. Die Bewertung der Überschreitung der Restriktion drückt also in etwa den Grad der subjektiven Zufriedenheit aus.[150]

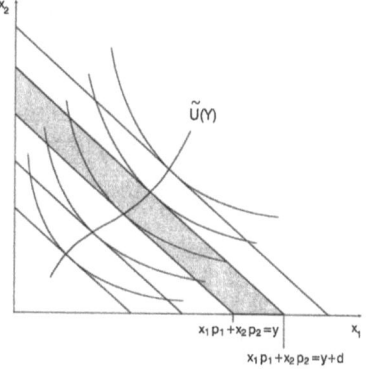

Abbildung 8.4: Lösungsmenge

Modelliert man nun die Restriktion als Fuzzy-Menge, so muß noch eine Annahme darüber getroffen werden, welche Form die Zugehörigkeitsfunktion im Unschärfebereich hat, die hier als linear angenommen wird:

$$\tilde{B} = \left\{((x_1,x_2),\mu_B(x_1,x_2))\big|(x_1,x_2) \in \mathbb{R}_+^2\right\}$$

$$\mu_B(x_1,x_2) = \begin{cases} 1 & \text{für } p_1x_1 + p_2x_2 \leq y \\ 1 - \frac{p_1x_1+p_2x_2-y}{d} & \text{für } y < p_1x_1 + p_2x_2 \leq y+d \\ 0 & \text{für } p_1x_1 + p_2x_2 > y+d \end{cases}$$

In Abbildung 8.4 ist der Unschärfebereich der Restriktion schattiert gekennzeichnet. Alle zulässigen Lösungen liegen in diesem Bereich und darunter und alle effizienten genau in diesem Unschärfebereich.

Die vollständige Lösung, d.h. die Menge aller nicht dominierten Lösungen

$$\left\{(x_1,x_2) \middle| \nexists(x_1',x_2'): \begin{matrix} (U(x_1',x_2') \geq U(x_1,x_2) \wedge \mu(x_1',x_2') > \mu(x_1,x_2)) \\ \vee \\ (U(x_1',x_2') > U(x_1,x_2) \wedge \mu(x_1',x_2') \geq \mu(x_1,x_2)) \end{matrix}\right\}$$

ist gleich der Menge aller Tangentialpunkte mit Indifferenzkurven in diesem Bereich.

---

[150] Damit verliert eine vielfach geäußerte Kritik (vgl. French 1984, Bosch 1993) an Bedeutung, die behauptet, daß bei den Fuzzy-Optimierungsmodellen Werte unterschiedlicher Skalen miteinander verglichen würden. Hier werden sowohl Ziele als auch die Überschreitung der Restriktion in kardinalen, und damit vergleichbaren Nutzenwerten gemessen. Sofern man den Optimierungsansatz im rein ordinalen Rahmen anwendet, was mit den min-max-Operatoren prinzipiell möglich ist, bleibt die Kritik allerdings bestehen (vgl. dazu auch die Argumente im vorherigen Abschnitt).

Um nun die optimale Lösung bestimmen zu können, benötigt man noch die Darstellung der Nutzenbewertung in Form einer Fuzzy-Menge, die im vorliegenden Beispiel durch eine monotone Transformation der Nutzenfunktion in eine auf das Einheitsintervall beschränkte Funktion durch Festlegung eines normierten "Anspruchsniveaus" erfolgt:

$$\tilde{U} = \left\{ Y \middle| \mu_U(Y) : \tilde{u}(Y) \underset{mon}{\longrightarrow} [0,1] \right\}.$$

Die Lösung mit dem *min*-Operator ergibt sich dann wie in Abbildung 8.5 dargestellt als Lösung des Optimierungsproblems:

$$\max_{x_1, x_2} U^*\big(U(x_1, x_2), \mu_B(x_1, x_2)\big) =$$

$$opt_Y \big(\tilde{B} \cap \tilde{U}\big) = \max_{\delta} \big(\min\{\mu_B(y+\delta), \mu_U(y+\delta)\}\big)$$

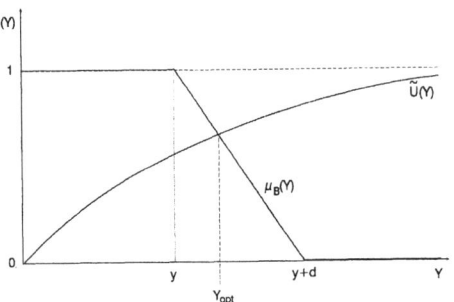

Abbildung 8.5: Optimale Lösung mit *min*-Operator

Allerdings stellt sich hier die Frage, ob die geeignete Verknüpfung durch den *min*-Operator repräsentiert wird. Zur Beantwortung dieser Frage ist wiederum die maßtheoretische Interpretation hilfreich, indem man die Zugehörigkeitsgrade als Konturfunktion von zufälligen Mengen ansieht und sich deren Korrelationsstruktur vergegenwärtigt. Für die Budgetrestriktion bietet sich dabei eine Interpretation der Unschärfe der Einkommen als Lotteriegewinn geradezu an. Die Fokalmengen dieser zufälligen Menge sind dann die Einkommensintervalle, die das sichere Einkommen y und den Lotteriegewinn umfassen, wie es in Abbildung 8.6 dargestellt ist. Für den Fuzzy-Nutzen ist eine derartige Interpretion allerdings nicht ganz so offensichtlich. Geht man davon aus, daß die gesamte Gütermenge, die mit einem bestimmten Einkommen erworben werden kann, den eigentlichen Nutzen stiftet, so sollten auch hier die Fokalmengen die Einkommensintervalle sein, die angeben, welche maximale Gütermenge mit diesem Einkommen erworben werden kann. Da nun die Wahrscheinlichkeiten der Fokalmengen immer nur ein Maß für jedes Einkommen aus diesem Intervall sind, wird damit nicht der Nutzen, den dieses Einkommen stiftet, sondern das Komplement davon, die sogenannte Disutility gemessen, wie dies ebenfalls in Abbildung 8.6 dargestellt ist. Das Maß dafür ist für ein Einkommen $\leq Y_1$ daher größer als das für ein Einkommen $\leq Y_2$, da im ersten Fall das Unzufriedenheitsgefühl mit den erwerbbaren Gütern nur zu einem geringeren Umfang abgebaut werden kann, was bedeutet, daß die verbleibende Disutility größer ist. Die Nutzenfunktion ergibt sich dann als Komplement dieser Disutility-Funktion.

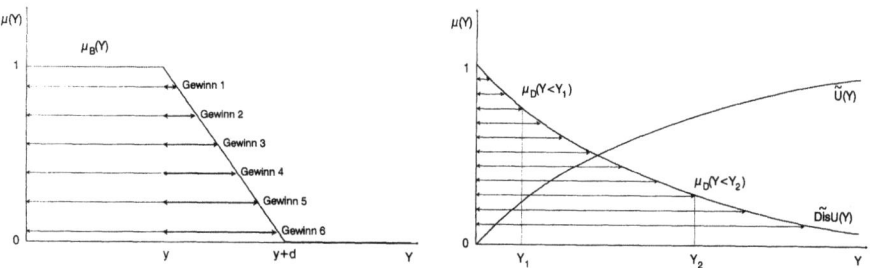

Abbildung 8.6: Konturfunktionen und die sie generierenden zufälligen Mengen

Nun sind aber die zufälligen Mengen der Restriktion und der Disutility perfekt positiv korreliert, da für das bedingte Maß

$$\mu_D(y \leq Y|\tilde{B}) = 1$$

gilt. Wenn also ein bestimmtes zufälliges Einkommen eintritt, wird mit Sicherheit der entsprechende Disutilitywert oder ein höherer erreicht, da dieses Einkommen höchstens in die entsprechende Gütermenge umgesetzt werden kann. Dies bedeutet aber, daß die Restriktionen und der Fuzzy-Nutzen negativ korreliert sind. Damit ist nicht der *min*-Operator sondern der beschränkte Operator in diesem Beispiel die angemessene Durchschnittsbildung. Die entsprechende Optimierungsvorschrift lautet somit

$$\operatorname*{opt}_Y(\tilde{U} \cap \tilde{B}) = \max_\delta\left(\max\{\mu_U(y+\delta) + \mu_B(y+\delta) - 1, 0\}\right).$$

Diese ermöglicht dann auch eine sinnvolle ökonomische Interpretation. Begreift man, wie dies oben diskutiert wurde, das Komplement der Fuzzy-Restriktion als die in Nutzeneinheiten bewerteten Kosten der Budgetüberschreitung, so ergibt sich bei Verwendung des beschränkten Operators als Zielkriterium gerade die Maximierung der Differenz von Nutzen und Kosten

$$\max_\delta\left(\max\{\mu_U(y+\delta) - (1 - \mu_B(y+\delta)), 0\}\right) = \max(u - c).$$

Das optimale Ausgabenniveau liegt dann, sofern keine Ecklösung vorliegt, bei

$$\frac{d\mu_U}{dY} = -\frac{d\mu_B}{dY}.$$

Es kann sowohl höher als auch niedriger als bei Verwendung des *min*-Operators sein, wie in Abbildung 8.7 zu sehen ist, wobei im linken Beispiel die Ecklösung realisiert wird.

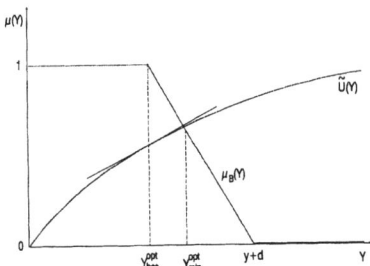 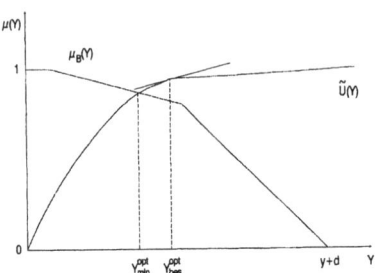

Abbildung 8.7: Optimale Lösung mit beschränkem und mit min-Operator

Es läßt sich also noch nicht einmal eine generelle Empfehlung in dem Sinne geben, daß die Verwendung des *min*-Operators grundsätzlich mit vorsichtigerem Verhalten gleichzusetzen wäre. Letztendlich muß in jedem Einzelfall genau geprüft werden, ob und welche systematischen Zusammenhänge zwischen Zielen und Restriktionen und auch innerhalb der Menge der Restriktionen und der Menge der Ziele bestehen, um dies bei der Wahl der Verknüpfungsoperatoren zu berücksichtigen. Die Möglichkeit einer maßtheoretischen Interpretation mag dabei hilfreich sein.

9 Die Anwendung von Fuzzy-Ansätzen bei Social Choice Problemen

Nachdem nun die Anwendungsmöglichkeiten der Fuzzy-Mathematik für entscheidungstheoretische Fragen, vor allem aber auch ihre Grenzen beim gegenwärtigen Stand der Forschung dargelegt worden sind, stellt sich die Frage, ob und inwieweit sich die Erkenntnisse bereits auf konkretere ökonomische Fragestellungen anwenden lassen. Angesichts der vielen offenen Fragen selbst im Bereich der mathematischen Grundlagen verbietet sich eine Anwendung auf sehr komplexe Fragestellungen von selbst.[151] So behandeln auch die meisten ökonomischen Anwendungen sehr spezielle, relativ einfach strukturierte Probleme[152], die man noch kaum in einen größeren Kontext stellen kann, ganz abgesehen davon, daß die impliziten Annahmen, die mit der Wahl bestimmter Verknüpfungsoperatoren verbunden sind, kaum einmal diskutiert werden.

Fragen sehr grundsätzlicher Art stellen sich jedoch im Bereich kollektiver Entscheidungen. Hier bietet die klassische Entscheidungstheorie vor allem Unmöglichkeitstheoreme, die für die praktische Entscheidungsfindung nur begrenzt hilfreich sind. Die Möglichkeit der Modellierung weicherer Rationalitätskriterien, wie sie im vorherigen Kapitel diskutiert wurden, weckt hier die Hoffnung, zu positiven, wenngleich unscharfen und damit nur begrenzt gültigen Aussagen zu kommen. So beschäftigen sich auch vergleichsweise viele Arbeiten mit kollektiven Entscheidungen im Fuzzy-Kontext.[153] Allerdings werden dabei sehr unterschiedliche Kriterien zugrunde gelegt, was angesichts der im letzten Kapitel diskutierten unterschiedlichen Rationalitätskriterien auf individueller Ebene nicht verwundert.

Hauptproblem bei allen Social Choice-Ansätzen ist die Aggregation von verschiedenen Einschätzungen und Präferenzen, um darauf aufbauend eine Entscheidung treffen zu können, die den Zielen aller Entscheider möglichst nahe kommt. Klassischerweise wird dabei die Frage untersucht, wie individuelle Präferenzen zu sozialen Präferenzen aggregiert werden können, mittels derer dann die optimale Wahl getroffen werden kann. Die Präferenzen können entweder Objekte oder Handlungsalternativen betreffen.

Die Theorie kollektiver Entscheidungen untersucht dabei die Eigenschaften von sozialen Auswahlverfahren und inwieweit diese den normativen Kriterien der kollektiven Rationalität genügen. Im wesentlichen werden hier "Universelle Gültigkeit",

---

[151] Der theoretisch sicher reizvolle Versuch, in Analogie zu technischen Fuzzy-Kontrollsystemen einen "Politikregler" für die wirtschaftspolitische Steuerung zu entwickeln (vgl. z.B. Kacprzyk/Straszak 1980, Kandel 1980, Macmillan 1984), wird aber wohl auch auf die lange Sicht unrealisierbar bleiben. Wie die wirtschaftspolitische Forschung und auch die praktischen Umsetzungsversuche der Vergangenheit gezeigt haben, wird eine Steuerbarkeit sozio-ökonomischer Systeme im Tinbergen'schen Sinne wohl immer an der aufgrund der Komplexität mangelnden Vorhersagbarkeit scheitern. Auch eine Modellierung mit Fuzzy-Methoden wird daran nichts ändern können.

[152] Als ein paar Beispiele wären zu nennen Fustier (1986), Ponsard (1986), Buckley (1987), Butnariu/Roventa (1992).

[153] Einen neueren Überblick geben Dubois/Koning (1991), frühere Ansätze sind bei Kacprzyk/Roubens (1988) und Dubois/Prade (1980a) zu finden.

"Pareto-Prinzip", "Unabhängigkeit von irrelevanten Alternativen" und "Nicht-Diktatur" genannt, die als die Arrow-Bedingungen bekannt sind, da Arrow (1951) in seinem Unmöglichkeitstheorem nachgewiesen hat, daß jede soziale Auswahlfunktion mindestens eine dieser Bedingungen verletzt. Um wenigstens Second best-Lösungen zu erreichen, werden daher für das Abstimmungsverfahren selbst noch weitere Bedingungen gefordert, wie "Anonymität", "Neutralität" und "Monotonie".[154]

Diese Kriterien werden für alle sozialen Entscheidungsregeln gefordert, egal ob sie auf ordinalen oder kardinalen individuellen Präferenzen beruhen. Sofern jedoch kardinale, interpersonell vergleichbare Präferenzen zugrunde gelegt werden, stellt sich zudem die Frage nach der Verteilungsgerechtigkeit. Welche Gerechtigkeitsprinzipien unter welchen Bedingungen als Ergebnis einer kollektiven Entscheidung angesehen werden können, wird dabei als Frage nach dem gesellschaftlichen Grundkonsens diskutiert, wobei die Positionen von Harsanyi (1953 und 1955) und Rawls (1971) die Bandbreite der unterschiedlichen Vorschläge abgrenzen.

Werden darüber hinaus die kollektiven Entscheidungen zudem noch unter Unsicherheit getroffen, entsteht zusätzlich das Problem der Aggregation der unterschiedlichen Einschätzungen der Zukunft.

In allen drei Bereichen sollte nach dem bisher Diskutierten der Fuzzy-Ansatz geeignete Modellierungsmöglichkeiten eröffnen.

9.1 Aggregation von Fuzzy-Nutzen und Fuzzy-Präferenzrelationen

9.1.1 Aggregation von Fuzzy-Nutzen

Ein Großteil der Arbeiten zu Social Choice-Fragen im Fuzzy-Kontext basiert auf individuellen Fuzzy-Nutzen bzw. behandelt allgemein die Aggregation von Fuzzy-Mengen, die dann auf Fuzzy-Nutzenbewertungen angewendet werden. Annahme dabei ist, daß die verschiedenen zu bewertenden Alternativen von den Individuen entsprechend ihrer Präferenzen mit Zugehörigkeitsgraden bewertet werden, die man als Ausdruck der Ähnlichkeit zu einem Idealobjekt ansehen kann. Letztendlich handelt es sich dabei um eine normierte Nutzenfunktion.

Für die Aggregation dieser Fuzzy-Nutzen werden dann die Arrow-Bedingungen und einige andere Kriterien der kollektiven Rationalität für den Fuzzy-Kontext verallgemeinert und eine Aggregationsregel gesucht, die diese Bedingungen erfüllt. Dabei werden teilweise sehr unterschiedliche Verallgemeinerungen dieser Kriterien verwendet. Die wichtigsten davon haben Dubois/Koning (1991) zusammengestellt, die im folgenden kurz referiert werden sollen.

Sei

$A = \{a_1,...,a_m\}$ eine endliche, nicht-leere Menge von Alternativen,

$x_{ij} = \mu_{F_j}(a_i)$ die Bewertung von Alternative a_i durch Individuum j, wobei

---

[154] Vgl. zur Beschreibung der Bedingungen sowie zu weiteren Kriterien z.B. Kern/Nida-Rümelin (1994) oder Bossert/Stehling (1990).

$F_j = \{(a_i, \mu(a_i)) | a_i \in A\}$ Fuzzy-Nutzen der Person j, sowie

$f:[0,1]^{\Omega n} \to [0,1]^{\Omega}$

$(F_1,...,F_n) \mapsto F$ eine Aggregationsfunktion.

Die Rationalitätskriterien für die kollektive Präferenzfunktion f lauten dann:

(1) Universelle Gültigkeit

$\forall F_1,...,F_n \in [0,1]^{\Omega}$

$\exists F: F = f(F_1,...,F_n) \wedge F \in [0,1]^{\Omega}$

(2) Einstimmigkeit:

(a) Idempotenz: $F_j = F \; \forall j \;\Rightarrow\; F = f(F,F,...,F)$

(b) Eindeutigkeit in der Akzeptanz: $\exists a_i \; \forall j: x_{ij} = 1 \Rightarrow \mu_F(a_i) = 1$

(c) Eindeutigkeit in der Ablehnung: $\exists a_i \; \forall j: x_{ij} = 0 \Rightarrow \mu_F(a_i) = 0$

(d) Eindeutigkeit in der Indifferenz: $\exists a_i \; \forall j: x_{ij} = 0{,}5 \Rightarrow \mu_F(a_i) = 0{,}5$

(3) Monotonie:

$\mu_{F_j} \leq \mu_{F'_j} \; (\text{bzw. } F_j \subseteq F'_j) \;\Rightarrow\; f(F_1,...,F_j,...,F_n) \subseteq f(F_1,...,F'_j,...,F_n)$

(4) Unabhängigkeit von irrelevanten Alternativen:

$\mu_{f(F_1,...,F_n)}(a_i) = \varphi_i(x_{i1},...,x_{in})$

(5) Neutralität:

(a) Neutralität bzgl. der Alternativen:

$x_{ij} = x_{kj} \; \forall j \Rightarrow \mu_{f(F_1,...,F_n)}(a_i) = \mu_{f(F_1,...,F_n)}(a_k)$

(b) Neutralität bzgl. der Wähler (= Anonymität):

Sei $p(j)$ eine Permutation auf $N = \{1,...,n\}$

$\Rightarrow f(F_1,...,F_n) = f(F_{p(1)},...,F_{p(n)})$

(c) Neutralität bzgl. der Intensitätsskala:

Sei $c(x_{ij})$ die Aversionsfunktion von j gegenüber a_i

mit c streng monoton fallend, $c(0) = 1, c(1) = 0$ und $c \circ c =$ Identität

und D_j das Aversions-Fuzzy-Set von j mit $D_j = F_j^C$

$\Rightarrow f(F_1, F_2,...,F_n)^C = f(F_1^C, F_2^C,...,F_n^C)$

(6) Bürgerliche Gewalt:

$\forall F \ \exists F_1,...,F_n: \quad f(F_1,...,F_n) = F$

Schwächere Formen der "Bürgerlichen Gewalt" sind das *"Fehlen von Veto- und Diktator-Rechten"*:

- Veto-Recht von Person j: $x_{ij} = 0 \Rightarrow \mu_{f(F_1,...,F_n)}(a_i) = 0$

  Erweiterung: $\mu_{f(F_1,...,F_n)}(a_i) \leq v(x_{ij})$ mit

  Automorphismus v,
  absolutes Veto für $v(x) = x$

- Diktatur von Person j: $x_{ij} = 1 \Rightarrow \mu_{f(F_1,...,F_n)}(a_i) = 1$

  Erweiterung: $\mu_{f(F_1,...,F_n)}(a_i) \geq \delta(x_{ij})$ mit

  Automorphismus δ
  absolute Diktatur für $\delta(x) = x$

Diese Ungleichungen implizieren die verallgemeinerten Bedingungen der Bürgerliche Gewalt:

- Demokratie: $\bigcap_{j=1}^{n} F_j \subset F \subset \bigcup_{j=1}^{n} F_j$

- minimale Demokratie: $F \not\subset \bigcap_{j=1}^{n} F_j; \bigcup_{j=1}^{n} F_j \not\subset F$

(7) Teilbarkeit der Abstimmungsprozedur:

(a) Assoziativität: $f(f(F_1,F_2),F_3) = f(F_1, f(F_2,F_3))$

weichere Formen:

(b) Bisymmetrie: $f(f(F_1,F_2), f(F_3,F_4)) = f(f(F_1,F_3), f(F_2,F_4))$

für $n = 2^m$ und $m \geq 2$

(c) Auto-Distributivität: $f(F_1, f(F_2,F_3)) = f(f(F_1,F_2), f(F_1,F_3))$

(d) Quasi-Assoziativität: $\exists$ eine Menge S,

eine S-wertige assoziative Abbildung $*:[0,1]^\Omega \times [0,1]^\Omega$

und eine Funktion $h_n: S \to [0,1]^\Omega$

so daß $f(F_1,...,F_n) = h_n(F_1 * F_2 * \cdots * F_n)$

(8) Glattheit:

(a) lokale Glattheit (= Stetigkeit): $\forall j \lim_{X_j \to F_j} f(F_1,...,X_j,...,F_n) = f(F_1,...,F_j,...,F_n)$

(b) globale Glattheit: $d(f(F_1,...,X_j,...,F_n), f(F_1,...,F_j,...,F_n)) \leq d'(X_j,F_j)$

für die Distanzfunktionen d und d' mit $d \neq d'$

Die Bedingungen (1)-(5) werden in dieser oder ähnlicher Form von den meisten Autoren als notwendige Rationalitätskriterien angeführt. In den verschiedenen Arbeiten werden dann jeweils Aggregationsfunktionen gesucht, die eine oder mehrere weitere Bedingungen erfüllen. So untersucht z.B. Silvert (1979) die Neutralitäts-

und Dyckhoff (1985 und 1986) die Autodistributivitätsbedingung. Das arithmetische Mittel stellt sich dabei als die einzige Aggregationsfunktion heraus, die die geforderten Bedingungen erfüllt:[155]

$$\mu_R(x,y) = \frac{1}{n}\sum_{i=1}^{n}\mu_{R_i}(x,y).$$

In Erweiterung des arithmetischen Mittels untersuchen einige Autoren[156] sogenannte gewichtete Aggregationsfunktionen, wobei den einzelnen Abstimmenden unterschiedliche Gewichte zugeordnet werden, d.h. die Anonymitätsbedingung fallengelassen wird. Die Eigenschaften solcher gewichteten Funktionen bleiben ansonsten nahezu erhalten. Dieser Ansatz ist insbesondere für Entscheidungen in kleinen Gruppen, wie z.B. Expertengremien, von Interesse, wenn die unterschiedlichen Einschätzungen aus irgendwelchen Gründen unterschiedlich gewertet werden sollen.

9.1.2 Aggregation von Fuzzy-Präferenzrelationen

Neben den auf Fuzzy-Nutzen basierenden Ansätzen gibt es andere, die individuelle Fuzzy-Präferenzrelationen zugrunde legen. Dabei werden neben den unterschiedlichen Verallgemeinerungen der Kriterien der kollektiven Rationalität zudem unterschiedliche Definitionen von Reflexivität, Transitivität, Indifferenz und strikter Präferenz zugrunde gelegt, so daß die Arbeiten nur bedingt vergleichbar sind.

Die Frage gilt aber meist nur der Existenz von gesellschaftlichen Auswahlfunktionen, die Fuzzy-Verallgemeinerungen der Arrow-Bedingungen erfüllen:

(U) Universelle Gültigkeit:

$$\forall \mu_{R_1},...,\mu_{R_n} \in \Re(\Omega): \quad \exists \mu_R: \mu_R = f\left(\mu_{R_1},...,\mu_{R_n}\right)$$

(P) Pareto-Prinzip:

$$\left[\forall i: \mu_{P_i}(a,b) = 1\right] \Rightarrow \left[\mu_P(a,b) = 1\right]$$

oder

$$\mu_P(a,b) \geq \min_{i \in I} \mu_{P_i}(a,b)$$

(I) Unabhängigkeit von irrelevanten Alternativen:

$$\forall i: \left[\mu_{R_i}(x,y) \Leftrightarrow \mu_{R'_i}(x,y)\right] \Rightarrow \left[\mu_R(x,y) \Leftrightarrow \mu_{R'}(x,y)\right]$$

(D) Nicht-Diktatur:

$$\neg \exists i: \left[\mu_{P_i}(x,y) = 1\right] \Rightarrow \left[\mu_P(x,y) = 1\right] \quad \forall x,y \in \Omega.$$

Hinsichtlich der Nicht-Diktaturbedingung stellen die meisten Autoren noch schwächere Bedingungen wie "fast perfekter Diktator" (Banerjee 1994) "Oligarchie" (Dutta

---

[155] Dies ist das Ergebnis von Dubois/Koning (1991), die anmerken, daß alle anderen Funktionen Bedingung 5(c) verletzen. Dyckhoff (1985) selbst hat diese Bedingung nicht gefordert und erhält als Ergebnis die Klasse der quasilinearen Mittelwerte.

[156] Z.B. Cholewa (1985), Montero (1990), Ramakrishnan/Rao (1992) und Bardossy et al. (1993).

1987) oder "Koalition" (Barrett et al. 1992) auf, um den Grad der Verletztheit dieser Bedingung angeben zu können.

Ob und in welchem Umfang die Bedingungen verletzt sind, hängt nun stark von der Definition der Transitivität ab. So zeigt Dutta (1987), daß bei Verwendung der *max-min*-Transitivität zwar eine nicht-diktatorische, aber oligarchische soziale Auswahlfunktion existiert. Fordert man zusätzlich noch Monotonie, so existiert sogar wieder ein "Diktator", d.h. die sozialen Präferenzen sind durch die Präferenzen eines Individuums determiniert. Sind allerdings die zugrunde liegenden Fuzzy-Präferenzen nur bes_t-transitiv, so gibt es immer eine soziale Auswahlregel, die die Nicht-Diktaturbedingung erfüllt.

Praktisch zu den gleichen Ergebnissen kommen Banerjee (1994) und Barratt et al. (1992). Allerdings definiert Banerjee (1994) Reflexivität und strikte Präferenz anders als Dutta (vgl. die Diskussion in Abschnitt 8.1.2) und weist nach, daß zwar immer ein Diktator existiert, dieser aber je nach zugrunde gelegter Transitivitätsbedingung unterschiedlich perfekt ist. Barrett et al. (1992) dagegen untersuchen die Stärke der ausschlaggebenden Koalition und kommen zum Schluß, daß es nur soziale Auswahlfunktionen gibt, bei denen die Machtkonzentration umso stärker ist, je stärker die Transitivitätsanforderungen auf individueller Ebene sind.

Barrett et al. (1990b) sowie Montero (1994) schlagen darüber hinaus konkrete Aggregationsfunktionen vor, die zudem noch weitere Kriterien kollektiver Rationalität wie Anonymität, Monotonie und Eindeutigkeit erfüllen. Dies sind auf der Basis der *max-min*-Transitivität der *min*-Operator (Barrett et al. 1990b) und bei Zugrundelegen der beschränkten Operatoren der *max*-Operator und das verallgemeinerte arithmetische Mittel

$$\left(\frac{1}{n}\sum_{i=1}^{n}\left(\mu_{P_i}(x,y)\right)^\alpha\right)^{\frac{1}{\alpha}}$$

(Montero 1994), dessen Grenzwerte bis auf den Faktor $1/n$ ja bekannterweise für $\alpha \to -\infty$ und $\alpha \to \infty$ gerade *min* und *max* sind.

Ganz anders ist dagegen das Vorgehen von Zahriev (1990), der als gesellschaftliche Fuzzy-Präferenzrelation die zu allen individuellen "nächste" Fuzzy-Präferenzrelation mittels der Haming-Distanz sucht. Letztlich ist dies der Ansatz, den auch Kuz'min/ Ovchinnikov (1980a/b) vorgeschlagen haben. In beiden Arbeiten werden keine Rationalitätskriterien gefordert oder überprüft. Benutzt man jedoch die normale Euklidische Distanz, so erhält man das arithmetische Mittel, dessen Eigenschaften aus anderen Arbeiten bekannt sind.

Schließlich ist noch der Ansatz von Fodor/Ovchinnikov (1995) zu nennen, die als einzige nicht nur einzelne Transitivitätsbedingungen herausgreifen, sondern eine ganze Klasse von Fuzzy-Präferenzrelationen untersuchen, nämlich die, welche auf t-Normen mit Nullteilern beruhen. Allerdings unternehmen sie erst einen ersten Schritt, indem sie ausschließlich die Paretobedingung in der konsequenten mengentheoretischen verallgemeinerten Form

$$\bigcap_{i \in I} \tilde{R}_i \subseteq \tilde{R} \subseteq \bigcup_{i \in I} \tilde{R}_i$$

fordern. Als Aggregationsfunktion, die dieses Kriterium erfüllt, nennen sie den assoziativen Mittelwert (vgl. Hardy et al. 1934)

$$\mu_R(x,y) = \phi^{-1}\left(\frac{1}{n}\sum_{i=1}^{n}\phi\left(\mu_{R_i}(x,y)\right)\right)$$

mit ϕ Automorphismus auf dem Einheitsintervall.

Die soziale Auswahlfunktion von Montero (1994) wie natürlich auch das einfache arithmetische Mittel sind damit als Spezialfall enthalten.

9.1.3 Fazit

Beide Verfahren der Aggregation von Fuzzy-Präferenzen zeigen, daß es möglich ist, das im klassischen Fall geltende Arrow-Paradoxon bei unscharfer Modellierung aufzulösen. Dies ist weniger überraschend als manche Autoren anklingen lassen.[157] Denn der Preis dafür sind stärkere Anforderungen an die Voten der Entscheider, die nun nicht mehr nur ordinale Rangfolgen angeben, sondern Bewertungen auf einer kardinalen Skala vornehmen müssen. Daß sich bei Vorliegen kardinaler, interpersonell vergleichbarer Nutzen soziale Wohlfahrtsfunktionen finden lassen, die abgeschwächte Rationalitätskriterien erfüllen, ist in der Theorie kollektiver Entscheidungen bekannt.[158] Und gerade dies unterstellt der Ansatz der Aggregation von Fuzzy-Nutzen.

Letztlich geschieht dies, wenn auch implizit, auch bei der Aggregation von Fuzzy-Präferenzrelationen. Hier zeigen sich je nach unterstellter Definition von Reflexivität, Transitivität, Indifferenz und strikter Präferenz unterschiedliche Eigenschaften der Aggregationsfunktionen, d.h. manchmal werden die verallgemeinerten Arrow-Bedingungen erfüllt und manchmal nicht, wobei z.Z. auch noch keine Einigkeit über angemessene Verallgemeinerungen herrscht. Dies wird aber zumindest in der Literatur bereits gesehen und es entsteht zunehmend die Forderung nach klaren Kriterien für soziale Aggregationsregeln im Fuzzy-Kontext. Ein erster konsequenter Schritt in diese Richtung stellt hier sicherlich die Arbeit von Fodor/Ovchinnikov (1995) dar.

Trotz aller Unterschiedlichkeit der Ansätze zeigt sich in einer Hinsicht doch ein recht einheitliches Ergebnis. Je schärferen Rationalitätsbedingungen die individuellen Präferenzen unterliegen, desto besser können sich einzelne Präferenzen in der sozialen Auswahlfunktion durchsetzen. Nun stellt sich angesichts der oben diskutierten inhaltlichen Interpretationen von Fuzzy-Präferenzen die Frage, ob Transitivität mit einer stärkeren t-Norm auch tatsächlich größere Rationalität impliziert. Dies wäre nur dann der Fall, wenn die Dimensionen der einzelnen Paarvergleiche auf individueller Ebene zusammenfallen. Dann wären die Fuzzy-Mengen positiv korreliert und die *max-min*-Transitivität das angemessene und stärkste Rationalitätskriterium. Fordert man nun im Sinne einer normativen Theorie wie im klassischen Fall, daß Individuen bei Bewertungen immer alle Kriterien berücksichtigen, also in der Lage sind, globale Nutzenbewertungen zu treffen, so kann man die unterschiedlichen Transitivitätsbedingungen tatsächlich als Grad der Abweichung von dieser postulierten Rationalität begreifen. In diesem Sinne beschreiben die Ansätze letzt-

---

[157] So schreiben z.B. Dubois/Koning (1991: 267): "It may look paradoxical that the impossibility theorem disappears in a cardinal setting".

[158] Wie Dubois/Koning (1991) zu Recht bemerken, liegt dies an den zusätzlichen Freiheitsgraden.

lich das plausible und in der Realität durchaus zu beobachtende Phänomen, daß Entscheidungen umso konfliktreicher sind, je konsequenter die individuellen Interessen sind, falls diese innerhalb der Gruppe nicht zufällig deckungsgleich sind.

Ein grundlegenderes Problem liegt jedoch im Übergang von ordinalen zu kardinalen Präferenzen durch die Aggregation der individuellen zu sozialen Fuzzy-Präferenzrelationen. Dadurch wird nämlich das soziale Kriterium der Gleichbehandlung, das im ordinalen Konzept durch die Bedingungen der Anonymität und Neutralität gewährleistet ist, verletzt. Denn in jeder Aggregationsfunktion von Zugehörigkeitswerten erhalten die einzelnen individuellen Präferenzen ein unterschiedliches Gewicht, welches von der Höhe der Zugehörigkeitswerte abhängt, wie man am Beispiel des arithmetischen Mittels leicht sieht:

$$\mu_R(x,y) = \frac{1}{n}\sum_{i=1}^{n}\mu_{R_i}(x,y).$$

Bei diesem Verfahren hat ein Individuum einen umso höheren Einfluß auf die kollektive Entscheidung, je höher seine individuellen Bewertungen $\mu_{R_i}(x.y)$ sind.

Nun könnte man einwenden, daß dies bei der traditionellen Mehrheitsabstimmung, die das arithmetische Mittel bei klassischen binären Präferenzrelationen ergibt, ebenfalls der Fall ist, da ein Wähler bei Abstimmungen gemäß der strikten Präferenzen insgesamt ein umso geringeres Gewicht hat, je häufiger er indifferent ist.[159] Doch ist dieses Gewicht im klassischen ordinalen Fall gerade Ausdruck seines Interesses an der kollektiven Entscheidung, das insgesamt umso geringer ist, je häufiger er indifferent ist und einzelne Paarabstimmungen für ihn bedeutungslos sind.

Dies aber sollte im Fuzzy-Kontext eigentlich erst recht gelten, da ja durch die kardinale Skala der individuellen Präferenzen bereits auf individueller Ebene Intensitäten der Wichtigkeit eines Paarvergleichs ausgedrückt werden. In der kollektiven Entscheidung ist das unterschiedliche Gewicht der einzelnen Individuen allerdings nur dann wie im klassischen Fall Ausdruck des relativen Interesses, wenn gleichzeitig interpersonelle Vergleichbarkeit der Präferenzen unterstellt wird. Dies bedeutet, daß man die Anforderungen an das Meßbarkeitsniveau erhöht, da für interpersonelle Vergleichbarkeit Kardinalität im Sinne einer absoluten Skala vorausgesetzt werden muß. Dann aber sind die Fuzzy-Präferenzen identisch mit interpersonell vergleichbaren Nutzenfunktionen und die Aggregationsregel stellt wie auch im Fall der Aggregation von Fuzzy-Nutzen eine soziale Wohlfahrtsfunktion im Sinne der Utilitaristen dar, womit gleichzeitig die Frage nach der Verteilungsgerechtigkeit aufgeworfen wird. Es stellt sich jedoch die Frage, ob das Fuzzy-Instrumentarium nicht auch geeignet ist, soziale Aggregationsregeln für lediglich verhältnisskalierte Präferenzen[160] zu modellieren und diesem Meßniveau angepaßte kollektive Entscheidungskriterien zu entwickeln, wie sie z.B. bereits von Coombs (1950 und 1954) diskutiert wurden.

---

[159] Sofern gemäß der schwachen Präferenzen abgestimmt wird, ist sein Gewicht höher, d.h. es ist niedriger bei der strikten Ablehnung von Alternativen.

[160] Derartige Abstimmungsverfahren wurden vor allem im letzten Jahrhundert von verschiedenen Autoren vorgeschlagen. Sie werden in der Literatur als graduierte Abstimmungsverfahren mit skalierten Profilen bezeichnet (vgl. Kopfermann 1991: 2.3).

9.2 Abstimmung über Verteilungen

Zunächst soll aber an der Annahme der interpersonell vergleichbaren Nutzen festgehalten und der bereits angedeuteten Frage nachgegangen werden, ob der Fuzzy-Ansatz geeignet ist, im Rahmen der Modelle der Verteilungsgerechtigkeit brauchbare Modellierungsmöglichkeiten zu liefern.

Diese Frage ist in der Fuzzy-Literatur bislang erstaunlicherweise noch nicht aufgegriffen worden.[161] Außer vereinzelten Arbeiten, in denen die Fuzzy-Mengen-Theorie zur Konstruktion von Ungleichheitsmaßen verwendet wird,[162] werden theoretische Fragen zur Verteilungsgerechtigkeit nicht aufgeworfen. So attraktiv die Verwendung der Fuzzy-Mathematik in Bereich der Wohlfahrtsmessung erscheint, da angesichts der Schwierigkeiten der empirischen Messung des objektiven Einkommens einerseits und vor allem der subjektiven Bewertung des Einkommens andererseits Begriffe wie "Armut" und "Ungleichheit", und insbesondere ihre empirische Operationalisierung, mit großer Unschärfe behaftet sind, so kann dies doch ohne theoretisches Konzept nicht geleistet werden. Fuzzy-Gini-Koeffizienten und Fuzzy-Lorenzkurven lassen sich noch schwerer vergleichen als im klassischen Fall, vor allem wenn aufgrund fehlender Rationalitätskriterien bereits für das Aufstellen der kollektiven Präferenzordnung selbst bei gegebenem Ziel (z.B. der Gleichverteilung) eine Vielzahl von Modellierungsmöglichkeiten existiert, deren vergleichende Bewertung nicht unproblematisch ist, wie die Arbeit von Ok (1995) zeigt. Gleichzeitig weist die Unschärfeproblematik vor allem bei der subjektiven Bewertung auf Aspekte hin, die auch in der Zieldiskussion selbst berücksichtigt werden sollten. Der Einsatz von Fuzzy-Methoden in der empirischen Wohlfahrtsmessung sollte daher zurückgestellt werden, bis hinreichende theoretische Grundlagen zu ihrer Bewertung entwickelt worden sind.

Betrachtet man nun die Verteilungsziele, soweit sie in ökonomischen Theorien zur Verteilungsgerechtigkeit nicht nur rein normativ aufgestellt werden, sondern sich unter bestimmten Annahmen auch als Folge eines Abstimmungsverfahrens ergeben, so erweisen sich der Ansatz von Rawls (1971) und der von Harsanyi (1953 und 1955) als die extremen Gegensätze[163]. Beide Ansätze gehen zwar davon aus, daß unter dem "Schleier der Unwissenheit" (Rawls 1971) rational handelnde Individuen zu identischen Verteilungsregeln kommen, und daher Einstimmigkeit beim gesellschaftlichen Grundkonsens herrscht. Wie die entsprechende Verteilungsregel aussieht, hängt jedoch von den jeweils zugrunde liegenden Annahmen über das Entscheidungsverhalten bei Ungewißheit ab.

Rawls geht davon aus, daß rational handelnde Individuen bei Unwissenheit, also dem Fehlen jeglicher Information über Realisierungschancen künftiger Zustände, das Maximin-Prinzip anwenden, d.h. das schlechteste mögliche Ergebnis zu maximieren versuchen:

$$w_k^* = \max_{w \in W} \left(\min\{(v_{ki}|w)|i \in I\} \right) \quad \forall k \in N$$

---

[161] Lediglich Sen (1992: FN 25) weist auf die prinzipiellen Möglichkeiten der Fuzzy-Mathematik hin, ohne sie allerdings selbst anzuwenden.

[162] Vgl. Basu (1987), Ok (1995) und Lütz (1995).

[163] Zum Vergleich der beiden Ansätze siehe z.B. Gärtner (1985).

wobei N die Menge der Individuen in der Gesellschaft
        I die Indexmenge aller Positionen in der Gesellschaft, $I = \{1,...,n\}$
        v_{ki} der Nutzen des Individuums k auf Position i
        W die Menge aller möglichen Verteilungen.

Bei interpersonell vergleichbaren, identischen Nutzenfunktionen präferieren dann alle Individuen die gleiche Verteilung, d.h.

$$w^* = w_k^* = w_l^* \quad \forall k, l \in N,$$

was bedeutet, daß ein einstimmiger gesellschaftlicher Grundkonsens über die Anwendung der Maximin-Regel besteht.

Harsanyi geht andererseits davon aus, daß sich Individuen entsprechend den v. Neumann-Morgenstern-Kriterien verhalten und bei Unwissenheit gemäß dem "Prinzip des unzureichenden Grundes" entscheiden. Dies bedeutet, daß sie allen möglichen Zuständen die gleiche Realisierungswahrscheinlichkeit zuordnen und dann die Alternative mit dem höchsten Erwartungsnutzen präferieren:

$$w_k^* = \max_{w \in W} \left(\sum_{i \in I} \frac{1}{n} (v_{ki}|w) \right) \quad \forall k \in N.$$

Bei interpersonell vergleichbaren, identischen Nutzenfunktionen ist auch dieses Entscheidungskriterium für alle Individuen identisch und damit nach der Einstimmigkeitsregel auch als gesellschaftliches Entscheidungskriterium akzeptiert.

Beide Ansätze sind damit vom selben Typus und unterscheiden sich nur in unterschiedlichen Annahmen über die Berücksichtigung der Unsicherheit bezüglich der Eintrittschancen künftiger Zustände bei der individuellen Nutzenbewertung, d.h. die beiden Ansätze unterscheiden sich nur im unterstellten Präferenzfunktional ψ auf individueller Ebene. Damit läßt sich aber dieser Typus von Verteilungsregel in allgemeiner Form schreiben als

$$w_k^* = \max_{w \in W} \left(\bigcup_{i \in I} \left(v_{ki}|w \cap \mu_R(v_{ki}|w) \right) \right)$$
$$= \max_{w \in W} \left(\mathbf{S} \left(\mathbf{t} \left(v_{ki}|w, \mu_R(v_{ki}|w) \right) \right) \right) \quad \forall k \in N$$

wobei mit μ_R die Realisierungschance bezeichnet wird. Diese entspricht beim Harsanyi-Ansatz der gleichverteilten Wahrscheinlichkeit $1/n$ und bei Rawls dem Möglichkeitsgrad, der bei völliger Ungewißheit immer den Wert 1 hat. Entsprechend diesen Annahmen über die Struktur der Informationen über die Ungewißheit ist für den Harsanyi-Ansatz die Verwendung der beschränkten t-Conorm und für den Rawl'schen Ansatz die Verwendung des *min*-Operators angebracht. Als t-Norm ist für beide Ansätze das algebraische Produkt sinnvoll, da weder Rawls noch Harsanyi irgendeine Abhängigkeit zwischen dem Nutzenlevel und den Eintrittschancen unterstellen. Verwendet man diese Operatoren, so ergeben sich der Rawls'sche und der Harsanyi'sche Ansatz in der Tat als Spezialfall der obigen allgemeinen Verteilungsregel.

Bei interpersonell vergleichbaren, identischen Nutzenfunktionen, was ja die Annahme eines identischen Entscheidungskriteriums impliziert, ergibt sich dann bei Abstimmung unter dem Schleier der Ungewißheit immer eine einstimmige Lösung.

Dies gilt nicht nur für die Spezialfälle von Rawls und Harsanyi, sondern für jede Verteilungsregel nach obiger Vorschrift. Dies bedeutet zunächst einmal, daß es selbst bei Forderung der Einstimmigkeit und der sehr strikten Annahme identischer Nutzenfunktionen unendlich viele Verteilungsregeln geben kann, und die weitgehend anerkannten Rationalitätskriterien der klassischen Entscheidungstheorie hier keine eindeutige Lösung garantieren.

Denn bezüglich der Berücksichtigung von Ungewißheit wurden in der Entscheidungstheorie bislang noch keine überzeugenden allgemeinen Kriterien entwickelt, die als generelle normative Rationalitätsbedingungen breite Anerkennung gefunden hätten. Zwar existiert hinsichtlich der v. Neumann-Morgenstern-Bedingungen zumindest als normative Kriterien ein breiter Konsens in der Wissenschaft, *falls* die zur Verfügung stehenden Informationen über Realisierungschancen den Kriterien der Wahrscheinlichkeitstheorie genügen. Dies gilt jedoch nicht mehr im Falle einer schwächeren Informationsbasis, wie die Diskussion um subjektive Wahrscheinlichkeiten zeigt, sofern diese nicht auf einer frequentistischen empirischen Basis beruhen. Das "Prinzip des unzureichenden Grundes" bei Fehlen jeglicher Information kann jedenfalls keineswegs als weithin akzeptiertes Prinzip bezeichnet werden.

Läßt man nun also individuell unterschiedliche Entscheidungskriterien hinsichtlich der Berücksichtigung der Ungewißheit künftiger Zustände zu, so erhält man auch unter dem Schleier der Ungewißheit keine einstimmige Verteilungsregel. Damit werden die Eigenschaften von Abstimmungsverfahren selbst für den gesellschaftlichen Grundkonsens bedeutsam.

Nun lassen sich die Verteilungsregeln von Rawls und Harsanyi auch als durchschnittliches Abstimmungsergebnis der n gleichberechtigten Gesellschaftsmitglieder darstellen, womit sich beide Formeln als Spezialfall des verallgemeinerten Mittelwerts

$$w^* = \max_{w \in W} \left(\frac{1}{n} \sum_{i \in I} (v_{ki}|w)^\alpha \right)^{\frac{1}{\alpha}}$$

zeigen, und zwar die Rawls'sche Bedingung für $\alpha \to -\infty$ und die von Harsanyi für $\alpha = 1$. Diese allgemeine kollektive Auswahlregel wurde bereits in Abschitt 9.1.2 diskutiert, da sie offensichtlich selbst bei unterschiedlich definierten individuellen Präferenzen gewisse Bedingungen der kollektiven Rationalität zu erfüllen scheint. Die Eigenschaften dieser Funktion sind jedoch noch längst nicht soweit geklärt, daß im Moment daraus Aussagen hinsichtlich ihrer Bedeutung für Verteilungsregeln gefolgert werden könnten. Außerdem genügt selbst diese formale Darstellung noch nicht, um etwa individuell unterschiedliche Präferenzfunktionale hinsichtlich der Berücksichtigung von Unsicherheit angemessen zu modellieren. Trotzdem gilt es in einem nächsten Schritt erst die Eigenschaften solche Mittelwerte genauer zu untersuchen. Sie werden aber im nächsten Abschnitt in einem vergleichsweise einfachen Kontext weiter betrachtet.

9.3 Soziale Fuzzy-Präferenzrelation und Auswahlregel bei ordinalen individuellen Präferenzrelationen

Da die Aggregationsregeln, die auf Fuzzy-Präferenzen basieren, noch mit sehr vielen Fragen behaftet sind, soll nun hier ein Ansatz vorgestellt werden, der von der formalen Struktur her insofern einfacher ist, da er auf klassischen ordinalen Präferenzrelationen der Individuen basiert, und lediglich die Aggregation als gesellschaftliche Fuzzy-Präferenzrelation modelliert wird. Darüber hinaus eignet er sich zur Beschreibung und Modellierung einfacher Mehrheitswahlverfahren.

Im Kern handelt es sich um den Ansatz von Ovchinnikov (1990). Ausgangspunkt sind klassische binäre Präferenzrelationen R_i auf individueller Ebene, die mittels einer kollektiven Entscheidungsregel $f(R_1,...,R_n)$ in eine gesellschaftliche Präferenzrelation abgebildet werden. Diese wird als Fuzzy-Präferenzrelation modelliert. Motivieren läßt sich dies durch das Unmöglichkeitstheorem von Arrow (1951), wonach es keine scharfe soziale Präferenzrelation gibt, die die Kriterien "Universelle Gültigkeit", "Pareto-Prinzip", "Unabhängigkeit von irrelevanten Alternativen" und "Nicht-Diktatur" gleichzeitig erfüllt. Obwohl es also nachgewiesenermaßen voll rationale kollektive Auswahlregeln nicht gibt, werden doch täglich auch kollektive Entscheidungen getroffen. Und da sie offensichlich auch nicht völlig erratisch getroffen werden, darf man davon ausgehen, daß die realen kollektiven Entscheidungsregeln die individuellen Präferenzen doch in gesellschaftliche Präferenzen abzubilden vermögen, die zumindest nicht ganz ungeordnet sind. Dieser Zwischenbereich zwischen "nicht geordnet" und "nicht ungeordnet" ist geradezu prädestiniert für eine Modellierung mit Fuzzy-Mengen, da er der Intention dieses Konzeptes genau entspricht.

Die gesellschaftliche Fuzzy-Präferenzrelation $\tilde{R}$ ist dann definiert als

$$\tilde{R} = \{((x,y), \mu_R(x,y)) \mid x,y \in \Omega, \mu_R = f(R_1,...,R_n)\}$$

und die zugehörige strikte gesellschaftliche Fuzzy-Präferenzrelation als

$$\tilde{P} = \{((x,y), \mu_P(x,y)) \mid \mu_P(x,y) = \mu_R(x,y) \wedge \neg\mu_R(y,x)\}.$$

Auf derartig abgeleiteten sozialen Fuzzy-Präferenzrelationen lauten nun die verallgemeinerten Arrowbedingungen[164]:

(U) Universelle Gültigkeit:

$$\forall R_1,...,R_n \in \mathcal{R}(\Omega): \quad \exists \mu_R: \ \mu_R = f(R_1,...,R_n)$$

(P) Pareto-Prinzip:

$$[\forall i: P_i(a,b) = 1] \Rightarrow [\mu_P(a,b) = 1]$$

(I) Unabhängigkeit von irrelevanten Alternativen:

$$\forall i: [R_i(x,y) \Leftrightarrow R'_i(x,y)] \Rightarrow [\mu_R(x,y) \Leftrightarrow \mu_{R'}(x,y)]$$

(D) Nicht-Diktatur:

$$\neg \exists i: [P_i(x,y) = 1] \Rightarrow [\mu_P(x,y) = 1] \quad \forall x,y \in \Omega.$$

---

[164] Große Lettern ohne ~ kennzeichnen dabei die klassischen scharfen Präferenzrelationen, wobei R für eine schwache Relation und P für eine strikte Relation steht.

Kollektive Entscheidungsregeln, die eine gesellschaftliche Fuzzy-Präferenzrelation generieren, die die Bedingungen (U), (P), (I) und (D) erfüllt, sind nun, wie Ovchinnikov (1990) zeigt, die bereits oben erwähnten assoziativen Mittelwerte

$$\mu_R(x,y) = f(R_1,...,R_n) = \phi^{-1}\left(\frac{1}{n}\sum_{i=1}^{n}\phi(R_i(x,y))\right), \qquad (9.1)$$

wobei ϕ ein Automorphismus auf dem Einheitsintervall ist. Da die R_i eine klassische scharfe Relation ist, gilt $\phi(R_i) = R_i$, womit sich obige Formel umformen läßt in

$$\mu_R(x,y) = \psi\left(\frac{1}{n}\sum_{i=1}^{n}R_i(x,y)\right) \qquad (9.2)$$

mit Automorphismus $\psi = \phi^{-1}$.

Desweiteren erfüllt die soziale Fuzzy-Präferenzrelation (9.2) und nur sie die Bedingungen der

(A) Anonymität:

$$f(R_1,...,R_n) = f(R_{p(1)},...,R_{p(n)}) \quad \forall \text{ Permutationen } p(j) \text{ auf } N = \{1,...,n\}$$

(N) Neutralität:

$$\forall i: [R_i(x,y) = R'_i(u,v)] \Rightarrow [\mu_R(x,y) \Leftrightarrow \mu_{R'}(u,v)]$$

(M) Monotonie:

$$R_j \leq R'_j \quad \Rightarrow \quad f(R_1,...,R_j,...,R_n) \leq f(R_1,...,R'_j,...,R_n).$$

Soziale Auswahlregeln, die Anonymität, Neutralität und Monotonie erfüllen, sind damit eindeutig bestimmt und auf die Klasse der durch assoziative Mittelwerte generierten Fuzzy-Präferenzrelationen beschränkt.

Besitzt der Automorphismus ψ darüber hinaus die Eigenschaften

$$\psi(\alpha) + \psi(1-\alpha) = 1 \qquad (9.3)$$

und

$$\psi(\alpha+\beta) \leq \psi(\alpha) + \psi(\beta),$$

ist die dadurch erzeugte soziale Präferenzrelation $\tilde{R}$ eine Fuzzy-Ordnung, d.h. sie ist reflexiv, vollständig und transitiv bzgl. der t-Norm

$$T(\alpha,\beta) = \phi^{-1}(\max\{\phi(\alpha)+\phi(\beta)-1, 0\}),$$

die zur Klasse der archimedischen t-Normen mit Nullteiler gehört. Diese lassen sich ja als Transformation der beschränkten Operatoren darstellen. Die entsprechenden Eigenschaften reduzieren sich dann auf

Reflexivität: $\mu_R(x,x) = 1$
Vollständigkeit: $\phi(\mu_R(x,y)) + \phi(\mu_R(y,x)) \geq 1$
Transitivität: $\phi(\mu_R(x,y)) + \phi(\mu_R(y,z)) - 1 \leq \phi(\mu_R(x,y)).$

Umgekehrt erhält man damit bei Verwendung von archimedischen t-Normen mit Nullteiler zur Beschreibung einer gesellschaftlichen Fuzzy-Präferenzordnung sofort den Transformationsautomorphismus ϕ, der diese Fuzzy-Präferenzordnung im Sinne offenbarter Präferenzen rationalisiert. Insbesondere erfüllt auch das einfache arithmetische Mittel, das sich für $\phi = \psi = id$ (Identität) ergibt, die Bedingungen (9.3), und erzeugt damit eine gesellschaftliche Fuzzy-Präferenzordnung.

Der Spezialfall, daß $\phi = \psi = id$ (Identität) ist, beschreibt gleichzeitig auch die einfache Mehrheitsabstimmung. Bei paarweisen Abstimmungen über die Alternativen ergeben sich die Werte der gesellschaftlichen Fuzzy-Präferenzrelation als relative Häufigkeiten der zustimmenden Voten, die genau dem arithmetischen Mittel über den dichotomen Ausprägungen entsprechen. Somit ließe sich mit einem einfachen Abstimmungsprozeß eine gesellschaftliche Fuzzy-Präferenzrelation generieren, die, auch wenn sie im klassischen Sinne nicht zyklenfrei ist, dennoch eine präzise Auswahl erlaubt. Dies soll im folgenden an einem einfachen Beispiel, dem klassischen Condorcet-Paradoxon, erläutert werden.

Beispiel: Condorcet-Paradoxon

Ausgangspunkt sei zunächst eine einfache Entscheidungssituation, in der 4 Individuen aus 4 Alternativen eine Auswahl treffen sollen, und dies durch paarweises Abstimmen erfolgen soll. Seien die individuellen Präferenzen wie folgt gegeben:

Person 1: A > B > C > D
Person 2: D > A > B > C
Person 3: C > D > A > B
Person 4: B > C > D > A

Dies ist der typische Lehrbuchfall, bei dem die einfache Mehrheitsregel bei paarweisem Abstimmen zu zyklischen Präferenzen auf gesellschaftlicher Ebene führt, wie an der Matrix der klassischen gesellschaftlichen Präferenzrelation R zu sehen ist. Die gleichen Zyklen finden sich jedoch auch in der mit dem arithmetischen Mittel berechneten Fuzzy-Präferenzrelation $\tilde{R}$ wieder, wenngleich diese hier nicht bei voller Zugehörigkeit auftreten. Dies führt dazu, daß die Fuzzy-Präferenzrelation trotzdem zur Transitivitätsbedingung im Widerspruch stehen muß.

R	A	B	C	D
A	1	1	1	0
B	0	1	1	1
C	1	0	1	1
D	1	1	0	1

$\tilde{R}$	A	B	C	D
A	1	$3/4$	$1/2$	$1/4$
B	$1/4$	1	$3/4$	$1/2$
C	$1/2$	$1/4$	1	$3/4$
D	$3/4$	$1/2$	$1/4$	1

Die Überprüfung der Transitivitätsbedingung bei Verwendung unterschiedlicher Verknüpfungsoperatoren wird in Tabelle 9-1 ausschnittsweise vorgeführt. Weder die klassische Relation noch die Fuzzy-Relation bei Verwendung des min- oder algebraischen Operators sind transitiv. Lediglich die Verwendung des beschränkten

Tabelle 9-1: Transitivität bei unterschiedlichen Verknüpfungsoperatoren

Bedingung $r(x,y) \wedge r(y,z) \leq r(x,z)$ verletzt bei ☐

	$\tilde{R}$			R		$\tilde{R}$	R
	bes_t	alg_t	min				
$r(A,C) \wedge r(C,B)$	0	$1/8$	$1/4$	0	$r(A,B)$	$3/4$	1
$r(A,D) \wedge r(D,B)$	0	$1/8$	$1/4$	0			
$r(A,B) \wedge r(B,C)$	$1/2$	☐$9/16$	☐$3/4$	1	$r(A,C)$	$1/2$	1
$r(A,D) \wedge r(D,C)$	0	$1/16$	$1/4$	1			
$r(A,B) \wedge r(B,D)$	$1/4$	☐$3/8$	☐$1/2$	☐1	$r(A,D)$	$1/4$	0
$r(A,C) \wedge r(C,D)$	$1/4$	☐$3/8$	☐$1/2$	☐1			

r( ) bezeichnet hier sowohl die klassische Relation wie auch die Zugehörigkeitswerte zur Fuzzy-Relation.

Operators erfüllt die Transitivitätsbedingung, die hier als besonders schwach einzustufen ist.

Vergegenwärtigt man sich nochmal die bisherige Diskussion zur Transitivität, so erscheint es inhaltlich durchaus sinnvoll, bei kollektiven Präferenzen geringere Transitivitätsanforderungen zu stellen als bei individuellen Präferenzen. Da die Individuen, von denen ja keine identischen Präferenzen gefordert werden sollen, jeweils ihre eigenen Kriterien bei der Bewertung zugrunde legen, messen die individuellen Präferenzen auf unterschiedlichen Nutzenskalen. Bei den Einzelabstimmungen setzt sich die Mehrheit jeweils aus unterschiedlichen Individuen zusammen, so daß auch die Abstimmungsergebnisse nicht entlang einer einzigen gesellschaftlichen Nutzenskala liegen. Eine positive Korrelation, die die min-Transitivität erfüllen würde, dürfte dann nur selten bei sehr homogenen Gruppen auftreten. Im vorliegenden, stark zyklischen Fall besteht dagegen eine negative Korrelation der individuellen Präferenzen, wie man auch direkt am Profil der individuellen Präferenzen sehen kann. Deshalb ist es nicht erstaunlich, daß nur der beschränkte Operator die Transitivitätsbedingung erfüllt. Welche der Transitivitätsbedingungen erfüllt sind, ist dann auch gleichzeitig ein Maß für die Homogenität der individuellen Präferenzen.

Doch die Tatsache allein, daß eine Fuzzy-Relation transitiv ist, bringt uns einer scharfen Auswahl einer Alternative noch nicht näher. Die Fuzzy-Relation im obigen Beispiel weist soviele gleiche Werte auf, daß es kein Kriterium für eine sinnvolle Diskriminierung gibt. Allerdings tritt dieses Phänomen bei Fuzzy-Relationen als gravierendes Problem nur selten auf, da die Zugehörigkeitswerte merklich auf marginale Änderungen in der Präferenzstruktur der Gruppe reagieren. Und in größeren Gruppen dürfte eine so strikte symmetrische Verteilung wie in obigem Beispiel mit vier Personen wohl äußerst selten vorkommen.

Darum sei dieses Beispiel noch einmal in leicht variierter Version betrachtet. Diesmal entscheiden 100 Individuen über die gleichen vier Alternativen, die zusammen eine Präferenzstruktur haben, die der der kleinen Gruppe sehr ähnlich ist:

25 Personen: A > B > C > D
24 Personen: D > A > B > C
24 Personen: C > D > A > B
27 Personen: B > C > D > A

Während nun die klassische soziale Präferenzrelation unverändert bleibt, spiegeln sich diese marginalen Unterschiede in der Fuzzy-Präferenzrelation wider.

R	A	B	C	D
A	1	1	0	0
B	0	1	1	1
C	1	0	1	1
D	1	0	0	1

$\tilde{R}$	A	B	C	D
A	1	0.73	0.49	0.25
B	0.27	1	0.76	0.52
C	0.51	0.24	1	0.76
D	0.75	0.48	0.24	1

Zwar bleiben die Transitivitätseigenschaften erhalten, d.h. $\tilde{R}$ ist nur bes_t-transitiv, trotzdem lassen sich nun aufgrund dieser Fuzzy-Präferenzrelation Auswahlregeln anwenden, die zu einer eindeutigen Wahl führen. Als Auswahlregeln bieten sich dabei vor allem die in Abschnitt 8.2 diskutierten Auswahlfunktionen an.

Auswahlmengen

Bestimmt man nun die Fuzzy-Maximalmenge und die Fuzzy-Bestenmenge der Fuzzy-Präferenzrelation $\tilde{R}$ nach den Formeln

$$\tilde{M} = \left\{ x, \mu_M(x) \middle| \mu_M(x) = \inf_{y \in X} [1 - \mu_P(y, x)] \right\}$$

und

$$\tilde{C} = \left\{ (x, \mu_C(x)) \middle| \mu_C(x) = \min_{y \in \Omega} r(x, y) \right\},$$

so ergeben sich für das Beispiel folgende Zugehörigkeitswerte der einzelnen Alternativen:

- Fuzzy-Maximalmenge:

  $\mu_M(A) = 0.5$, $\mu_M(B) = 0.54$, $\mu_M(C) = 0.48$, $\mu_M(D) = 0.5$

- Fuzzy-Bestenmenge:

  $\mu_C(A) = 0.25$, $\mu_C(B) = 0.27$, $\mu_C(C) = 0.24$, $\mu_C(D) = 0.24$.

Sowohl in der Bestenmenge wie auch in der Maximalmenge besitzt Alternative B den größten Zugehörigkeitsgrad, so daß die Auswahl eindeutig ist. Allerdings sieht man gleichzeitig, daß die Abstände zur jeweils nächstbesten Alternative nicht sehr groß sind, was dafür spricht, daß das Ergebnis nicht sehr stabil ist und sich bei marginalen Präferenzänderungen einzelner Individuen sehr schnell ändern kann.

Abstandsminimale scharfe Präferenzordnung

Zur Berechnung der abstandsminimalen scharfen Präferenzordnung wurde sowohl die Euklidische Distanz

$$d(\tilde{R},S) = \sum_{x \in \Omega} \sum_{y \in \Omega} |\mu_R(x,y) - S(x,y)|$$

als auch die quadratische

$$d(\tilde{R},S) = \sqrt{\sum_{x \in \Omega} \sum_{y \in \Omega} |\mu_R(x,y) - S(x,y)|^2}$$

zugrunde gelegt (vgl. Anhang 11.9).
In beiden Fällen ergibt sich die Rangordnung S: B > C > D > A.
Man erhält also hier die gleiche Auswahl wie über die Fuzzy-Besten- und Fuzzy-Maximalmenge. Allerdings ergibt sich schon ein anderer Platz 2, nämlich hier die Alternative C, die in beiden Auswahlmengen den kleinsten Zugehörigkeitswert besitzt. Dies liegt daran, daß die Schwerpunkte bei beiden Verfahren unterschiedlich gelegt werden. Während Fuzzy-Besten- und Fuzzy-Maximalmenge vor allem die individuellen Präferenzen bezüglich der ersten Wahl betonen, werden bei der abstandsminimalen scharfen Präferenzordnung die individuellen Präferenzprofile über den gesamten Bereich gleichgewichtig behandelt. Je nachdem, ob die anstehende Entscheidung nur die Auswahl einer Alternative oder eine Rangfolge aller Alternativen liefern soll, ist dann das Auswahlverfahren entsprechend zu wählen.

Konsensgewinner

Ein anderes Konzept, das vom Ansatz her direkt auf den individuellen Präferenzen aufbaut, ist der Ansatz von Nurmi (1981), der einen sogenannten "Konsensgewinner" bestimmt. Er geht dabei von individuellen Fuzzy-Präferenzen in der Interpretation als metrische Skala zwischen Ablehnung und Präferierung aus und berechnet die relative Häufigkeit der individuellen Präferenzen mit einem Zugehörigkeitsgrad > 0.5, was letztlich dem einfachen paarweisen Abstimmungsprozeß entspricht. Daher läßt sich der Ansatz direkt auf mit dem arithmetischen Mittel generierte soziale Fuzzy-Präferenzen übertragen und man benötigt zum weiteren Vorgehen dann nur noch die soziale Fuzzy-Präferenzrelation $\tilde{R}$.[165] In einem zweiten Schritt werden dann diejenigen Alternativen bestimmt, deren Wahlergebnis bei allen Paarvergleichen über einem vorgegebenen α-Level liegt. Wird ein $\alpha > 0.5$ vorgegeben und ist die Lösungsmenge nicht leer, so ist die Lösung eindeutig und es existiert ein so-

---

[165] Damit läßt sich der Ansatz auch auf andere Fuzzy-Präferenzrelationen übertragen. Mittlerweile wird in der Literatur der Ansatz auch als ein solch zweistufiger Prozeß gesehen, bei dem die Auswahlregel "Konsensgewinner" unabhängig von der Art der Entstehung der Fuzzy-Präferenzrelation ist (vgl. z.B. Tanino 1988, Nurmi et al. 1990, Kacprzyk et al. 1992). Allerdings wird bei Verwendung einer beliebigen Fuzzy-Präferenzrelation der Begriff "Konsensgewinner" inhaltsleer.

genannter α-Konsensgewinner. Anderenfalls schlägt Nurmi (1981) ein α-Level von 0 vor und bestimmt den Minimalkonsensgewinner als diejenige Alternative, deren maximale Gegnerschaft bei den Paarvergleichen minimal ist. Als Kriterium ergibt sich damit:

$$\bar{r} = \min_{y \in \Omega} \max_{y \neq x} \mu_R(x,y).$$

Im vorliegenden Beispiel existiert kein α-Konsensgewinner. Als Minimalkonsensgewinner erhält man Alternative B:

$\tilde{R}$	A	B	C	D
A	1	0.73	0.49	0.25
B	0.27	1	0.76	0.52
C	0.51	0.24	1	0.76
D	0.75	0.48	0.24	1
maximale Gegnerschaft $\max_{y \neq x} \mu_R(x,y)$	0.75	0.73	0.76	0.76

Die erste Wahl ist somit auch bei diesem Verfahren mit den Lösungen der vorherigen Verfahren identisch. Allerdings ergibt sich hier nochmals eine andere Reihung der nächsten Rangplätze.

Probabilistische Abstimmungsmodelle

Schließlich soll noch ein Ansatz vorgestellt werden, der nicht im Fuzzy-Kontext entstanden ist, letztlich aber auch Fuzzy-Relationen erzeugt und darauf aufbauend eine Auswahl trifft. Es handelt sich um einen Ansatz aus der Gruppe der sogenannten probabilistischen Abstimmungsmodelle (vgl. z.B. Coughlin 1992). Diese gehen wie der Fuzzy-Ansatz zweistufig vor:

- zuerst wird durch ein gewöhnliches Abstimmungsverfahren ein Maß bestimmt, das die soziale "Wahrscheinlichkeit, daß eine Alternative präferiert wird", angibt,
- anschließend wird eine Lotterie über die Alternativen gespielt[166], in der jede Alternative die zuvor ermittelte Wahrscheinlichkeit hat, gezogen zu werden.

---

[166] Dies kann z.B. durch Ziehung aus einer Urne geschehen, die entsprechend den zuvor ermittelten Wahrscheinlichkeiten unterschiedliche Kugeln enthält.

Ein solches probabilistisches Abstimmungsverfahren, das in der ersten Stufe zu dem hier vorgestellten Fuzzy-Ansatz äquivalent ist, schlägt Mueller (1989)[167] vor, bei dem die Wahrscheinlichkeiten für Stufe 2 durch die Mehrheitsverhältnisse bei paarweisen Abstimmungen festgelegt werden:

$$prob(x) = \frac{2}{n(n-1)} \sum_{y \neq x} \mu_R(x,y).$$

Die probabilistische Auswahl ergibt dann folgende Reihung:

$prob(A) = 0.245$
$prob(B) = 0.258$
$prob(C) = 0.252$
$prob(D) = 0.245$

Auch hier erhält Alternative B den ersten Platz, d.h. in diesem Fall die höchste Wahrscheinlichkeit für den Auswahlprozeß auf Stufe 2. Allerdings ist hier die Auswahl von B auf Stufe 2 keineswegs gesichert und angesichts der Abstände zu den anderen Alternativen sogar sehr unsicher.

Die verschiedenen Auswahlverfahren liefern also sehr ähnliche, und im vorliegenden Beispiel für den ersten Rang sogar identische Ergebnisse. Insbesondere zeigen sie, daß auch bei Verletzung starker Transitivitätsbedingungen eindeutige Auswahlen möglich sind. Allerdings zeigen alle Verfahren auch, wie instabil die Ergebnisse in solchen Situationen sind, was jedoch auch nicht anders erwartet werden kann. Entsprechend vorsichtig sollten dann solche Entscheidungen auch umgesetzt werden, indem z.B. Revisionsmöglichkeiten aufrechterhalten werden sollten, wo immer es geht. Aber auch bei solchen Entscheidungen können die Ergebnisse der Fuzzy-Ansätze hilfreich sein, da sie gleichzeitig Informationen über die Robustheit der Auswahl liefern.

9.4 Abstimmungen bei Unsicherheit

Ein weiteres Problem bei Abstimmungen entsteht durch Unsicherheit über künftige Zustände. Da die Individuen aufgrund ihrer Erwartungen in ihrem eigenen Sinne abstimmen, können sich paradoxe Situationen derart ergeben, daß es auf aggregierter Ebene zu unstrittigen Entscheidungen kommt, die aber weder paretoeffizient noch wohlfahrtsoptimal sind.

Derartige Paradoxa gibt es unterschiedlichster Art. So zeigen z.B. Fernandez/ Rodrik (1991), daß allein eine ungünstige Verteilung der Gewinne und Verluste einer

---

[167] Motiviert ist der Vorschlag durch die Allokations- und Verteilungsineffizienzen von normalen Mehrheitsabstimmungen, die bei probabilistischen Abstimmungsverfahren vermieden werden können. Aus spieltheoretischer Sicht haben probabilistische Abstimmungsverfahren eindeutig Vorteile: im allgemeinen sind sie stark Nash-implementierbar, d.h. es läßt sich eine Spielform konstruieren, bei der die Regeln anreizkompatibel sind. Darüber hinaus sind sie gegenüber deterministischen Ansätzen weniger manipulierbar (vgl. Trockel 1991). Wie Fishburn (1978) und Shepsle (1972) zeigen, gibt es bei Risikoaversion Bedingungen, unter denen Mehrheiten eine Lotterie über die Alternativen anstatt eine der Alternativen präferieren.

Maßnahme, bei der ex post eine Mehrheit gewinnen würde, im Abstimmungsprozeß abgelehnt wird, da ex ante für eine Mehrheit der Erwartungswert unter dem Status quo liegt. Bei dynamischen Problemen, d.h. Abstimmungen über Projekte mit Folgekosten und sequentiellen Entscheidungen können sich aus ähnlichen Gründen Zeitinkonsistenzen ergeben, die bei klaren Mehrheitsentscheidungen zu inneffizienten Ergebnissen führen (vgl. z.B. Glazer 1989 und Glazer/Konrad 1993).

Ein besonderes Problem tritt auf, wenn die Wahrscheinlichkeiten über den Eintritt der unterschiedlichen Zustände nicht objektiv vorgegeben sind, sondern die Individuen aufgrund subjektiver Wahrscheinlichkeiten entscheiden. Dann ist davon auszugehen, daß diese im allgemeinen nicht übereinstimmen werden. Wird nun die kollektive Entscheidung durch Abstimmungsverfahren über die auszuführende Aktion herbeigeführt, so wird üblicherweise nicht versucht, einen Konsens über die der Entscheidung zugrunde liegenden Wahrscheinlichkeiten zu erzielen, sondern die subjektiven Wahrscheinlichkeiten der Individuen fließen, so heterogen sie sind, in die kollektive Entscheidung ein; diese ist dann zwar u.U. unstrittig oder sogar einstimmig erfolgt, aber dennoch nicht paretoeffizient.

Anhand eines einfachen Beispiels von Broome (1989) läßt sich dies leicht veranschaulichen. Zwei Individuen stimmen über die Wahl einer von zwei möglichen Aktionen ab, wobei zwei unterschiedliche Umweltzustände eintreten können. Aktion A führt bei beiden Umweltzuständen zu der gleichen Auszahlung von 2 Nutzeneinheiten für jedes Individuum, Aktion B jedoch zu einer Auszahlung von 3 Nutzeneinheiten für Individuum I bei Umweltzustand 1 und für Individuum J bei Umweltzustand 2. Das andere Individuum erhält jeweils keine Auszahlung. Es sei weiter unterstellt, daß Individuum I für Umweltzustand 1 eine Wahrscheinlichkeit von 0,7 annimmt, während Individuum J die gleiche Wahrscheinlichkeit für Umweltzustand 2 unterstellt. Damit ergibt sich folgende Auszahlungsmatrix:

	Umweltzustand 1	Umweltzustand 2
Aktion A	2 / 2	2 / 2
Aktion B	3 / 0	0 / 3
subj. Wahrscheinl.	0.7 / 0.3	0.3 / 0.7

Der Erwartungsnutzen der beiden Aktionen ergibt sich dann als

$EU_I(A) = EU_J(A) = 0,7 \cdot 2 + 0,3 \cdot 2 = 2$
$EU_I(B) = EU_J(B) = 0,7 \cdot 3 + 0,3 \cdot 0 = 2,1$.

Für beide Individuen gilt also $EU_i(B) > EU_i(A)$, weshalb sie Aktion B präferieren. Bei einer Abstimmung über die Aktionen wird demnach Aktion B einstimmig gewählt, woraus sich eine Soziale Präferenzordnung $B > A$ ergibt.

Betrachtet man jedoch die Auszahlungen der beiden Aktionen für beide Personen gemeinsam, so sollte man annehmen, daß ein gesellschaftlicher Konsens existiert, wonach die Aktion A mit sicherer und gleichverteilter Auszahlung präferiert werden soll.[168] Unterstellt man z.B. die Utilitaristische Wohlfahrtsfunktion $W = U_I + U_J$, so gibt es keine Wahrscheinlichkeit, bei der auf gesellschaftlicher Ebene die Lotterie vorgezogen wird, da die Gesamtwohlfahrt von Aktion B immer 3 ergibt, die von Aktion A aber immer 4. Aktion B liefert damit keine effiziente Lösung, was sich auch daran ersehen läßt, daß es bei einer Wahrscheinlichkeitsverteilung von 0,7 und 0,3 keine Kompensationszahlung gibt, die ex ante beide besser stellt. Daß trotzdem beide Individuen Aktion B präferieren, liegt daran, daß zumindest einer von ihnen - oder auch beide - seine Entscheidung aufgrund falscher Wahrscheinlichkeiten gefällt hat.

Die Antwort, die im Rahmen des Erwartungsnutzenkonzeptes in der Literatur auf diese Art Paradoxa gegeben wird, ist der Versuch, einen Konsens in der Gruppe über die Wahrscheinlichkeiten herbeizuführen.[169] Jedoch ist auch dieser Versuch mit einigen Problemen konfrontiert, da hier ebenfalls ein Unmöglichkeitstheorem, das sogenannte "Probability Agreement Theorem" existiert.[170] Ganz abgesehen davon ist ein solches Unterfangen in großen Gruppen praktisch nicht, d.h. zu vertretbaren Kosten, durchführbar. Es stellt sich daher die Frage, ob ein Konsens über Wahrscheinlichkeiten unbedingt notwendig ist, oder ob vielleicht auch mit anderen Verfahren zufriedenstellendere Lösungen erreicht werden können. Oder anders gefragt, unter welchen Bedingungen erhält man ein anderes Abstimmungsverhalten?

Wenn in dem Beispiel beiden Individuen die Auszahlungsmatrix bekannt ist, so muß ihnen bewußt sein, daß eigentlich kein Konsens zustande kommen kann. Sind die eigenen Wahrscheinlichkeiten die wahren, so müßte der andere für Aktion A stimmen oder Kompensationszahlungen verlangen, womit in diesem Beispiel die Lotterie wieder unattraktiv wäre. Bei rationalem Verhalten beider Beteiligten kann demnach ein Konsens nur zustande kommen, wenn die subjektiven Wahrscheinlichkeiten differieren, d.h. mindestens eine davon falsch sein muß. Sofern man also nicht hinreichend Grund für die Annahme der besseren Informationsbasis hat, sollte die Tatsache einer einvernehmlichen Wahl unter diesen Bedingungen Anlaß sein, die eigene Einschätzung zu überdenken und evtl. anders zu verarbeiten.

Welche Möglichkeiten dabei die Methoden unscharfer Modellierung bieten, soll anhand eines etwas komplexeren Beispiels diskutiert werden.

Es sei angenommen, daß drei Individuen über die Auswahl einer von drei Aktionen abstimmen, wobei in der Zukunft vier verschiedene Umweltzustände möglich sind, die den Individuen unterschiedliche Nutzenauszahlungen bringen. Die Individuen stimmen entsprechend ihres Erwartungsnutzens aufgrund ihrer subjektiven Wahrscheinlichkeiten ab. Die Nutzenauszahlungen und subjektiven Wahrscheinlichkeiten haben folgende Werte:

---

[168] Sowohl die Verteilungsregel von Rawls als auch die von Harsanyi implizieren dies.

[169] Vgl. zu einem Überblick Genest/Zidek (1986) und Cooke (1991).

[170] Vgl. hierzu und zur Diskussion über ex-post und ex-ante optimale Entscheidungen Hammond (1983).

	Umweltzustand				Erwartungs-nutzen
	a	b	c	d	
subj. Wahrs.	0.2/0.5/0.7	0.3/0.1/0.1	0.3/0.1/0.1	0.2/0.3/0.1	
Aktion A	1 / 5 / 3	2 / 0 / 0	3 / 0 / 0	4 / 2 / 0	2.5/3.1/2.1
Aktion B	2 / 3 / 0	1 / 3 / 5	1 / 3 / 5	0 / 3 / 5	1 / 3 /1.5
Aktion C	1 / 1 / 1	0 / 4 / 3	5 / 4 / 3	2 / 1 / 1	2.1/1.6/1.4
	Nutzensumme				
Aktion A	9	2	3	6	
Aktion B	5	9	9	8	
Aktion C	4	7	12	4	

Entsprechend ihrer Erwartungsnutzen stimmen alle drei Individuen für Aktion A. Angesichts der Verteilung der Nutzenauszahlungen erscheint dies sozial keine wünschenswerte Alternative. Individuum 2 und 3 nehmen bei dieser Alternative hohe Verluste hin, falls Zustand b oder c eintritt. Die beiden stimmen ja auch nur deshalb für Aktion A, weil sie diesen Zuständen extrem niedrige Eintrittswahrscheinlichkeiten zumessen. Wäre ihnen bewußt, daß andere Mitglieder der Gesellschaft dies anders einschätzen, würden sie evtl. dieses Risiko anders berücksichtigen. Damit bietet sich als Handlungsvorschlag an, die Individuen dazu zu bewegen, ihre subjektiven Wahrscheinlichkeiten offenzulegen. Dann erhält man eine Schar von Wahrscheinlichkeiten, die dann obere und untere Wahrscheinlichkeiten definieren. Nehmen die Individuen die Einschätzungen der anderen genauso ernst wie die eigenen, werden sie sich bei Unsicherheitsaversion an den unteren Choquet-Erwartungsnutzen orientieren (zur Berechnung vgl. Anhang 11.10).

	Umweltzustand			
	a	b	c	d
subj. Wahrscheinl.	0.2/0.5/0.7	0.3/0.1/0.1	0.3/0.1/0.1	0.2/0.3/0.1
	obere und untere Wahrscheinlichkeiten			
$\sup\{p_1, p_2, p_3\}$	0.7	0.3	0.3	0.3
$\inf\{p_1, p_2, p_3\}$	0.2	0.1	0.1	0.1
	unteres Choquet-Integral			
Aktion A	1.6 / 1.4 / 0.6			
Aktion B	0.9 / 3 / 1.5			
Aktion C	1.2 / 1.6 / 1.4			

Nach dieser Orientierung an den unteren Wahrscheinlichkeiten entscheidet sich die Mehrheit für Aktion B. Dies ist eine Alternative, bei der sogar Einstimmigkeit erzielt werden kann, da im Gegensatz zur Alternative A Individuum 2 und 3 hier im Falle des Eintreffens der Zustände b, c oder d an 1 Ausgleichszahlungen leisten können, und sich trotzdem alle gegenüber A verbessern. Diese Wahl ist somit sicherlich eine Paretoverbesserung.

Die gleiche Alternative ergibt sich zumindest in diesem Beispiel im übrigen auch, wenn ein politischer Entscheidungsträger, der den Gesamtnutzen zugrunde legt, den unteren Choquet-Erwartungsnutzen zur Entscheidung nutzt. Dieser beträgt für die drei Alternativen (vgl. Anhang 11.10): A: 4.5, B: 6.1, C: 4.5.

Wie in diesem Beispiel deutlich wird, können zusätzliche Information über die Verläßlichkeit der eigenen Einschätzung zukünftiger Zustände zu Paretoverbesserungen führen, wenn die Individuen diese Information so nutzen, daß bei größerer Unsicherheit stärkerer Pessimismus die Entscheidungen bestimmt, die dann stärker in Richtung Maximin-Kriterium tendieren. Das Beispiel des Ellsberg-Paradoxons zeigt, daß dies keine unrealistische Annahme ist. Damit lassen sich bereits direkt Schlüsse für politische Handlungen ziehen. Wenn Bürger über verschiedene Aktionen abstimmen, so ist neben einer guten Information über die potentiellen Ergebnisse auch eine breite öffentliche Diskussion über die Einschätzung der künftigen Zustände wichtig. Dies gilt auch, wenn die Entscheidung nicht durch Abstimmung, sondern durch den politischen Entscheidungsträger erfolgt. Dieser sollte dann als Agent eines kollektiven Prinzipals ebenso vorsichtig wie dieser entscheiden und sich an den unteren Wahrscheinlichkeiten orientieren.

10 Zusammenfassung und Ausblick

Die Fuzzy-Mathematik als vergleichsweise junge mathematische Teildisziplin erfreut sich in jüngster Zeit eines breiten Interesses. Auch in der Entscheidungstheorie werden zunehmend Fuzzy-Methoden zur Modellierung von Unsicherheit und Unschärfe eingesetzt, da traditionelle Verfahren wie das Erwartungsnutzenkonzept in einigen Bereichen systematische Erklärungsdefizite zeigen, und von daher neue Modellierungsansätze gefordert sind. Der Fuzzy-Ansatz, der ausgehend von der Theorie der mehrwertigen Logik unscharfe Begriffe und unsichere Einschätzungen mit dem Konzept der unscharfen Mengen abzubilden vermag, erscheint bei dem Versuch einer angemessenen Modellierung von Unsicherheit als ein vielversprechendes Instrumentarium. Ziel der vorliegenden Arbeit war es daher, die Möglichkeiten und Grenzen solcher Fuzzy-Ansätze bei entscheidungstheoretischen Fragestellungen zu untersuchen und abzuschätzen.

Das Hauptproblem bei diesem Unterfangen war die mangelnde Vergleichbarkeit der Fuzzy-Ansätze mit den traditionellen probabilistischen Modellen, wodurch eine Bewertung sehr erschwert wird. Dieses Problem hat zwei Ursachen. Zum einen ist das mathematische Instrumentarium vom konzeptionellen Ansatz her so unterschiedlich, daß allein schon deshalb eine vergleichbare Modellierung eines Entscheidungsproblems unmöglich erscheint und deshalb in der Literatur meist gar nicht versucht wird. Zum anderen sind auf entscheidungstheoretischer Ebene noch keine den Rationalitätskriterien der traditionellen Theorie vergleichbaren Kriterien im Fuzzy-Kontext entwickelt worden, von denen man sagen könnte, daß sie weitgehende Anerkennung genießen. Daher war es ein Anliegen dieser Arbeit, zur Entwicklung solcher Kriterien beizutragen, die dann eine vergleichende Bewertung unterschiedlicher entscheidungstheoretischer Modelle erlauben.

Dazu wurde im ersten Teil der Arbeit versucht, Brücken zwischen den verschiedenen mathematischen Konzepten, soweit sie in der Literatur genannt werden, aufzuzeigen und in gewissem Umfang weiterzuentwickeln. Dabei zeigt sich, daß die Verbindung zwischen Fuzzy-Maß- und Fuzzy-Mengen-Theorie, die als Teildisziplinen der Fuzzy-Mathematik selbst wiederum nahezu unabhängig voneinander entwickelt wurden, mit einem originär probabilistischen Ansatz, dem Konzept der zufälligen Mengen, hergestellt werden kann. Damit wird dann eine maßtheoretische Interpretation von Fuzzy-Mengen möglich, die sich vor allem in der Anwendung des Fuzzy-Instrumentariums bei entscheidungstheoretischen Modellen als sehr hilfreich erweist.

Darüber hinaus zeigt sich die formale Äquivalenz der Fuzzy-Maße in Spezialfällen mit anderen mathematischen Konzepten wie den Choquet-Kapazitäten, den oberen und unteren Wahrscheinlichkeiten und insbesondere dem Wahrscheinlichkeitsmaß selbst, so daß die Fuzzy-Mathematik als Dach im Sinne einer einheitlichen Methodologie angesehen werden kann, die u.U. sogar das Potential für eine mathematische Grundlagentheorie besitzt. Zumindest aber erlaubt die maßtheoretische Sichtweise von Fuzzy-Mengen nun auf formaler, mathematischer Ebene den Vergleich mit traditionellen probabilistischen Ansätzen, wenngleich es nicht immer einfach ist, die äquivalenten Modellierungen durchführen.

Allerdings ist das fuzzy-mathematische Instrumentarium noch nicht so weit ausgereift, als daß es die Modellierung komplexer Zusammenhänge ermöglichen würde und die Brauchbarkeit einer solchen Modellierung umfassend abgeschätzt werden könnte. Bislang sind vor allem die Eigenschaften von Einfachoperationen untersucht worden, wenngleich selbst hier noch viele Fragen offen sind. Die Eigenschaften von Mehrfachverknüpfungen, insbesondere mit unterschiedlichen Operatoren, sind noch kaum untersucht, womit auch die Eigenschaften der Lösungen komplexer Modelle nicht beurteilt werden können.

Dieses für den Anwender sicherlich ernüchternde Ergebnis bedeutet nun aber keineswegs die Unbrauchbarkeit des Fuzzy-Ansatzes in der Entscheidungstheorie. Gerade hier stellen sich eine Reihe grundsätzlicher Probleme, die von der mathematischen Modellstruktur her vergleichsweise einfach sind und gut mit dem fuzzy-mathematischen Instrumentarium modelliert werden können. So wurde dann auch vor dem Hintergrund der Ergebnisse der mathematischen Betrachtung im zweiten Teil der Arbeit eine vergleichenden Bewertung der verschiedenen Fuzzy-Ansätze in der Entscheidungstheorie versucht.

Auch hier war das Hauptproblem wieder die mangelnde Vergleichbarkeit, was teilweise auf unterschiedliche Annahmen hinsichtlich der Unsicherheit, teilweise auf unterschiedliche Anforderungen an Rationalität und teilweise auf unterschiedliche Wahl der Operatoren zurückzuführen ist.

Die Konsequenzen der Wahl bestimmter Operatoren kann bei der maßtheoretischen Interpretation von Fuzzy-Mengen systematisch untersucht werden, wobei als Ergebnis festzuhalten ist, daß die Wahl eines Operators im allgemeinen konkrete substantielle Annahmen impliziert, die grundsätzlich explizit offengelegt werden sollten, und die insbesondere bei einer unkritischen Anwendung der Fuzzy-Mathematik zu unerwünschten oder gar paradoxen Ergebnissen führen können.

Die unterschiedlichen Annahmen hinsichtlich der Unschärfe und Unsicherheit führen zwar zu einer Vielzahl unterschiedlicher Modellierungskonzepte, sie zeigen jedoch auch das Potential des Fuzzy-Instrumentariums bei entscheidungstheoretischen Fragestellungen. Auch hier zeigt sich eine formale Äquivalenz zu anderen Ansätzen der beschränkten Rationalität. Viele, teilweise sehr weit zurückreichende Konzepte der Repräsentation unsicherer Information finden sich bei den Fuzzy-Ansätzen wieder oder stellen sich als Spezialfälle heraus. Damit stellt der Fuzzy-Ansatz auch auf der Modellierungsebene entscheidungstheoretischer Fragen das gemeinsame Dach für viele Ansätze dar. Allerdings soll nicht unerwähnt bleiben, daß durch das Konzept der Modellierung unscharfer Begriffe mit unscharfen Mengen auch eine Reihe neuer Aspekte in die Diskussion eingebracht wird.

Die fehlenden einheitlichen Rationalitätskriterien im Fuzzy-Kontext sind sicher ein großes Problem dieser Ansätze, das aber mit zunehmender Diskussion in diesem Bereich abnehmen sollte, wenn sich einige der vorgeschlagenen Kriterien als allgemein akzeptiert durchsetzen. Auch hier mag die maßtheoretische Sichtweise von Hilfe sein, da sie eine konsequente und vor allem konsistente Verallgemeinerung der weithin akzeptierten Rationalitätskriterien der traditionellen Theorie unterstützt.

Trotz dieses Mangels und der bislang sehr heterogenen Rationalitätskriterien im Fuzzy-Kontext lassen sich dennoch schon einige offensichtlich sehr robuste Ergebnisse der Fuzzy-Präferenztheorie festhalten. Verhalten, das klassischen Rationalitätsbedingungen nicht genügt, muß nicht generell als "irrational" im Sinne der ökonomischen Theorie eingestuft werden. Verallgemeinert man die Bedingungen mittels einer weicheren Modellierung, so ergibt sich ein Spektrum von abgestuften Kriterien, die man auch im Sinne einer graduellen Rationalität interpretieren kann. Trotzdem bleibt letztlich das Auswahlproblem, das auch bei in diesem Sinne eingeschränkt rationalem Verhalten eine eindeutige Entscheidung erfordert. Die Fülle der verschiedenen Ansätze kann dabei noch lange nicht abschließend bewertet werden.

Auch im Bereich der Social Choice-Theorie, wo im Rahmen der klassischen Entscheidungstheorie letztlich vor allem Unmöglichkeitstheoreme nachgewiesen wurden, lassen sich einige erste fruchtbare Anwendungen zeigen. Insbesondere kann man wohl eine erste Schlußfolgerung dahingehend ziehen, daß eine adäquate Berücksichtigung der vorhandenen Informationen mit gegebenenfalls nicht-probabilistischen Methoden zu paretoverbessernden Entscheidungen führen kann. Gerade in diesem Bereich der kollektiven Entscheidungen deutet sich ein großes Potential der Fuzzy-Mathematik an, dessen Umsetzung allerdings noch weiterer intensiver Forschungsarbeit bedarf.

11 Anhang

11.1 Notation

Ω	Die jeweils betrachtete Grundgesamtheit (im allg. eine beliebige Menge)
$\mathcal{P}(\Omega)$	Potenzmenge von Ω
$\mathcal{A}$	Ein System von Teilmengen der Potenzmenge von Ω, d.h. $\mathcal{A} \subseteq \mathcal{P}(\Omega)$
$p(.)$	Wahrscheinlichkeit
$\phi(.)$	Automorphismus
$\tilde{A}$	Fuzzy-Menge
$S(\tilde{A})$	Stützende Menge
A_α	α-Nieveau-Menge
A_K	Kern von $\tilde{A}$
$\mu(.)$	Fuzzy-Maß oder Zugehörigkeitsfunktion einer Fuzzy-Menge
$t(x,y)$	t-Norm
$s(x,y)$	t-Conorm
$c(x)$	Negation
$\mu_t(.)$	t-Norm-zerlegbares Fuzzy-Maß
$\mu_s(.)$	t-Conorm-zerlegbares Fuzzy-Maß

11.2 Maßtheoretische Definitionen

Ein System $\mathcal{R} \subseteq \mathcal{P}(\Omega)$ von Teilmengen einer Menge Ω heißt <u>Ring</u> in Ω, wenn gilt:

   (1) $\emptyset \in \mathcal{R}$

   (2) $A, B \in \mathcal{R} \Rightarrow A \setminus B \in \mathcal{R}$

   (3) $A, B \in \mathcal{R} \Rightarrow A \cup B \in \mathcal{R}$

Gilt zusätzlich

   (4) $\Omega \in \mathcal{R}$,

so heißt $\mathcal{R}$ eine <u>Algebra</u> in Ω.

Ein System $\mathcal{A} \subseteq \mathcal{P}(\Omega)$ von Teilmengen einer Menge Ω heißt <u>σ-Algebra</u> in Ω, wenn gilt:

   (1) $\Omega \in \mathcal{A}$

   (2) $A \in \mathcal{A} \Rightarrow CA \in \mathcal{A}$

   (3) $(A_n)_{n \in \mathbb{N}}, A_n \in \mathcal{A} \Rightarrow \bigcup_{n=1}^{\infty} A_n \in \mathcal{A}$

"Duale" Eigenschaften:

(1) $\emptyset \in \mathcal{A}$

(2) $(A_n)_{n \in \mathbb{N}}, A_n \in \mathcal{A} \Rightarrow \bigcap_{n=1}^{\infty} A_n \in \mathcal{A}$

(3) $A, B \in \mathcal{A} \Rightarrow A \setminus B = A \cap CB \in \mathcal{A}$

$\mathcal{P}(\Omega)$ ist stets eine σ-Algebra.

Jeder Durchschnitt $\bigcap_{n=1}^{\infty} A_n$ einer Familie $(A_n)_{n \in \mathbb{N}}$ von σ-Algebren ist eine σ-Algebra.

Sei $\mathcal{R}$ ein Ring in Ω. Eine Funktion $\mu: \mathcal{R} \to [0, \infty]$ heißt _Inhalt_ auf $\mathcal{R}$, wenn gilt:

(1) $\mu(\emptyset) = 0$

(2) endliche Additivität:

$$\mu\left(\bigcup_{i=1}^{n} A_i\right) = \sum_{i=1}^{n} \mu(A_i) \qquad \forall A_i \in \mathcal{R}, \quad A_i \cap A_j = \emptyset \quad \forall i, j$$

Die Funktion μ heißt _Prämaß_, wenn zusätzlich gilt:

(3) σ-Additivität:

$$\mu\left(\bigcup_{n=1}^{\infty} A_n\right) = \sum_{n=1}^{\infty} \mu(A_n) \qquad \forall (A_n)_{n \in \mathbb{N}}: A_n \in \mathcal{R}, \quad A_i \cap A_j = \emptyset \quad \forall i, j$$

Jedes auf einer σ-Algebra $\mathcal{A} \subseteq \mathcal{P}(\Omega)$ definierte Prämaß heißt _Maß_ auf $\mathcal{A}$.
Gilt $\mu(\Omega) < +\infty$, so wird das Maß _endlich_ genannt.

Ein Maß heißt _Dirac-Maß_, wenn gilt:

$$\mu(A) = \begin{cases} 1 & \text{für } x_0 \in A \\ 0 & \text{sonst} \end{cases} \qquad \forall A \in \mathcal{A}$$

Eine Funktion $P: \mathcal{A} \to [0,1]$, $\mathcal{A} \subseteq \mathcal{P}(\Omega)$ heißt _Wahrscheinlichkeitsmaß_ auf $\mathcal{A}$, wenn gilt:

(1) $A \in \mathcal{A} \Rightarrow P(A) \geq 0$

(2) $P(\Omega) = 1$

(3) $A_1, A_2, \ldots \in \mathcal{A} \land A_i \cap A_j = \emptyset \quad \forall i \neq j$
$\Rightarrow P\left(\bigcup_i A_i\right) = \sum_i P(A_i)$

11.3 Die Frage nach subjektiver Einkommensbewertung im sozio-ökonomischen Panel

51. Welches Haushaltsnettoeinkommen würden Sie – bezogen auf Ihre Lebensumstände – als ein <u>sehr schlechtes</u> Einkommen ansehen?

⬜⬜⬜⬜⬜ DM im Monat

Und was wäre für Sie – immer bezogen auf das Haushaltsnettoeinkommen –

- ein <u>schlechtes</u> Einkommen? .... ⬜⬜⬜⬜⬜ DM im Monat
- ein <u>noch ungenügendes</u> Einkommen? .... ⬜⬜⬜⬜⬜ DM im Monat
- ein <u>gerade ausreichendes</u> Einkommen? ... ⬜⬜⬜⬜⬜ DM im Monat
- ein <u>gutes</u> Einkommen? .... ⬜⬜⬜⬜⬜ DM im Monat
- ein <u>sehr gutes</u> Einkommen? .... ⬜⬜⬜⬜⬜ DM im Monat

11.4 Beweis des Satzes:
Archimedische Normen mit Nullteiler sind nilpotent

Beweis:

(i) t-Norm t ist nilpotent

$$\Rightarrow \exists \{a_i\}_{i \in \mathbb{N}}, a_i \in (0,1) \text{ mit } \sum_{i=1}^{n_o} f(a_i) > f(0) \wedge t(a_o, a_1, \ldots, a_{n_o}) = 0$$

$\Rightarrow t$ hat Nullteiler

(ii) t hat Nullteiler

$\Rightarrow \exists x, y > 0 \text{ mit } t(x,y) = 0$

$\Rightarrow t(x,y) = f^{(-1)}(f(x)+f(y)) = f^{-1}(\min\{f(x)+f(y), f(0)\}) = 0$

$\Rightarrow \min\{f(x)+f(y), f(0)\} = f(0)$

$\Rightarrow f(x)+f(y) \geq f(0)$

$\Rightarrow t$ ist nilpotent

q.e.d.

11.5   Archimedische t-Normen mit Nullteiler und konjugierte Funktionen

Weber-Familie:

$$t(x,y) = \max\left\{0, \frac{x+y-1+\lambda xy}{1+\lambda}\right\} = f^{(-1)}(f(x)+f(y)) \quad \text{mit} \quad f(x) = 1 - \frac{\ln(1+\lambda x)}{\ln(1+\lambda)}$$

$$\Rightarrow \quad \phi(x) = 1 - \frac{f(x)}{f(0)} = 1 - \frac{1 - \frac{\ln(1+\lambda x)}{\ln(1+\lambda)}}{1 - \frac{\ln(1+\lambda \cdot 0)}{\ln(1+\lambda)}} = \frac{\ln(1+\lambda x)}{\ln(1+\lambda)}$$

$$\Rightarrow \quad \phi^{-1}(x) = \frac{1}{\lambda}\left((1+\lambda)^x - 1\right)$$

$\Rightarrow$ $c(x) = \phi^{-1}(1-\phi(x)) =$

$$= \frac{1}{\lambda}\left(\left(1+\lambda\right)^{1-\frac{\ln(1+\lambda x)}{\ln(1+\lambda)}} - 1\right) = \frac{1}{\lambda}\left(\left(1+\lambda\right)^{\log_{1+\lambda}\frac{1+\lambda}{1+\lambda x}} - 1\right) =$$

$$= \frac{1+\lambda}{\lambda(1+\lambda)} - \frac{1}{\lambda} = \frac{1+\lambda - 1 - \lambda x}{\lambda(1+\lambda)} =$$

$$= \frac{1-x}{1+\lambda x}$$

$\Rightarrow$ $s(x,y) = \phi^{-1}\left(\min\{\phi(x)+\phi(y),1\}\right) =$

$$= \frac{1}{\lambda}\left(\left(1+\lambda\right)^{\min\left\{\frac{\ln(1+\lambda x)}{\ln(1+\lambda)}+\frac{\ln(1+\lambda y)}{\ln(1+\lambda)},1\right\}} - 1\right) = \frac{1}{\lambda}\left(\left(1+\lambda\right)^{\min\{\log_{1+\lambda}(1+\lambda x)(1+\lambda y),1\}} - 1\right) =$$

$$= \frac{\min\{(1+\lambda x)(1+\lambda y), 1+\lambda\} - 1}{\lambda} =$$

$$= \min\{x+y+\lambda xy, 1\}$$

Yager-t-Norm:

$$t(x,y) = 1 - \min\left\{1, \left((1-x)^\lambda + (1-y)^\lambda\right)^{1/\lambda}\right\} = f^{(-1)}(f(x)+f(y)) \quad \text{mit} \quad f(x) = (1-x)^\lambda$$

$\Rightarrow$ $\phi(x) = 1 - \dfrac{f(x)}{f(0)} = 1 - \dfrac{1-(1-x)^\lambda}{1-(1-0)^\lambda} = 1-(1-x)^\lambda$

$\Rightarrow$ $\phi^{-1}(x) = 1-(1-x)^{1/\lambda}$

$\Rightarrow$ $c(x) = \phi^{-1}(1-\phi(x)) =$
$= 1-\left(1-(1-\phi(x))\right)^{1/\lambda} = 1-(\phi(x))^{1/\lambda} =$
$= 1-\left(1-(1-x)^\lambda\right)^{1/\lambda}$

$\Rightarrow \quad s(x,y) = \phi^{-1}\left(\min\{\phi(x)+\phi(y),1\}\right) =$

$\qquad = 1 - \left(1 - \min\{1-(1-x)^\lambda + 1-(1-y)^\lambda, 1\}\right)^{1/\lambda} =$

$\qquad = 1 - \left(\max\{(1-x)^\lambda + (1-y)^\lambda - 1, 0\}\right)^{1/\lambda}$

Diese t-Conorm wird üblicherweise als die von Schweizer/Sklar bezeichnet, die sich aus der Schweizer/Sklar-t-Norm mit der Negation $c(x) = 1-x$ ergibt.

<u>Schweizer/Sklar-t-Norm:</u>

$$t(x,y) = \max\left\{0, (x^\lambda + y^\lambda - 1)^{1/\lambda}\right\} = f^{(-1)}(f(x)+f(y)) \quad \text{mit} \quad f(x) = \frac{1}{\lambda}(1-x^\lambda)$$

$\Rightarrow \quad \phi(x) = 1 - \dfrac{f(x)}{f(0)} = 1 - \dfrac{\frac{1}{\lambda}(1-x^\lambda)}{\frac{1}{\lambda}(1-0^\lambda)} = x^\lambda$

$\Rightarrow \quad \phi^{-1}(x) = x^{1/\lambda}$

$\Rightarrow \quad c(x) = \phi^{-1}(1-\phi(x)) =$

$\qquad = (1-x^\lambda)^{1/\lambda}$

$\Rightarrow \quad s(x,y) = \phi^{-1}\left(\min\{\phi(x)+\phi(y),1\}\right) =$

$\qquad = \left(\min\{x^\lambda + y^\lambda, 1\}\right)^{1/\lambda}$

Diese t-Conorm wird üblicherweise als die von Yager bezeichnet, die sich aus der Yager'schen t-Norm mit der Negation $c(x) = 1-x$ ergibt.

11.6 Bedingungen für die gleichzeitige t-Norm- und t-Conorm-Zerlegbarkeit von Fuzzy-Maßen

11.6.1 Nicht gleichzeitig t-Norm- und t-Conrom-zerlegbare Fuzzy-Maße

Aus $g(1) = \infty$, wie es für alle strikten t-Conormen gilt, folgt

$$s\big(\mu(A), \mu(A^C)\big) = g^{-1}\big(g(\mu(A)) + g(\mu(A^C))\big) = 1$$
$$\Leftrightarrow \quad g(\mu(A)) + g(\mu(A^C)) = g(1) = \infty$$
$$\Leftrightarrow \quad \text{oBdA:} \quad g(\mu(A)) = \infty \Leftrightarrow \mu(A) = 1$$

Hamacher-Familie:

Bedingung $s\big(\mu(A), \mu(A^C)\big) = 1$ liefert

$$\frac{\mu(A) + \mu(A^C) - (2-\lambda)\mu(A)\mu(A^C)}{1 - (2-\lambda)\mu(A)\mu(A^C)} = 1$$

$$\mu(A) + \mu(A^C) - 2\mu(A)\mu(A^C) + \lambda\mu(A)\mu(A^C) = 1 - \mu(A)\mu(A^C) + \lambda\mu(A)\mu(A^C)$$

$$\mu(A) - \mu(A)\mu(A^C) = 1 - \mu(A^C)$$

$$\Rightarrow \text{oBdA:} \quad \mu(A) = 1$$

Dubois/Prade-Familie:

Bedingung $s\big(\mu(A), \mu(A^C)\big) = 1$ liefert

$$\frac{\mu(A) + \mu(A^C) - \mu(A) \cdot \mu(A^C) - \min\{\mu(A), \mu(A^C), 1-\lambda\}}{\max\{1-\mu(A), 1-\mu(A^C), \lambda\}} = 1$$

$$\mu(A) + \mu(A^C) - \mu(A) \cdot \mu(A^C) = \max\{1-\mu(A), 1-\mu(A^C), \lambda\} + \min\{\mu(A), \mu(A^C), 1-\lambda\}$$

$$\mu(A) + \mu(A^C) - \mu(A) \cdot \mu(A^C) = 1 - \min\{\mu(A), \mu(A^C), 1-\lambda\} + \min\{\mu(A), \mu(A^C), 1-\lambda\}$$

$$\mu(A) - \mu(A) \cdot \mu(A^C) = 1 - \mu(A^C)$$

$$\Rightarrow \text{oBdA:} \quad \mu(A) = 1$$

Frank-Familie:

Bedingung $s(\mu(A), \mu(A^C)) = 1$ liefert

$$1 - \log_\lambda \left(1 + \frac{\left(\lambda^{1-\mu(A)} - 1\right)\left(\lambda^{1-\mu(A^C)} - 1\right)}{\lambda - 1} \right) = 1$$

$$1 + \frac{\left(\lambda^{1-\mu(A)} - 1\right)\left(\lambda^{1-\mu(A^C)} - 1\right)}{\lambda - 1} = 1$$

$\Rightarrow$ oBdA: $\lambda^{1-\mu(A)} - 1 = 0 \quad \Rightarrow \quad \mu(A) = 1$

11.6.2 Gleichzeitig t-Norm- und t-Conrom-zerlegbare Fuzzy-Maße

Sei $\langle t, s, c \rangle$ ein De Morgan-Tripel von archimedischen t-Normen mit Nullteiler und kunjugierten Funktionen. Und seien die Beschränkungen über den gesamten Definitionsbereich nicht bindend. Dann sind die darauf basierenden Fuzzy-Maße t-Norm- und t-Conrom-zerlegbar.

Beweis:

(i) μ ist t-Conorm-zerlegbar

$\Rightarrow \mu(A \cup A^C) = s(\mu(A), \mu(A^C)) = 1$

$\Rightarrow \mu(A \cup A^C) = \phi^{-1}\left(\min\{\phi(\mu(A)) + \phi(\mu(A^C)), 1\}\right) = 1$

$\Rightarrow \min\{\phi(\mu(A)) + \phi(\mu(A^C)), 1\} = \phi(1) = 1$

$\Rightarrow \phi(\mu(A)) + \phi(\mu(A^C)) \geq 1$

Sind die Beschränkungen nicht bindend, so gilt das Gleichheitszeichen

$\Rightarrow \phi(\mu(A^C)) = 1 - \phi(\mu(A))$

$\Rightarrow \mu(A^C) = \phi^{-1}(1 - \phi(\mu(A))) = c(\mu(A))$

(ii) μ ist t-Norm-zerlegbar

$\Rightarrow \mu(A \cap A^C) = t(\mu(A), \mu(A^C)) = 0$

$\Rightarrow \mu(A \cap A^C) = \phi^{-1}\left(\max\{\phi(\mu(A)) + \phi(\mu(A^C)) - 1, 0\}\right) = 0$

$\Rightarrow \max\{\phi(\mu(A)) + \phi(\mu(A^C)) - 1, 0\} = \phi(0) = 0$

$\Rightarrow \phi(\mu(A)) + \phi(\mu(A^C)) - 1 \leq 0$

Sind die Beschränkungen nicht bindend, so gilt das Gleichheitszeichen

$\Rightarrow \phi(\mu(A^C)) = 1 - \phi(\mu(A))$

$\Rightarrow \mu(A^C) = \phi^{-1}(1 - \phi(\mu(A))) = c(\mu(A))$

q.e.d.

Yager-t-Conorm:
Seien

$s(x,y) = \phi^{-1}(\min\{\phi(x) + \phi(y), 1\}) = \min\{(x^\lambda + y^\lambda)^{1/\lambda}, 1\}$

$t(x,y) = \phi^{-1}(\max\{\phi(x) + \phi(y) - 1, 0\}) = \max\{0, (x^\lambda + y^\lambda - 1)^{1/\lambda}\}$

$c(x) = (1 - x^\lambda)^{1/\lambda}$

Bei nicht bindenden Beschränkungen gilt

$\mu(A)^\lambda = 1 - \mu(A^C)^\lambda$

$s(\mu(A), \mu(A^C)) = (\mu(A)^\lambda + \mu(A^C)^\lambda)^{1/\lambda} =$

$\qquad = (1 - \mu(A^C)^\lambda + \mu(A^C)^\lambda)^{1/\lambda} = 1$

$t(\mu(A), \mu(A^C)) = (\mu(A)^\lambda + \mu(A^C)^\lambda - 1)^{1/\lambda} =$

$\qquad = (1 - \mu(A^C)^\lambda + \mu(A^C)^\lambda - 1)^{1/\lambda} = 0$

Weber/Sugeno-Familie:
Seien

$s(x,y) = \phi^{-1}(\min\{\phi(x) + \phi(y), 1\}) = \min\{x + y + \lambda xy, 1\}$

$t(x,y) = \phi^{-1}(\max\{\phi(x) + \phi(y) - 1, 0\}) = \max\left\{0, \dfrac{x + y - 1 + \lambda xy}{1 + \lambda}\right\}$

$c(x) = \dfrac{1 - x}{1 + \lambda x}$

Bei nicht bindenden Beschränkungen gilt

$$\mu(A) = \frac{1-\mu(A^C)}{1+\lambda\mu(A^C)}$$

$$s(\mu(A),\mu(A^C)) = \mu(A) + \mu(A^C) + \lambda\mu(A)\mu(A^C) =$$

$$= \frac{1-\mu(A^C)}{1+\lambda\mu(A^C)} + \mu(A^C) + \lambda\frac{1-\mu(A^C)}{1+\lambda\mu(A^C)}\mu(A^C) =$$

$$= \frac{1-\mu(A^C) + \mu(A^C) + \lambda\mu(A^C)\mu(A^C) + \lambda\mu(A^C) - \lambda\mu(A^C)\mu(A^C)}{1+\lambda\mu(A^C)} = 1$$

$$t(\mu(A),\mu(A^C)) = \frac{\mu(A) + \mu(A^C) - 1 + \lambda\mu(A)\mu(A^C)}{1+\lambda} =$$

$$= \frac{\dfrac{1-\mu(A^C)}{1+\lambda\mu(A^C)} + \mu(A^C) - 1 + \lambda\dfrac{1-\mu(A^C)}{1+\lambda\mu(A^C)}\mu(A^C)}{1+\lambda} =$$

$$= \frac{1-\mu(A^C) + (\mu(A^C)-1)(1+\lambda\mu(A^C)) + \lambda(1-\mu(A^C))\mu(A^C)}{(1+\lambda)(1+\lambda\mu(A^C))} = 0$$

<u>Schweizer/Sklar-t-Conorm:</u>

Seien

$$s(x,y) = \phi^{-1}\left(\min\{\phi(x)+\phi(y),1\}\right) = 1 - \left(\max\{(1-x)^\lambda + (1-y)^\lambda - 1, 0\}\right)^{1/\lambda}$$

$$t(x,y) = \phi^{-1}\left(\max\{\phi(x)+\phi(y)-1,0\}\right) = 1 - \min\left\{1,\left((1-x)^\lambda + (1-y)^\lambda\right)^{1/\lambda}\right\}$$

$$c(x) = 1 - \left(1-(1-x)^\lambda\right)^{1/\lambda}$$

Bei nicht bindenden Beschränkungen gilt

$$(1-\mu(A))^\lambda = 1 - \left(1-\mu(A^C)\right)^\lambda$$

$$s(\mu(A),\mu(A^C)) = 1 - \left((1-\mu(A))^\lambda + (1-\mu(A^C))^\lambda - 1\right)^{1/\lambda} =$$

$$= 1 - \left(1-(1-\mu(A^C))^\lambda + (1-\mu(A^C))^\lambda - 1\right)^{1/\lambda} = 1$$

$$t(\mu(A),\mu(A^C)) = 1 - \left((1-\mu(A))^\lambda + (1-\mu(A^C))^\lambda\right)^{1/\lambda} =$$

$$= 1 - \left(1-(1-\mu(A^C))^\lambda + (1-\mu(A^C))^\lambda\right)^{1/\lambda} = 0$$

11.7 Strikte Präferenzrelation und Indifferenzrelation mit unterschiedlichen Verknüpfungsoperatoren anhand des Beispiels

Die Werte der strikten Präferenzrelation für die unterschiedlichen Interpretationen bei Verwendung unterschiedlicher Definitionen und Verknüpfungsoperatoren:

lokale Präferenz: $\tilde{R} \cap (\tilde{R}^{-1})^C$

$\max\begin{Bmatrix} 0, \mu_R(x,y) \\ -\mu_R(y,x) \end{Bmatrix}$

	A	B	C
A	0	0	0
B	0	0	0
C	1/6	1/3	0

$\mu_R(x,y)$ für $\mu_R(x,y) > \mu_R(y,x)$

	A	B	C
A	0	0	0
B	0	0	0
C	1/2	1	0

$1 - \mu_R(y,x)$

	A	B	C
A	0	1/2	1/2
B	1/2	0	0
C	2/3	1/3	0

$\min\begin{Bmatrix} \mu_R(x,y), \\ 1 - \mu_R(y,x) \end{Bmatrix}$

	A	B	C
A	0	1/2	1/3
B	1/2	0	0
C	1/2	1/3	0

globale Präferenz mit allen nutzenrelevanten Kriterien: $\tilde{R}_g \cap (\tilde{R}_g^{-1})^C$

$\max\begin{Bmatrix} 0, \mu_R(x,y) \\ -\mu_R(y,x) \end{Bmatrix}$

	A	B	C
A	0	0	0
B	0	0	0
C	1/4	1/4	0

$\mu_R(x,y)$ für $\mu_R(x,y) > \mu_R(y,x)$

	A	B	C
A	0	0	0
B	0	0	0
C	3/4	1	0

$1 - \mu_R(y,x)$

	A	B	C
A	0	1/4	1/2
B	1/4	0	0
C	1/2	1/4	0

$\min\begin{Bmatrix} \mu_R(x,y), \\ 1 - \mu_R(y,x) \end{Bmatrix}$

	A	B	C
A	0	1/4	1/3
B	1/4	0	0
C	1/2	1/4	0

Relative Nutzenverhältnisse mit *min*-Operator: $\tilde{R}_{nl} \cap (\tilde{R}_{nl}^{-1})^C$

$\max\begin{Bmatrix} 0, \mu_R(x,y) \\ -\mu_R(y,x) \end{Bmatrix}$

	A	B	C
A	0	0	0
B	0	0	0
C	1/4	1/4	0

$\mu_R(x,y)$ für $\mu_R(x,y) > \mu_R(y,x)$

	A	B	C
A	0	0	0
B	0	0	0
C	1	1	0

$1 - \mu_R(y,x)$

	A	B	C
A	0	0	0
B	0	0	0
C	1/4	1/4	0

$\min\begin{Bmatrix} \mu_R(x,y), \\ 1 - \mu_R(y,x) \end{Bmatrix}$

	A	B	C
A	0	0	0
B	0	0	0
C	1/4	1/4	0

Relative Nutzenverhältnisse mit algebraischer t-Norm: $\tilde{R}_{n2} \cap \left(\tilde{R}_{n2}^{-1}\right)^C$

$\max\begin{Bmatrix} 0, \mu_R(x,y) \\ -\mu_R(y,x) \end{Bmatrix}$ $\quad \mu_R(x,y)$ für $\mu_R(x,y) > \mu_R(y,x)$ $\quad 1 - \mu_R(y,x) \quad$ $\min\begin{Bmatrix} \mu_R(x,y), \\ 1 - \mu_R(y,x) \end{Bmatrix}$

	A	B	C
A	0	0	0
B	0	0	0
C	⅙	⅙	0

	A	B	C
A	0	0	0
B	0	0	0
C	⅔	⅔	0

	A	B	C
A	0	½	⅓
B	½	0	⅓
C	½	½	0

	A	B	C
A	0	½	⅓
B	½	0	⅓
C	½	½	0

Relative Nutzenverhältnisse mit beschränkter t-Norm: $\tilde{R}_{n3} \cap \left(\tilde{R}_{n3}^{-1}\right)^C$

$\max\begin{Bmatrix} 0, \mu_R(x,y) \\ -\mu_R(y,x) \end{Bmatrix}$ $\quad \mu_R(x,y)$ für $\mu_R(x,y) > \mu_R(y,x)$ $\quad 1 - \mu_R(y,x) \quad$ $\min\begin{Bmatrix} \mu_R(x,y), \\ 1 - \mu_R(y,x) \end{Bmatrix}$

	A	B	C
A	0	0	0
B	0	0	0
C	1/12	1/12	0

	A	B	C
A	0	0	0
B	0	0	0
C	⅓	⅓	0

	A	B	C
A	0	0	⅔
B	0	0	⅔
C	¾	¾	0

	A	B	C
A	0	0	¼
B	0	0	¼
C	⅓	⅓	0

Die Werte der Indifferenzrelation für die unterschiedlichen Interpretationen bei Verwendung unterschiedlicher Verknüpfungsoperatoren:

lokale Präferenz: $\tilde{R} \cap \tilde{R}^{-1}$

min-Operator

	A	B	C
A	1	½	⅓
B	½	1	⅔
C	⅓	⅔	1

algebraische t-Norm

	A	B	C
A	1	¼	⅙
B	¼	1	⅔
C	⅙	⅔	1

beschränkte t-Norm

	A	B	C
A	1	0	0
B	0	1	⅔
C	0	⅔	1

globale Präferenz mit allen nutzenrelevanten Kriterien: $\tilde{R}_g \cap \tilde{R}_g^{-1}$

min-Operator

	A	B	C
A	1	¾	½
B	¾	1	¾
C	½	¾	1

algebraische t-Norm

	A	B	C
A	1	9/16	⅜
B	9/16	1	¾
C	⅜	¾	1

beschränkte t-Norm

	A	B	C
A	1	½	¼
B	½	1	¾
C	¼	¾	1

Relative Nutzenverhältnisse mit *min*-Operator: $\tilde{R}_{n1} \cap \tilde{R}_{n1}^{-1}$

min-Operator

	A	B	C
A	1	1	3/4
B	1	1	3/4
C	3/4	3/4	1

algebraische t-Norm

	A	B	C
A	1	1	3/4
B	1	1	3/4
C	3/4	3/4	1

beschränkte t-Norm

	A	B	C
A	1	1	3/4
B	1	1	3/4
C	3/4	3/4	1

Relative Nutzenverhältnisse mit algebraischer t-Norm: $\tilde{R}_{n2} \cap \tilde{R}_{n2}^{-1}$

min-Operator

	A	B	C
A	1	1/2	1/2
B	1/2	1	1/2
C	1/2	1/2	1

algebraische t-Norm

	A	B	C
A	1	1/4	1/3
B	1/4	1	1/3
C	1/3	1/3	1

beschränkte t-Norm

	A	B	C
A	1	0	1/6
B	0	1	1/6
C	1/6	1/6	1

Relative Nutzenverhältnisse mit beschränkter t-Norm: $\tilde{R}_{n3} \cap \tilde{R}_{n3}^{-1}$

min-Operator

	A	B	C
A	1	0	1/4
B	0	1	1/4
C	1/4	1/4	1

algebraische t-Norm

	A	B	C
A	1	0	1/12
B	0	1	1/12
C	1/12	1/12	1

beschränkte t-Norm

	A	B	C
A	1	0	0
B	0	1	0
C	0	0	1

11.8 Fuzzy-Indifferenz- und strikte Fuzzy-Präferenzrelation

11.8.1 Ausgangspunkt: strikte Fuzzy-Präferenz

$$\tilde{P} = \tilde{R} \cap \left(\tilde{R}^{-1}\right)^C \quad \Rightarrow \quad \tilde{I} = \tilde{R} \cap \tilde{P}^C$$

$$\mu_P(x,y) = \mu_R(x,y) \wedge \neg \mu_R(y,x)$$
$$= t\big(\mu_R(x,y), c(\mu_R(y,x))\big)$$

$$\mu_I(x,y) = \mu_R(x,y) \wedge \neg \mu_P(x,y)$$
$$= \mu_R(x,y) \wedge \neg\big(\mu_R(x,y) \wedge \neg \mu_R(y,x)\big)$$
$$= t\big(\mu_R(x,y), c(t(\mu_R(x,y), c(\mu_R(y,x))))\big)$$

<u>beschränkte Operatoren</u>

$$\mu_P(x,y) = \max\{0, \mu_R(x,y) + (1 - \mu_R(y,x)) - 1\}$$
$$= \max\{0, \mu_R(x,y) - \mu_R(y,x)\}$$

$$\mu_I(x,y) = \max\{0, \mu_R(x,y) - \max\{0, \mu_R(x,y) - \mu_R(y,x)\}\}$$
$$= \max\{0, \min\{\mu_R(x,y), \mu_R(y,x)\}\}$$
$$= \min\{\mu_R(x,y), \mu_R(y,x)\}$$

$$\mu_P(x,y) \vee \mu_I(x,y) = \min\{1, \max\{0, \mu_R(x,y) - \mu_R(y,x)\} + \min\{\mu_R(x,y), \mu_R(y,x)\}\}$$
$$= \min\{1, \mu_R(x,y)\}$$
$$= \mu_R(x,y)$$

$$\Rightarrow \tilde{P} \cup \tilde{I} = \tilde{R} \quad \text{q.e.d.}$$

$$\mu_P(x,y) \wedge \mu_I(x,y) = \max\{0, \max\{0, \mu_R(x,y) - \mu_R(y,x)\} + \min\{\mu_R(x,y), \mu_R(y,x)\} - 1\}$$
$$= \min\{0, \mu_R(x,y) - 1\}$$
$$= 0$$

$$\Rightarrow \tilde{P} \cap \tilde{I} = \emptyset \quad \text{q.e.d.}$$

min-max-Operatoren

$$\mu_P(x,y) = \min\{\mu_R(x,y), 1-\mu_R(y,x)\}$$

$$\mu_I(x,y) = \min\{\mu_R(x,y), 1-\min\{\mu_R(x,y), 1-\mu_R(y,x)\}\}$$

$$= \min\{\mu_R(x,y), \max\{1-\mu_R(x,y), \mu_R(y,x)\}\}$$

$$= \begin{cases} 1-\mu_R(x,y) & \text{für } \mu_R(x,y) \leq 1-\mu_R(y,x) \text{ und } \mu_R(x,y) > 0.5 \\ \mu_R(y,x) & \text{für } \mu_R(x,y) > 1-\mu_R(y,x) \text{ und } \mu_R(x,y) > \mu_R(y,x) \\ \mu_R(x,y) & \text{sonst} \end{cases}$$

	$\mu_R(x,y) \leq 1-\mu_R(y,x)$		$\mu_R(x,y) > 1-\mu_R(y,x)$	
	$\mu_R(x,y) \leq \tfrac{1}{2}$	$\mu_R(x,y) > \tfrac{1}{2}$	$\mu_R(x,y) \leq \mu_R(y,x)$	$\mu_R(x,y) > \mu_R(y,x)$
$\mu_P(x,y)$	$\mu_R(x,y)$	$\mu_R(x,y)$	$1-\mu_R(y,x)$	$1-\mu_R(y,x)$
$\mu_I(x,y)$	$\mu_R(x,y)$	$1-\mu_R(x,y)$	$\mu_R(x,y)$	$\mu_R(x,y)$
$\mu_P(x,y) \vee \mu_I(x,y)$	$\mu_R(x,y)$	$\mu_R(x,y)$	$\mu_R(x,y)$	$\max\{1-\mu_R(y,x), \mu_R(y,x)\}$
$\mu_P(x,y) \wedge \mu_I(x,y)$	$\mu_R(x,y)$	$1-\mu_R(x,y)$	$1-\mu_R(y,x)$	$\min\{1-\mu_R(y,x), \mu_R(y,x)\}$

$$\Rightarrow \tilde{P} \cup \tilde{I} \neq \tilde{R}, \ \tilde{P} \cap \tilde{I} \neq \varnothing \qquad \text{q.e.d.}$$

archimedische t-Normen mit Nullteiler

$$\mu_P(x,y) = W^\phi\big(\mu_R(x,y), N^\phi(\mu_R(y,x))\big)$$
$$= \phi^{-1}\Big(\max\big\{0, \phi(\mu_R(x,y)) + \phi\big(\phi^{-1}(1-\phi(\mu_R(y,x)))\big) - 1\big\}\Big)$$
$$= \phi^{-1}\Big(\max\big\{0, \phi(\mu_R(x,y)) - \phi(\mu_R(y,x))\big\}\Big)$$

$$\mu_I(x,y) = W^\phi\big(\mu_R(x,y), N^\phi(\mu_P(x,y))\big)$$
$$= \phi^{-1}\Big(\max\big\{0, \phi(\mu_R(x,y)) + \phi\big(\phi^{-1}(1-\phi(\mu_P(x,y)))\big) - 1\big\}\Big)$$
$$= \phi^{-1}\Big(\max\big\{0, \phi(\mu_R(x,y)) - \phi(\mu_P(y,x))\big\}\Big)$$
$$= \phi^{-1}\Big(\max\big\{0, \phi(\mu_R(x,y)) - \phi\big(\phi^{-1}(\max\{0, \phi(\mu_R(x,y)) - \phi(\mu_R(y,x))\})\big)\big\}\Big)$$
$$= \phi^{-1}\Big(\max\big\{0, \phi(\mu_R(x,y)) - \max\{0, \phi(\mu_R(x,y)) - \phi(\mu_R(y,x))\}\big\}\Big)$$
$$= \phi^{-1}\Big(\max\big\{0, \min\{\phi(\mu_R(x,y)), \phi(\mu_R(y,x))\}\big\}\Big)$$
$$= \phi^{-1}\Big(\min\{\phi(\mu_R(x,y)), \phi(\mu_R(y,x))\}\Big)$$

$$\mu_P(x,y) \vee \mu_I(x,y)$$
$$= \phi^{-1}\Big(\min\big\{0, \phi(\mu_P(x,y)) + \phi(\mu_I(x,y))\big\}\Big)$$
$$= \phi^{-1}\left(\min\left\{\begin{array}{l}1, \phi\big(\phi^{-1}(\max\{0, \phi(\mu_R(x,y)) - \phi(\mu_R(y,x))\})\big) \\ + \phi\big(\phi^{-1}(\min\{\phi(\mu_R(x,y)), \phi(\mu_R(y,x))\})\big)\end{array}\right\}\right)$$
$$= \phi^{-1}\left(\min\left\{\begin{array}{l}1, \max\{0, \phi(\mu_R(x,y)) - \phi(\mu_R(y,x))\} \\ + \min\{\phi(\mu_R(x,y)), \phi(\mu_R(y,x))\}\end{array}\right\}\right)$$
$$= \phi^{-1}\big(\phi(\mu_R(x,y))\big)$$
$$= \mu_R(x,y)$$
$$\Rightarrow \tilde{P} \cup \tilde{I} = \tilde{R} \quad \text{q.e.d.}$$

$\mu_P(x,y) \wedge \mu_I(x,y)$

$= \phi^{-1}\left(\max\{0, \phi(\mu_P(x,y)) + \phi(\mu_I(x,y)) - 1\}\right)$

$= \phi^{-1}\left(\max\left\{\begin{array}{l} 0, \phi\left(\phi^{-1}\left(\max\{0, \phi(\mu_R(x,y)) - \phi(\mu_R(y,x))\}\right)\right) \\ + \phi\left(\phi^{-1}\left(\min\{\phi(\mu_R(x,y)), \phi(\mu_R(y,x))\}\right)\right) - 1 \end{array}\right\}\right)$

$= \phi^{-1}\left(\max\left\{\begin{array}{l} 0, \max\{0, \phi(\mu_R(x,y)) - \phi(\mu_R(y,x))\} \\ + \min\{\phi(\mu_R(x,y)), \phi(\mu_R(y,x))\} - 1 \end{array}\right\}\right)$

$= \phi^{-1}\left(\max\{0,, \phi(\mu_R(x,y)) - 1\}\right)$

$= 0$

$\Rightarrow \tilde{P} \cap \tilde{I} = \emptyset$ q.e.d.

11.8.2 Ausgangspunkt: Fuzzy-Indifferenz

$\tilde{I} = \tilde{R} \cap \tilde{R}^{-1} \quad \Rightarrow \quad \tilde{P} = \tilde{R} \cap \tilde{I}^C$

$\mu_I(x,y) = \mu_R(x,y) \wedge \mu_R(y,x)$
$\qquad = \mathbf{t}(\mu_R(x,y), \mu_R(y,x))$

$\mu_P(x,y) = \mu_R(x,y) \wedge \neg \mu_I(x,y)$
$\qquad = \mu_R(x,y) \wedge \neg(\mu_R(x,y) \wedge \mu_R(y,x))$
$\qquad = \mathbf{t}(\mu_R(x,y), \mathbf{c}(\mathbf{t}(\mu_R(x,y), \mu_R(y,x))))$

<u>beschränkte Operatoren</u>

$\mu_I(x,y) = \max\{0, \mu_R(x,y) + \mu_R(y,x) - 1\}$

$\mu_P(x,y) = \max\{0, \mu_R(x,y) + (1 - \max\{0, \mu_R(x,y) + \mu_R(y,x) - 1\}) - 1\}$
$\qquad = \max\{0, \mu_R(x,y) - \max\{0, \mu_R(x,y) + \mu_R(y,x) - 1\}\}$
$\qquad = \min\{\mu_R(x,y), 1 - \mu_R(y,x)\}$

$\mu_P(x,y) \vee \mu_I(x,y) = \min\{1, \min\{\mu_R(x,y), 1 - \mu_R(y,x)\} + \max\{0, \mu_R(x,y) + \mu_R(y,x) - 1\}\}$
$\qquad = \min\{1, \mu_R(x,y)\}$
$\qquad = \mu_R(x,y)$

$\Rightarrow \tilde{P} \cup \tilde{I} = \tilde{R}$ q.e.d.

$$\mu_P(x,y) \wedge \mu_I(x,y) = \max\{0, \min\{\mu_R(x,y), 1-\mu_R(y,x)\} + \max\{0, \mu_R(x,y) + \mu_R(y,x) - 1\} - 1\}$$
$$= \max\{0, \mu_R(x,y) - 1\}$$
$$= 0$$

$\Rightarrow \tilde{P} \cap \tilde{I} = \varnothing$ q.e.d.

min-max-Operatoren

$$\mu_I(x,y) = \min\{\mu_R(x,y), \mu_R(y,x)\}$$

$$\mu_P(x,y) = \min\{\mu_R(x,y), 1 - \min\{\mu_R(x,y), \mu_R(y,x)\}\}$$

	$\mu_R(x,y) \leq \mu_R(y,x)$		$\mu_R(x,y) > \mu_R(y,x)$	
	$\mu_R(x,y) \leq \tfrac{1}{2}$	$\mu_R(x,y) > \tfrac{1}{2}$	$\mu_R(x,y) \leq 1-\mu_R(y,x)$	$\mu_R(x,y) > 1-\mu_R(y,x)$
$\mu_P(x,y)$	$\mu_R(x,y)$	$1-\mu_R(x,y)$	$\mu_R(x,y)$	$1-\mu_R(y,x)$
$\mu_I(x,y)$	$\mu_R(x,y)$	$\mu_R(x,y)$	$\mu_R(y,x)$	$\mu_R(x,y)$
$\mu_P(x,y) \vee \mu_I(x,y)$	$\mu_R(x,y)$	$1-\mu_R(x,y)$	$\mu_R(x,y)$	$\max\{1-\mu_R(y,x), \mu_R(y,x)\}$
$\mu_P(x,y) \wedge \mu_I(x,y)$	$\mu_R(x,y)$	$\mu_R(x,y)$	$\mu_R(y,x)$	$\min\{1-\mu_R(y,x), \mu_R(y,x)\}$

$\Rightarrow \tilde{P} \cup \tilde{I} \neq \tilde{R}$, $\tilde{P} \cap \tilde{I} \neq \varnothing$ q.e.d.

archimedische t-Normen mit Nullteiler

$$\mu_I(x,y) = W^\phi\big(\mu_R(x,y), \mu_R(y,x)\big)$$
$$= \phi^{-1}\Big(\max\big\{0, \phi(\mu_R(x,y)) + \phi(\mu_R(y,x)) - 1\big\}\Big)$$

$$\mu_P(x,y) = W^\phi\big(\mu_R(x,y), N^\phi(\mu_I(x,y))\big)$$
$$= \phi^{-1}\Big(\max\big\{0, \phi(\mu_R(x,y)) + \phi\big(\phi^{-1}(1-\phi(\mu_I(x,y)))\big) - 1\big\}\Big)$$
$$= \phi^{-1}\Big(\max\big\{0, \phi(\mu_R(x,y)) - \phi(\mu_I(y,x))\big\}\Big)$$
$$= \phi^{-1}\Big(\max\big\{0, \phi(\mu_R(x,y)) - \phi\big(\phi^{-1}(\max\{0, \phi(\mu_R(x,y)) + \phi(\mu_R(y,x)) - 1\})\big)\big\}\Big)$$
$$= \phi^{-1}\Big(\max\big\{0, \phi(\mu_R(x,y)) - \max\{0, \phi(\mu_R(x,y)) + \phi(\mu_R(y,x)) - 1\}\big\}\Big)$$
$$= \phi^{-1}\Big(\max\big\{0, \min\{\phi(\mu_R(x,y)), 1 - \phi(\mu_R(y,x))\}\big\}\Big)$$
$$= \phi^{-1}\Big(\min\big\{\phi(\mu_R(x,y)), 1 - \phi(\mu_R(y,x))\big\}\Big)$$

$$\mu_P(x,y) \vee \mu_I(x,y)$$
$$= \phi^{-1}\Big(\min\big\{1, \phi(\mu_P(x,y)) + \phi(\mu_I(x,y))\big\}\Big)$$
$$= \phi^{-1}\left(\min\left\{\begin{array}{l} 1, \phi\big(\phi^{-1}(\min\{\phi(\mu_R(x,y)), 1-\phi(\mu_R(y,x))\})\big) \\ + \phi\big(\phi^{-1}(\max\{0, \phi(\mu_R(x,y)) + \phi(\mu_R(y,x)) - 1\})\big) \end{array}\right\}\right)$$
$$= \phi^{-1}\left(\min\left\{\begin{array}{l} 1, \min\{\phi(\mu_R(x,y)), 1-\phi(\mu_R(y,x))\} \\ + \max\{0, \phi(\mu_R(x,y)) + \phi(\mu_R(y,x)) - 1\} \end{array}\right\}\right)$$
$$= \phi^{-1}\big(\phi(\mu_R(x,y))\big)$$
$$= \mu_R(x,y)$$
$$\Rightarrow \tilde{P} \cup \tilde{I} = \tilde{R} \quad \text{q.e.d.}$$

$$\mu_P(x,y) \wedge \mu_I(x,y)$$
$$= \phi^{-1}\Big(\max\big\{0, \phi(\mu_P(x,y)) + \phi(\mu_I(x,y)) - 1\big\}\Big)$$
$$= \phi^{-1}\left(\max\left\{\begin{array}{l} 0, \phi\Big(\phi^{-1}\big(\min\{\phi(\mu_R(x,y)), 1-\phi(\mu_R(y,x))\}\big)\Big) \\ + \phi\Big(\phi^{-1}\big(\max\{0, \phi(\mu_R(x,y)) + \phi(\mu_R(y,x)) - 1\}\big)\Big) - 1 \end{array}\right\}\right)$$
$$= \phi^{-1}\left(\max\left\{\begin{array}{l} 0, \min\{\phi(\mu_R(x,y)), 1-\phi(\mu_R(y,x))\} \\ + \max\{0, \phi(\mu_R(x,y)) + \phi(\mu_R(y,x)) - 1\} - 1 \end{array}\right\}\right)$$
$$= \phi^{-1}\Big(\max\big\{0, \phi(\mu_R(x,y)) - 1\big\}\Big)$$
$$= 0$$
$$\Rightarrow \tilde{P} \cap \tilde{I} = \emptyset \quad \text{q.e.d.}$$

11.9 Programm zur Berechnung der "nächsten" scharfen Präferenzordnung

```
Fuzzy-Relation
fr={   1, 0.73, 0.49, 0.25,
    0.27,    1, 0.76, 0.52,
    0.51, 0.24,    1, 0.76,
    0.75, 0.48, 0.24,    1};
diff=Abs[fr-sr];
d1=Sum[diff[[i]],{i,16}]
d2=Sqrt[Sum[diff[[i]]^2,{i,16}]]
```

Scharfe Relation: A>B>C>D
```
sr={1,1,1,1,
    0,1,1,1,
    0,0,1,1,
    0,0,0,1};
4.98
1.575499920660106
```

Scharfe Relation: A>B>D>C
```
sr={1,1,1,1,
    0,1,1,1,
    0,0,1,0,
    0,0,1,1};
6.02
1.87675
```

Scharfe Relation: A>C>D>B
```
sr={1,1,1,1,
    0,1,0,0,
    0,1,1,1,
    0,1,0,1};
6.1
1.897946258459391
```

Scharfe Relation: A>C>B>D
```
sr={1,1,1,1,
    0,1,0,1,
    0,1,1,1,
    0,0,0,1};
6.02
1.876752514318284
```

Scharfe Relation: B>C>D>A
```
sr={1,0,0,0,
    1,1,1,1,
    1,0,1,1,
    1,0,0,1};
4.86
1.53695
```

Scharfe Relation: B>C>A>D
sr={1,0,0,1,
    1,1,1,1,
    1,0,1,1,
    0,0,0,1};
5.86
1.83363

Scharfe Relation: B>D>A>C
sr={1,0,1,0,
    1,1,1,1,
    0,0,1,0,
    1,0,1,1};
5.94
1.85532

Scharfe Relation: B>D>C>A
sr={1,0,0,0,
    1,1,1,1,
    1,0,1,0,
    1,0,1,1};
5.9
1.84451

Scharfe Relation: B>A>C>D
sr={1,0,1,1,
    1,1,1,1,
    0,0,1,1,
    0,0,0,1};
5.9
1.84451

Scharfe Relation: B>A>D>C
sr={1,0,1,1,
    1,1,1,1,
    0,0,1,0,
    0,0,1,1};
6.94
2.10765

Scharfe Relation: C>D>A>B
sr={1,1,0,0,
    0,1,0,0,
    1,1,1,1,
    1,1,0,1};
5.06
1.60069

Scharfe Relation: C>D>B>A
sr={1,0,0,0,
    1,1,0,0,
    1,1,1,1,
    1,1,0,1};
5.98
1.86607

Scharfe Relation: C>A>B>D
sr={1,1,0,1,
 0,1,0,1,
 1,1,1,1,
 0,0,0,1};
5.98
1.86607

Scharfe Relation: C>A>D>B
sr={1,1,0,1,
 0,1,0,0,
 1,1,1,1,
 0,1,0,1};
6.06
1.88738

Scharfe Relation: C>B>D>A
sr={1,0,0,0,
 1,1,0,1,
 1,1,1,1,
 1,0,0,1};
5.9
1.84451

Scharfe Relation: C>B>A>D
sr={1,0,0,1,
 1,1,0,1,
 1,1,1,1,
 0,0,0,1};
6.9
2.09814

Scharfe Relation: D>C>B>A
sr={1,0,0,0,
 1,1,0,0,
 1,1,1,0,
 1,1,1,1};
7.02
2.12655

Scharfe Relation: D>C>A>B
sr={1,1,0,0,
 0,1,0,0,
 1,1,1,0,
 1,1,1,1};
6.1
1.89795

Scharfe Relation: D>B>A>C
sr={1,0,1,0,
 1,1,1,0,
 0,0,1,0,
 1,1,1,1};
6.02
1.87675

Scharfe Relation: D>B>C>A
sr={1,0,0,0,
    1,1,1,0,
    1,0,1,0,
    1,1,1,1};
5.98
1.86607

Scharfe Relation: D>A>C>B
sr={1,1,1,0,
    0,1,0,0,
    0,1,1,0,
    1,1,1,1};
6.14
1.90845

Scharfe Relation: D>A>B>C
sr={1,1,1,0,
    0,1,1,0,
    0,0,1,0,
    1,1,1,1};
5.1
1.61313

11.10 Berechnung des unteren Choquet-Integral für alle drei Individuen

Tabelle der oberen und unteren Wahrscheinlichkeiten

	$p_1(.)$	$p_2(.)$	$p_3(.)$	$\sup\{p_1,p_2,p_3\}$	$\inf\{p_1,p_2,p_3\}$
$\{a\}$	0.2	0.5	0.7	0.7	0.2
$\{b\}$	0.3	0.1	0.1	0.3	0.1
$\{c\}$	0.3	0.1	0.1	0.3	0.1
$\{d\}$	0.2	0.3	0.1	0.3	0.1
$\{a,b\}$	0.5	0.6	0.8	0.8	0.5
$\{a,c\}$	0.5	0.6	0.8	0.8	0.5
$\{a,d\}$	0.4	0.8	0.8	0.8	0.4
$\{b,c\}$	0.6	0.2	0.2	0.6	0.2
$\{b,d\}$	0.5	0.4	0.2	0.5	0.2
$\{c,d\}$	0.5	0.4	0.2	0.5	0.2
$\{a,b,c\}$	0.8	0.7	0.9	0.9	0.7
$\{a,b,d\}$	0.7	0.9	0.9	0.9	0.7
$\{a,c,d\}$	0.7	0.9	0.9	0.9	0.7
$\{b,c,d\}$	0.8	0.5	0.3	0.8	0.3
Ω	1	1	1	1	1

Berechnung des unteren Choquet-Erwartungsnutzen

Individuum 1:

	a	b	c	d	Unterer Choquet-Erwartungsnutzen
A	1	2	3	4	$4\mu(\{d\}) + 3[\mu(\{c,d\}) - \mu(\{d\})] + 2[\mu(\{b,c,d\}) - \mu(\{c,d\})] + 1[\mu(\Omega) - \mu(\{b,c,d\})]$ $= 4 \cdot 0.1 + 3 \cdot (0.2 - 0.1) + 2 \cdot (0.3 - 0.2) + 1 \cdot (1 - 0.3) = 1.6$
B	2	1	1	0	$2\mu(\{a\}) + 1[\mu(\{a,b\}) - \mu(\{a\})] + 1[\mu(\{a,b,c\}) - \mu(\{a,c\})] + 1[\mu(\Omega) - \mu(\{a,b,c\})]$ $= 2 \cdot 0.2 + 1 \cdot (0.5 - 0.2) + 2 \cdot (0.7 - 0.5) + 0 \cdot (1 - 0.7) = 0.9$
C	1	0	5	2	$5\mu(\{c\}) + 2[\mu(\{c,d\}) - \mu(\{c\})] + 1[\mu(\{a,c,d\}) - \mu(\{c,d\})] + 0[\mu(\Omega) - \mu(\{a,c,d\})]$ $= 5 \cdot 0.1 + 2 \cdot (0.2 - 0.1) + 1 \cdot (0.7 - 0.2) + 0 \cdot (1 - 0.7) = 1.2$

Individuum 2:

	a	b	c	d	Unterer Choquet-Erwartungsnutzen
A	5	0	0	2	$5\mu(\{a\})+2[\mu(\{a,d\})-\mu(\{a\})]+0[\mu(\{a,b,d\})-\mu(\{a,d\})]+0[\mu(\Omega)-\mu(\{a,b,d\})]$ $= 5 \cdot 0.2 + 2 \cdot (0.4 - 0.2) = 1.4$
B	3	3	3	3	$3\mu(\{a\})+3[\mu(\{a,b\})-\mu(\{a\})]+3[\mu(\{a,b,c\})-\mu(\{a,c\})]+3[\mu(\Omega)-\mu(\{a,b,c\})]$ $= 3$
C	2	4	4	1	$4\mu(\{b\})+4[\mu(\{b,c\})-\mu(\{b\})]+2[\mu(\{a,b,c\})-\mu(\{b,c\})]+1[\mu(\Omega)-\mu(\{a,b,c\})]$ $= 4 \cdot 0.1 + 4 \cdot (0.2 - 0.1) + 4 \cdot (0.7 - 0.2) + 1 \cdot (1 - 0.7) = 2.1$

Individuum 3:

	a	b	c	d	Unterer Choquet-Erwartungsnutzen
A	3	0	0	0	$3\mu(\{a\})+3[\mu(\{a,d\})-\mu(\{a\})]+0[\mu(\{a,b,d\})-\mu(\{a,d\})]+0[\mu(\Omega)-\mu(\{a,b,d\})]$ $= 3 \cdot 0.2 = 0.6$
B	0	5	5	5	$5\mu(\{b\})+5[\mu(\{b,c\})-\mu(\{b\})]+5[\mu(\{a,b,c\})-\mu(\{b,c\})]+3[\mu(\Omega)-\mu(\{a,b,c\})]$ $= 5 \cdot 0.1 + 5 \cdot (0.2 - 0.1) + 5 \cdot (0.7 - 0.2) + 0 \cdot (1 - 0.7) = 2.1$
C	1	3	3	1	$3\mu(\{b\})+3[\mu(\{b,c\})-\mu(\{b\})]+1[\mu(\{a,b,c\})-\mu(\{b,c\})]+1[\mu(\Omega)-\mu(\{a,b,c\})]$ $= 3 \cdot 0.1 + 3 \cdot (0.2 - 0.1) + 1 \cdot (0.7 - 0.2) + 1 \cdot (1 - 0.7) = 1.4$

Gesamtnutzen:

	a	b	c	d	Unterer Choquet-Erwartungsnutzen
A	9	2	3	6	$9\mu(\{a\})+6[\mu(\{a,d\})-\mu(\{a\})]+3[\mu(\{a,c,d\})-\mu(\{a,d\})]+2[\mu(\Omega)-\mu(\{a,c,d\})]$ $= 9 \cdot 0.2 + 6 \cdot (0.4 - 0.2) + 3 \cdot (0.7 - 0.4) + 2 \cdot (1 - 0.7) = 4.5$
B	5	9	9	8	$9\mu(\{b\})+9[\mu(\{b,c\})-\mu(\{b\})]+8[\mu(\{b,c,d\})-\mu(\{b,c\})]+5[\mu(\Omega)-\mu(\{b,c,d\})]$ $= 9 \cdot 0.1 + 9 \cdot (0.2 - 0.1) + 8 \cdot (0.3 - 0.2) + 5 \cdot (1 - 0.3) = 6.1$
C	4	7	12	4	$12\mu(\{c\})+7[\mu(\{b,c\})-\mu(\{c\})]+4[\mu(\{a,b,c\})-\mu(\{b,c\})]+4[\mu(\Omega)-\mu(\{a,b,d\})]$ $= 12 \cdot 0.1 + 7 \cdot (0.2 - 0.1) + 4 \cdot (0.7 - 0.2) + 4 \cdot (1 - 0.7) = 4.5$

12 Literatur

Adamo, J.M. (1980): Fuzzy Decision Trees, *Fuzzy Sets and Systems* **4**: 207-219

Aizerman, M.A. (1985): New Problems in the General Choice Theory, *Social Choice and Welfare* **2**: 235-282

Akashi, H. (ed.) (1983): *Control Science and Technology for Progress of Society*, New York: Pergamon Press

Alsina, C; Trillas, E.; Valverde, L. (1980): On distributive logical connectives for fuzzy set theory, *Busefal* **3**: 18-29

Alsina, C. (1985): On a family of connectives for fuzzy sets, *Fuzzy Sets and Systems* **16**: 231-235

Ambartzumjan, R.V.; Mecke, J.; Stoyan, D. (1993): *Geometrische Wahrscheinlichkeiten und Stochastische Geometrie*, Berlin: Akademie Verlag

Anger, B. (1971): Approximation of Capacities by Measures, *Lecture Notes in Mathematics* **226**, Berlin: Springer: 152-170

Anger, B. (1972): Kapazitäten und obere Einhüllende von Maßen, *Mathematische Annalen* **199**: 115-130

Anger, B. (1977): Representation of Capacities, *Mathematische Annalen* **229**: 245-258

Arrow, K.J. (1951): *Social Choice and Individual Values*, New York: Wiley

Arrow, K.J. (1959): Rational Choice Functions and Orderings, *Econometrica* **26**: 121-127

Arrow, K.J.; Karlin, S.; Suppes, P. (eds.) (1959): *Mathematical Methods in Social Sciences*, Stanford: Stanford University Press

Aumann, R.J. (1965): Integrals of Set-Valued Functions, *Journal of Mathematical Analysis and Applications* **12**: 1-12

Baas, S.M.; Kwakernaak, H. (1977): Rating and Ranking of Multiple Aspect Alternative Using Fuzzy Sets, *Automatica* **13**: 47-58

Baldwin, J.F.; Guild, N.C.F. (1979): Comparison of Fuzzy Sets on the same Decison Space, *Fuzzy Sets and Systems* **2**: 213-231

Bandemer, H.; Gottwald, S. (1993): *Einführung in Fuzzy-Methoden*, 4. erw. Aufl., Berlin: Akademie Verlag

Bandemer, H.; Näther, W. (1992): *Fuzzy Data Analysis*, Dordrecht et al.: Kluwer

Banerjee, A. (1993): Rational choice under fuzzy preferences: The Orlovsky choice function, *Fuzzy Sets and Systems* **53**: 295-299

Banerjee, A. (1994): Fuzzy preferences and Arrow-type problems in social choice, *Social Choice and Welfare* **11**: 121-130

Banerjee, A. (1995): Fuzzy choice functions, revealed preference and rationality, *Fuzzy Sets and Systems* **70**: 31-43

Barberá, S.; Valenciano, F. (1983): Collective Probabilistic Judgements, *Econometrica* **51**(4): 1033-1046

Bardossy, A.; Duckstein, L.; Bogardi, I. (1993): Combination of Fuzzy-Numbers representing expert opinions, *Fuzzy Sets and Systems* **57**: 173-181

Barrett, C.R.; Pattanaik, P.K. (1985): On Vague Preferences, in: Enderle (Hg.): 69-84

Barrett, C.R.; Pattanaik, P.K. (1990b): Aggregation of Fuzzy Preferences, in: Kacprzyk/Fedrizzi (eds.): 155-162

Barrett, C.R.; Pattanaik, P.K.; Salles, M. (1990a): On choosing rationality when preferences are fuzzy, *Fuzzy Sets and Systems* **34**: 197-212

Barrett, C.F.; Pattanaik, P.K.; Salles, M. (1992): Rationality and aggregation of preferences in an ordinally fuzzy framework, *Fuzzy Sets and Systems* **49**: 9-13

Basu, K. (1984): Fuzzy Revealed Preferences, *Journal of Economic Theory* **32**: 2 12-227

Basu, K. (1987): Axioms for a Fuzzy Measure of Inequality, in: *Mathematical Social Sciences* **14**: 275-288

Bauer, H. (1991): *Wahrscheinlichkeitstheorie*, 4.Aufl., Berlin/New York: Walter de Gruyter

Bauer, H. (1992): *Maß- und Integrationstheorie*, 2.Aufl., Berlin/New York: Walter de Gruyter

Bellmann, R.E.; Zadeh, L.A. (1970): Decision-Making in a Fuzzy Environment, in: *Management Science* **17**(4): B 141-164

Berger, J.; Wolpert, R. (1988): *The Likelihood Principle*, Institute of Mathematical Statistics, Hayward

Bernardo, J.M.; De Groot, M.H.; Lindley, D.V.; Smith, A.F.M. (eds.) (1980): *Bayesian Statistics 1*, Valencia: University Press

Berres, M. (1987): On a Multiplicaton and a Theory of Integration for belief and Plausibility Functions, *Journal of Mathematical Analysis and Applications* **121**: 487-505

Bezdek, J.; Spillman, B.; Spillman, R. (1978): Fuzzy Relation Space for Group Decision Theory, *Fuzzy Sets and Systems* **1**: 255-268

Bezdek, J.; Spillman, B.; Spillman, R. (1979): Fuzzy Relation Space for Group Decision Theory: An Application, *Fuzzy Sets and Systems* **2**: 5-14

Billingsley, P. (1986): *Probability and Measure*, 2nd ed., New York et al.: John Wiley & Sons

Billot, A. (1991a): Cognitive Rationality and Alternative Belief Measures, *Journal of Risk and Uncertainty* **4**: 299-324

Billot, A. (1991b): Aggregation of Preferences: The Fuzzy Case, *Theory and Decision* **30**: 51-93

Billot, A. (1992a): *Economic Theory of Fuzzy Equilibria*, Berlin u.a.: Springer

Billot, A. (1992b): From fuzzy set theory to non-additive probabilities: How have economists reacted, *Fuzzy Sets and Systems* **49**: 75-90

Böhme, G. (1993): *Fuzzy-Logik. Einführung in die algebraischen und logischen Grundlagen*, Berlin u.a.: Springer

Bondareva, O.N. (1990): Revealed Fuzzy Preferences, in: Kacprzyk/Fedrizzi (eds.): 71-79

Borovcnik, M. (1992): *Stochastik im Wechselspiel von Intuitionen und Mathematik*, Mannheim u.a.: Bibliographisches Institut

Bosch, H. (1993): *Entscheidungen und Unschärfe: eine entscheidungstheoretische Analyse der Fuzzy-Set-Theorie*. Bergisch Gladbach/Köln: Josef Eul

Bossel, H.; Klaczko, S.; Müller, N. (eds.) (1976): *Systems Theory in Social Sciences*, Basel

Bossert, W.; Stehling, F. (1990): *Theorie kollektiver Entscheidungen*, Berlin u.a.: Springer

Bouchon, B.; Saitta, L.; Yager, R. (eds.) (1988): *Uncertainty and Intelligent Systems*, Berlin u.a.: Springer

Bouchon-Meunier, B.; Yager, R.R.; Zadeh, L.A. (eds.) (1991): *Uncertainty in Knowledge Bases*, Berlin u.a.: Springer

Brachinger, H.W. (1992): Entscheidungskriterien bei partieller Wahrscheinlichkeitsinformation - eine klassifikatorische Übersicht, *Operations Research, Proceedings 1992*: 407-413

Bronstein, I.N.; Semendjajew, K. (1986): *Taschenbuch der Mathematik*, 22. Aufl., und *Ergänzende Kapitel*, 4.Aufl., hrsg. von Grosche, G; Ziegler, V.; Ziegler, D., Thun/Frankfurt: Harri Deutsch

Broome, J. (1989): Should Social Preferences be Consistent? *Economics and Philosophy* **5**: 7-17

Bucher, T. (1987): *Einführung in die angewandte Logik*, Berlin/New York: Walter de Gruyter

Buckley, J.J. (1987): The Fuzzy Mathematics of Finance, *Fuzzy Sets and Systems* **21**: 257-273

Buckley, J.J.; Chanas S. (1989): A fast method of ranking alternatives using fuzzy numbers, *Fuzzy Sets and Systems* **30**: 337-339

Bühler, W. (1981): Flexible Investitions- und Finanzplanung bei unvollkommen bekannten Übergangswahrscheinlichkeiten, *OR Spektrum* **2**: 207-211

Butnariu, D.; Roventa, E. (1992): A measure theoretical approach of the problem of computing productions costs, *Fuzzy Sets and Systems* **48**: 305-321

Butnariu, D.; Klement, E.P. (1993): *Triangular Norm-Based Measures and Games with Fuzzy Coalitions*, Dordrecht u.a.: Kluwer

de Campos, L.M.; Jorge, M. (1992): Characterization and comparison of Sugeno and Choquet integrals, *Fuzzy Sets and Systems* **52**: 61-67

Chateauneuf, A. (1988): Uncertainty Aversion and Risk Aversion in Models with Nonadditive Probabilities, in: Munier (ed.): 615-627

Chateauneuf, A. (1991): On the use of capacities in modeling uncertainty aversion and risk aversion, *Journal of Mathematical Economics* **20**: 343-369

Chateauneuf, A.; Jaffray, J.-Y. (1989): Some Characterizations of Lower Probabilities and Other Monotone Capacities through the Use of Möbius Inversion, *Mathematical Social Sciences* **17**: 263-283

Chen, S.-J. (1985): Ranking Fuzzy Numbers with Maximizing and Minimizing Sets, *Fuzzy Sets and Systems* **17**: 113-129

Chen, S.-J.; Hwang, C.-L. (1992): *Fuzzy Multiple Attribute Decision Making*, Berlin u.a.: Springer

Chipman, J.S. (1960): Stochastic Choice and Subjective Probability, in: Willner (ed.)

Cholewa, W. (1985): Aggregation of Fuzzy Opinions - An Axiomatic Approach, *Fuzzy Sets and Systems* **17**: 249-258

Choquet, G. (1953): Theory of Capacities, *Annales de L'Institut Fourier* **5**: 131-295

Climestcu, A.C. (1946): Sur l'équation fonctionelle de l'associativité, *Bull. École Polytech. Jassy* **1**: 1-16

Cooke, R.M. (1991): *Experts in Uncertainty*, New York, Oxfod: Oxford University Press

Coombs, C.H. (1950): Psychological Scaling without a Unit of Measurement, *Psychological Review* **57**: 145ff.

Coombs, C.H. (1954): Social Choice and Strength of Preference, in: Thrall et al. (eds.): 69ff.

Coughlin, P.J. (1992): *Probabilistic voting theory*. Cambridge, England: Cambridge University Press

Cressie, N.; Laslett, G.M. (1987): Random Set Theory and Problems of Modeling, *SIAM Review* **29**(4): 557-574

Dasgupta, M.; Deb, R. (1991): Fuzzy choice functions, *Social Choice and Welfare* **8**(3), 171-182

De Beats, B.; Kerre, E. (1993): Fuzzy relational compositions, *Fuzzy Sets and Systems* **60**: 109-120

Debreu, G. (1954): Representation of a preference ordering by a numerical function. In: Thrall et al. (eds.): 159-165

Debreu, G. (1967): Intergration of Correspondences, *Proceedings of the Fifth Berkeley Symposium on Mathematical Statistics and Probability*, II(I), 351-372

Delgado, M.; Vergegay, M.A.; Vila, M.A. (1988): A procedure for ranking fuzzy numbers using fuzzy relations, *Fuzzy Sets and Systems* **26**(1)

Dellacherie, C. (1971): Quelques commentaires sur les prolongements de capacités, *Seminaire de Probabilités V Strasbourg*, Lecture Notes in Mathematics 191, Berlin: Springer, 77-81

Dempster, A.P. (1967): Upper and Lower Probabilities induced by a Multivalued Mapping, *The Annals of Mathematical Statistics* **38**: 325-339

Dempster, A.P. (1968): A generalization of Bayesian Inference, *Journal of the Royal Statistical Society*, Ser. B, **30**: 205-231

Despontin, M.; Nijkamp, P.; Spronk, J. (eds.) (1984): Macro-Economic Planning with Conflict Goals, Berlin u.a.

Di Nola, A.; Pedrycz, W.; Sessa, S.; Sanchez, E. (1991): Fuzzy relation equations theory as a basis of fuzzy modelling: An overview, *Fuzzy Sets and Systems* **40**: 415-429

Di Nola, A.; Sessa, S.; Pedrycz, W.; Sanchez, E. (1989): *Fuzzy relation equations and their applications to Knowledge engineering*, Dordrecht: Kluwer

Di Nola, A.; Ventre, A.G.D. (eds.) (1969): *The Mathematics of Fuzzy systems*, Köln: TÜV Rheinland

Dinges, H.; Rost, H. (1982): *Prinzipien der Stochastik*, Stuttgart: Teubner

Dombi, J. (1982): A general class of fuzzy operators, the de Morgan-class of fuzzy operators and fuzziness measures induced by fuzzy operators, *Fuzzy Sets and Systems* **8**: 149-163

Dubois, D.; Koning, J.-L. (1991): Social choice axioms for fuzzy set aggregation, *Fuzzy Sets and Systems* **43**: 257-274

Dubois, D.; Prade, H. (1980a): *Fuzzy Sets and Systems. Theory and Applications*, New York u.a.: Academic Press

Dubois, D.; Prade, H. (1980b): New results about properties and semantics of fuzzy set-theoretic operators, in: Wang/Chang (eds.): 59-75

Dubois, D.; Prade, H. (1982a): A class of fuzzy measures based on triangular norms, *International Journal of General Systems* **8**: 225-233

Dubois, D.; Prade, H. (1982b): The use of fuzzy numbers in decision analysis, in: Gupta/Sanchez (eds.) (1982a): 309-321

Dubois, D.; Prade, H. (1983a): Unfair coins and necessity measures: towards a probabilistic interpretaion of histograms, *Fuzzy Sets and Systems* **10**: 15-20

Dubois, D.; Prade, H. (1983b): Ranking of fuzzy numbers in the setting of possibility theory, *Information Science* **30**: 183-224

Dubois, D.; Prade, H. (1984): Criteria Aggregation and Ranking of Alternatives in the Framework of Fuzzy Set Theory, in: Zimmermann et al. (eds.), 209-240

Dubois, D.; Prade, H. (1985): A Survey of Set Functions for the Assessment of Evidence, in: Kacprzyk/Yager (eds.): 176-188

Dubois, D.; Prade, H. (1987): The mean value of a fuzzy number, *Fuzzy Sets and Systems* **24**: 279-300

Dubois, D.; Prade, H. (1988a): *Possibility Theory. An Approach to Computerized Processing of Uncertainty*, New York/London: Plenum Press

Dubois, D.; Prade, H. (1988b): Decision Evaluation Methods under Uncertainty and Imprecision, in: Kacprzyk/Fedrizzi (eds.), 48-65

Dubois, D.; Prade, H. (1990): Quantifying Vagueness and Possibility: New Trends in Knowledge Representation, in: Furstenberg, v. (ed.), 399-422

Dubois, D.; Prade, H. (1991): Fuzzy sets in approximate Reasoning, Part 1: Inference with possibility distributions, *Fuzzy Sets and Systems* **40**: 143-202

Dutta, B. (1987): Fuzzy Preferences and Social Choice, *Mathematical Social Sciences* **13**: 215-229

Dutta, B.; Panda, S.C.; Pattanaik, P.K. (1986): Exact Choice and Fuzzy Preferences, in: *Mathematical Social Sciences* **11**: 53-68

Dvoretzky, A.; Wald, A.; Wolfowitz, J. (1951): Relations among certain ranges of vector measures, *Pacific Journal of Mathematics* **1**: 59-74

Dyckhoff, H. (1985): Basic concepts for a theory of evaluation: hierarchical aggregation via autodistributive connectives in fuzzy set theory, *European Journal of Operations Research* **20**: 221-233

Dyckhoff, H. (1986): Interessenaggregation unterschiedlichen Egalitätsgrades: ein Ansatz auf der Basis der Theorie unscharfer Mengen, *Operations Research, Proceedings 1985*: 429-435

Dyckerhoff, R. (1994): *Choquet-Erwartungsnutzen und antizipierter Nutzen*, Dissertation, Hamburg

Eichenberger, R. (1992): *Verhaltensanomalien und Wirtschaftswissenschaft*, Wiesbaden: DUV

Ellsberg, D. (1961): Risk, Ambiguity and the Savage Axioms, *Quarterly Journal of Economics* **75**: 643-669

Enderle, G. (Hg.) (1985): *Ethik und Wirtschaftswissenschaften*, Berlin: Duncker & Humblot

Felix, R. (1994): Relationship between goals in multiple attribute decision making, in: *Fuzzy Sets and Systems* **67**: 47-52

Fernandez, R.; Rodrik, D. (1991): Resistance to Reform: Status Quo Bias in the Presence of Individual-Specific Uncertainty, in: *The American Economic Review* **81**(5): 1146-1155

Fine, T.L. (1973): *Theories of Probability: An Examination of Foundations*, New York: Academic Press

Fishburn, P.C. (1970): *Utility Theory for Decision Making*, New York et al.: John Wiley & Sons

Fishburn, P.C. (1978): Acceptable Social Choice Lotteries, in: Gottinger/Leinfellner (eds.): 133-152

Fishburn, P.C. (1984): SSB Utility Theory and Decision-Making under Uncertainty, *Mathematical Social Sciences* **8**: 253-285

Fishburn, P.C. (1988): *Nonlinear Preference and Utility Theory*, Baltimore/London: John Hopkins

Fodor, J.C. (1992): An axiomatic approach to fuzzy preference modelling, *Fuzzy Sets and Systems* **52**: 47-52

Fodor, J.C. (1993): Fuzzy connectives via matrix logic, in: *Fuzzy Sets and Systems* **56**: 67-77

Fodor, J.C.; Ovchinnikov, S. (1995): On aggregation of T-transitive fuzzy binary relations, *Fuzzy Sets and Systems* **72**: 135-145

Frank, M.J. (1979): On the Simultaneous Associativity of F(x,y) and x+y-F(x,y), *Aequationes Math.* **19**: 137-152

Freeling, A.N.S. (1980): Fuzzy Sets and Decision Analysis, *IEEE Transactions on Systems Man and Cybernetics* SMC-10: 341-354

French, S. (1984): Fuzzy Decision Analysis: Some Criticism, in: Zimmermann et al. (eds): 29-44

French, S. (1986): *Decision Theory: An Introduction to the Mathematics of Rationality*, New York: Ellis Horwood

Furstenberg, G.M. v. (ed.) (1990): *Acting under Uncertainty: Multidisciplinary Concepts*, Dordrecht: Kluwer

Fustier, B. (1986): The Fuzzy Demand, in: Ponsard/Fustier (eds.), 29-45

Gäfgen, G. (1963): *Theorie der wirtschaftlichen Entscheidung*, Tübingen: J.C.B. Mohr

Gärtner, W. (1985): Einige Theorien der Verteilungsgerechtigkeit im Vergleich, in: Enderle, G. (Hg): *Ethik und Wirtschaftswissenschaft*, Berlin, 1985, 112-142

Gebhard, J.; Kruse, R. (1993): The Context Model: An Integrating View of Vagueness and Uncertainty, *International Journal of Approximate Reasoning* **9**: 283-314

Gellert, W; Küstner, H.; Hellweich, M; Kästner, H. (1984): *Kleine Enzyklopädie Mathematik*, 2. Aufl., Thun/Frankfurt: Harri Deutsch

Genest, C.; Zidek, J.V. (1986): Combining Probability Distributions: A Critique and an Annotated Bilbliography, in: *Statistical Science* **1**(1): 114-148

Gisin, V.B. (1994): On transitivity of strict preference relations, *Fuzzy Sets and Systems* **67**: 293-301

Glazer, A. (1989): The social discount rate under majority voting, in: *Public Finance* **44**(3): 383-394

Glazer, A.; Konrad, K.A. (1993): The evaluation of risky projects by voters, in: *Journal of Public Economics* **52**: 377-390

Goguen, J.A. (1969): The logic of inexact concepts, *Synthese* **19**: 325-373

Gonzales, A.; Vila, M.A. (1992): Dominance Relations on Fuzzy Numbers, *Information Sciences* **64**: 1-16

Good, I.J. (1952): Rational Decisions, *Journal of Royal Statistical Society*, Series B, **14**: 107-114

Good, I.J. (1962): Subjective Probability as a measure of a non-measurable set, in: Nagel et al. (eds.): 183-196

Good, I.J (1980): Some history of the hierarchical Bayesian methodology, in Bernardo et al. (eds): 489-519

Goodman, I.R. (1982): Fuzzy Sets as Equivalence Classes of Random Sets, in: Yager (ed.): 327-343

Goodman, I.R.; Nguyen, H.T. (1985): *Uncertainty Models for Knowledge-Based Systems*, Amsterdam: North Holland

Gottinger, H.W. (1974): *Grundlagen der Entscheidungstheorie*, Stuttgart: Gustav Fischer

Gottinger, H.W. (1978): *Decision Theory and Social Ethics, Issues in Social Choice*, Dordrecht: D. Reidel Publishing Company

Gottinger, H.W.; Leinfellner, W. (eds.) (1978): *Decision Theory and Social Ethics, Issues in Social Choice*, Dordrecht: D. Reidel Publishing Company

Gottwald, S. (1984): T-Normen und φ-Operatoren als Wahrheitswertfunktionen mehrwertiger Junktoren, in: *Proceedings of the FREGE-Conference*, Schwerin 10.-15. Sept. 1984, Berlin: Akademie Verlag: 121-128

Gottwald, S. (1986): Fuzzy set theory with t-norms and φ-Operators, in: Di Nola/Ventre (eds): 143-195

Gottwald, S. (1989): *Mehrwertige Logik*, Berlin: Akademie Verlag

Grabisch, M. (1995): Fuzzy integral in multicriteria decision making, *Fuzzy Sets and Systems* **69**: 279-298

Grabisch, M.; Murofushi, T.; Sugeno, M. (1992): Fuzzy measure of fuzzy events defined by fuzzy integrals, *Fuzzy Sets and Systems* **50**: 293-313

Gritzmann, P.; Hettich, R; Horst, R; Sachs, E. (eds.) (1992): *Operations Research 91*, Heidelberg

Gupta, M.M.; Sanchez, E. (eds.) (1982a): *Fuzzy Information and Decision Process*, New York u.a.: North Holland

Gupta, M.M.; Sanchez, E. (eds.) (1982b): *Approximate Reasoning in Decision Analysis*, Amsterdam u.a.: North Holland

Gupta, M.M.; Saridis, G.; Gaines, B.R. (eds.) (1977): *Fuzzy Automata and Decision Process*, New York u.a.: North Holland

Hall, P. (1988): *Introduction to the Theory of Coverage Processes*, New York et al.: John Wiley & Sons

Harding, E. F.; Kendall, D.G. (eds.) (1974): *Stochastic Geometry*, London et al.: John Wiley & Sons

Hardy, G.H.; Littlewood, J.E.; Pólya, G. (1934): *Inequalities*, Cambridge: At the University Press

Hamacher, H. (1978): *Über logische Aggregation nicht-binär expliziter Entscheidungskriterien*, Frankfurt: Rita G. Fischer

Hammond, P. (1983): Ex-post optimality as a dynamically consistent objective choice under uncertainty, in: Patanaik et al. (eds.): 175-205

Hanuschek, R.; Goedeke, U. (1987): Reduktion komplexer Erwartungsstrukturen in mehrstufigen Entscheidungssituationen, *Operations Research Proceedings 1986*, Berlin u.a.: Springer, 479-486

Harsanyi, J.C. (1953): Cardinal utility in welfare economics and in the Theory of risk-taking, *Journal of Political Economy* **61**: 434-5

Harsanyi, J.C. (1955): Cardinal welfare, individualistic ethics, and interpersonal comparisions of utility, *Journal of Political Economy* **63**: 309-21

Heilpern, S. (1992): The expected value of a fuzzy number, *Fuzzy Sets and Systems* **47**: 81-86

Heilpern, S. (1993): Fuzzy subsets of the space of probability measures and expected value of fuzzy variable, *Fuzzy Sets and Systems* **54**: 301-309

Hermes, H. (1991): *Einführung in die mathematische Logik*, Stuttgart: Teubner

Hirshleifer, J.; Riley, J.G. (1992): *The analytics of uncertainty and information*, Cambridge University Press

Hisdal, E. (1986): Infinite-valued logic based on two-valued logic and probability. Part 1.1. Difficulties with present-day fuzzy-set theory and their resolution in the TEE model, *International Journal of Man-Machine Studies* **25**: 89-111

Hisdal, E. (1988): Are Grades of Membership Probabilities? *Fuzzy Sets and Systems* **25**: 325-348

Holler, M.J. (1984): A Collective Choice Approach to Individual Decision Making, in: Holler (ed.): 338-344.

Holler, M.J. (ed.) (1984): *Coalitions and Collective Action*, Würzburg: Physica

Huber, P. (1973): The Use of Choquet Capacities in Statistics, *Bulletin of the International Statistical Institute* **45**: 181-188

Huber, P. (1976): Kapazitäten statt Wahrscheinlichkeiten? Gedanken zur Grundlegung der Statistik, *Jahrbuch d. Deutschen Math.-Verein* **78**: 84-92

Huber, P. (1976): Kapazitäten statt Wahrscheinlichkeiten? Gedanken zur Grundlegung der Statistik, *Jahrbuch d. Deutschen Math.-Verein* **78**: 84-92

Huber, P. (1981): *Robust Statistics*, New York et al.: John Wiley & Sons

Huber, P.; Strassen, V. (1973): Minimax Tests and the Neyman-Pearson Lemma for Capacities, in: *The Annuals of Statistics*, **I**(1): 252-263

Huschens, S. (1985): *Entscheidungen bei Unsicherheit*, Frankfurt: Rita G. Fischer

Jacob, H.; Karrenberg, R. (1977): Die Bedeutung von Wahrscheinlichkeitsintervallen für die Planung bei Unsicherheit, *Zeitschrift für Betriebswirtschaft* **47**(11): 673-696

Jain, R.A. (1976): Decision making in the presence of fuzzy variables, *IEEE Transactions on Systems Man and Cybernetics*, SMC-6: 698-703

Kacprzyk, J.; Straszak, A. (1980): Application of Fuzzy Decision-making Models for Determining Optimal Policies in "Stable" Integrated Regional Development, in: Wang et al. (eds.): 321-328

Kacprzyk, J.; Fedrizzi, M. (eds.) (1988): *Combining Fuzzy Imprecision with Probabilistic Uncertainty in Decision Making*, Dordrecht: Kluwer

Kacprzyk, J.; Fedrizzi, M. (1989): A 'Human-Consistent' Degree of Consensus Based on Fuzzy Logic with Linguistic Quantifiers, *Mathematical Social Sciences* **18**: 275-290

Kacprzyk, J.; Fedrizzi, M.; Nurmi, H. (1992): Group decision making and consensus under fuzzy preferences and fuzzy majority, *Fuzzy Sets and Systems* **49**: 21-31

Kacprzyk, J.; Orlovski, S.A. (eds.) (1987): *Optimization Models using Fuzzy Sets and Possibility Theory*, Dordrecht/Boston: Reidel

Kacprzyk, J.; Roubens, M. (eds.) (1988): *Non-Conventional Preference Relations in Decision Making*, Berlin u.a.: Springer

Kacprzyk, J.; Yager, R.R. (eds.) (1985): *Management decision support systems using fuzzy sets and possibility theory*, Köln: TÜV Rheinland

Kahneman, D,; Tversky, A. (1979): Prospect theory: An analysis of decision under risk, *Econometrica* **47**: 263-291

Kall, P.; Kohlas, J.; Popp, W.; Zehnder, C.A. (eds.) (1989): *Quantitative Methoden in den Wirtschaftswissenschaften*, Berlin u.a.: Springer

Kampé de Feriet, J. (1982): Interpretation of Membership Functions of Fuzzy Sets in Terms of Plausibility and Belief, in: Gupta/Sanchez (eds.) (1982a): 93-98

Kandel, A. (1980): Fuzzy Statistics and Policy Analysis, in: Wang et al. (eds.): 133-145

Kaufmann, A.; Gupta, M.M. (1985): *Introduction to Fuzzy Arithmetic*, New York: Van Nostrand Reinhold

Kaufmann, A.; Gupta, M.M. (1988): *Fuzzy Mathematical Models in Engineering and Management Science*, Amsterdam et al.: North-Holland

Kaufmann, A. (1975): *Introduction in the Theory of Fuzzy Subsets*, New York et al.: Academic Press

Kendall, D.G. (1974): Foundations of a Theory of Random Sets, in: Harding/Kendall (eds.): 322-376

Kern, L.; Nida-Rümelin, J. (1994): *Logik kollektiver Entscheidungen*, München/Wien: Oldenbourg

Kerre, E.E. (1982): The Use of Fuzzy Set Theory in Electrocardiological Diagnostics, in: Gupta/Sanchez (eds.) (1982b): 277-282

Klauda, D. (1965): Über einen Ansatz zur mehrwertigen Mengenlehre, *Monatsberichte der deutschen Akademie der Wissenschaft* **7**: 859-867

Klement, E.P.; Schwyhla, W. (1982): Correspondence between fuzzy measures and classical measures, *Fuzzy Sets and Systems* **7**: 57-70

Klement, E.P.; Weber, S. (1991): Generalized measures, *Fuzzy Sets and Systems* **40**: 375-394

Klir, G. (1990): A principle of uncertainty invariance, *International Journal of General Systems* **17**: 249-275

König, D.; Schmidt, V. (1992): *Zufällige Punktprozesse*, Stuttgart: Teubner

Kofler, E.; Menges, G. (1976): *Entscheidungen bei unvollständiger Information*, Berlin u.a.: Springer

Kofler, E. (1989): *Prognosen und Stabilität bei unvollständiger Information*, Fankfurt/New York: Campus

Kohlas, J. (1989): Modellierung der Ungewissheit mit unsicheren Mengen, in: Kall et al. (eds.): 109-118

Kohlas, J.; Monney, P.-A. (1995): *A Mathematical Theory of Hints*, Berlin u.a.: Springer

Koopman, B.O. (1940): The axioms and algebra of intuitive Probability, *Ann. Math.* **41**:269-292

Kopfermann, K. (1991): *Mathematische Aspekte der Wahlverfahren*, Mannheim u.a.: Bibliographisches Institut

Kreiser, L.; Gottwald, S.; Stelzner, W. (1990): *Nichtklassische Logik*, Berlin: Akademie-Verlag

Krelle, W. (1968): *Präferenz- und Entscheidungstheorie*, Tübingen: J.C.B. Mohr

Kruse, R. (1982): Short Communication on the Construction of Fuzzy Measures, *Fuzzy Sets and Systems* **8**: 323-327

Kruse, R. (1987): *Statistics with vage Data*, Dordrecht/Boston: Reidel

Kruse, R.; Gebhardt, J.; Klawonn, F. (1993): *Fuzzy-Systeme*, Stuttgart: Teubner.

Kruse, R.; Siegel, P. (eds.) (1991): *Symbolic and Quantitative Approaches to Uncertainty*, Berlin u.a.: Springer

Kuratowski, K.; Ryll-Nardzewski, C. (1965): A General Theory of Selectors, *Bulletin of Polish Academy os Sciencies* **13**: 197-403

Kuz'min, V.B.; Ovchinnikov, S.V. (1980a): Group Decisions I: In Arbitrary Spaces of Fuzzy Binary Relations, *Fuzzy Sets and Systems* **4**: 53-62

Kuz'min, V.B.; Ovchinnikov, S.V. (1980b): Design of Group Decisions II: In Spaces of Partial Order Fuzzy Relations, *Fuzzy Sets and Systems* **4**: 153-165

Lambert, J.M. (1992): The fuzzy set membership problem using the hierarchy decision method, *Fuzzy Sets and Systems* **48**: 323-330

Laux, H. (1991): *Entscheidungstheorie I*, 2. Aufl., Berlin u.a.: Springer

Lee, K.-M.; Cho, C.-H.; Lee-Kwang, H. (1994): Raking fuzzy values with satisfaction function, *Fuzzy Sets and Systems* **64**: 295-309

Lee, E.S.; Li, R.-J. (1988): Comparison of Fuzzy Numbers based on the Probability Measure of Fuzzy Events, *Computer and Mathematics with Applications*, **15**(10): 887-896

Levi, I. (1985): Imprecision and indeterminancy in probability judgement, *Philosophical Science* **52**: 390-402

Lindley, D.V.; Tversky, A.; Brown, R.V. (1979): On the reconciliation of probability assessments, *Journal of Royal Statistical Society*, Series A, **142**: 146-180

Ling, C.H. (1965): Representation of associative functions, *Publicationes Mathematicae* **12**: 189-212

Loomes, G.; Sudgen, R. (1982): Regret Theory: an Alternative Theory of Rational Choice under Uncertainty, *The Economic Jounal*, 805-824

Lütz, R. (1995): *Poverty Measurement: An Approach Based upon the Theory of Fuzzy Sets*, Dissertation, Universität Kiel

Lukasiewicz, J. (1913): *Die logischen Grundlagen der Wahrscheinlichkeitsrechnung*, Krakow, (Engl. Übersetzung in 1970)

Lukasiewicz, J. (1920): O logice trójwartosciowej, *Ruch Filozoficzny* **5**: 170-171, (Engl. Übersetzung in 1970)

Lukasiewicz, J. (1930): Philosophische Bemerkungen zu mehrwertigen Systemen des Aussagenkalküls, *Comptes Rendus Séances Société des Sciences et Lettres Varsovic*, cl. III, **23**: 51-77

Mabuchi, S. (1988): An approach to the comparison of fuzzy subsets with an α-cut dependent index, *IEEE Transactions on Systems Man and Cybernetics*, SCM-18(2): 264-272

Mabuchi, S. (1992): An interpretation of membership functions and the properties of general probabilistic operators as fuzzy set operators - Part I: Case of type 1 fuzzy sets, *Fuzzy Sets and Systems* **49**: 271-283

Macmillan, W.D. (1984): Multiple Objective Economic Control Problems and Fuzzy Systems Analysis, in: Despontin et al. (eds.): 239-262

Marschak, J. (1959): Binary Choice Constraints and Random Utility Indicators, in: Arrow et al. (eds.)

Matheron, G. (1975): *Random Sets and Integral Geometry*, New York et al.: John Wiley & Sons

Mathieu-Nicot, B. (1986): Fuzzy expected Utility, *Fuzzy Sets and Systems* **20**:163-173

Mathieu-Nicot, B. (1990): Determination and Interpretation of the Fuzzy Utility of an Act in an Uncertain Environment, in: Kacprzyk/Fedrizzi (eds.): 90-97

Mazzoleni, P. (1990): Consensus Measures for Qualitative Order Relations, in: Kacprzyk/Fedrizzi (eds.): 219-230

Menger, K. (1942): Statistical Metrics, *Proceedings of the National Academy of Sciences* **28**: 178-180

Menges, G. (1969): *Grundmodelle wirtschaftlicher Entscheidungen*, Köln/Opladen: Westdeutscher Verlag

Menges, G. (1981): Weiche Modellbildung in der Statistik, in: Menges et al. (eds.): 3-14

Menges, G.; Kofler, E. (1976): Linear Partial Information as Fuzziness, in: Bossel et al. (eds): 307-322

Menges, G.; Schelbert, H.; Zweifel, P. (eds.) (1981): *Stochastische Unschärfe in den Wirtschaftswissenschaften*, Frankfurt: Haag+Herchen

Mizumoto, M. (1989): Pictorial Representaions of Fuzzy Connectives, Part I: Cases of t-Nors, t-Conorms and Averaging Operatos, *Fuzzy Sets and Systems* **31**: 217-242

Montero, J. (1990): Single-Peakedness in Weighted Aggregation of Fuzzy Opinions in a Fuzzy Group, in: Kacprzyk/Fefrizzi (eds.): 163-171

Montero, J. (1994): Rational aggregation rules, *Fuzzy Sets and Systems* **62**: 267-276

Moore, R.E. (1969): *Intervallanalyse*, München/Wien: Oldenbourg

Mueller, D.C. (1989): Probabilistic Majority Rule, in: *KYKLOS*, **42**(2): 151-170

Munier, B.R. (ed.) (1988): *Risk, Decision and Rationality*, Dordrecht/Boston: Reidel

Murakami, S.; Maeda, S.; Imamura, S. (1983): Fuzzy Decision Analysis on the Development of Centralized Regional Energy Control System, *IFAC Symposium on Fuzzy Information, Knowledge Representation and Decision Analysis*: 363-368

Murofushi, T.; Sugeno, M. (1989): An interpretation of fuzzy measures and the Choquet integral as an integral with respect to a fuzzy measure, *Fuzzy Sets and Systems* **29**: 201-227

Murofushi, T.; Sugeno, M. (1991a): A Theory of Fuzzy Measures: Representations, the Choquet Integral and Null Sets, *Journal of Mathematical Analysis and Applications* **159**: 543-549

Murofushi, T.; Sugeno, M. (1991b): Fuzzy t-nconorm integral with respect to fuzzy measures: Generalization of Sugeno integral and Choquet integral, *Fuzzy Sets and Systems* **42**: 57-71

Murofushi, T.; Sugeno, M.; Machida, M. (1994): Non-monotonic fuzzy measures and the Choquet integral, *Fuzzy Sets and Systems* **64**: 73-86

Nagel, E.; Suppes, P.; Tarski, A. (eds.) (1962): *Logic, methodology and philosophy of sciences*, Stanford, CA: Stanford University Press

Nakamura, K. (1986): Preference relations on a set of fuzzy utilities as a basis for decision making, *Fuzzy Sets and Systems* **20**(2): 147-162

Nakamura, Y. (1990): Subjective Expected Utility with Non-additive Probabilities on Finite State Spaces, *Journal of Economic Theory* **51**: 346-366

Näther, W. (1991): Sugeno's λ-fuzzy measures as hit-or-miss probabilities of Poisson point processes, *Fuzzy Sets and Systems* **43**: 251-254

Niemi, R.G.; Weisberg, H.F. (1972): *Probability models of collective decision making*, Columbus/Ohio

Nguyen, H.T. (1978): On Random Sets and Belief Functions, *Journal of Mathematical Analysis and Applications* **65**: 531-542

Nguyen, H.T. (1984): On Modeling of Linguistic Information Using Random Sets, *Information Sciences* **34**: 265-274

Norberg, T. (1984): Convergence and Existence of Random Set Distributions, *The Annals of Probability* **17**(3): 726-732

Novák, V. (1986): *Fuzzy Sets and Their Applications*, Bristol/Philadelphia: Adam Hilger

Nurmi, H. (1981): Approaches to Collective Decision Making with Fuzzy Preference Relations, in: *Fuzzy Sets an Systems* **6**: 249-259

Nurmi, H.; Fedrizzi, M.; Kacprzyk, J. (1990): Vague Notions in the Theory of Voting, in: Kacprzyk/Fedrizzi (eds.): 43-52

Ok, E.A. (1994): On the approximation of fuzzy preferences by exact relations, *Fuzzy Sets and Systems* **67**: 173-179

Ok, E.A. (1995): Fuzzy measurement of income inequality: a class of fuzzy inequality measures, in: *Social Choice and Welfare* **12**: 111-136

Orlovsky, S.A. (1978): Decision-Making with a Fuzzy Preference Relation, *Fuzzy Sets and Systems* **1**: 155-167

Ovchinnikov, S. (1981): Structure of Fuzzy Binary Relations, *Fuzzy Sets and Systems* **6**: 169-195

Ovchinnikov, S. (1982): Choice Theory for Cardinal Scales, in: Gupta/Sanchez (eds.) (1982a): 323-336

Ovchinnikov, S. (1987): Preference and Choice in a Fuzzy Environment, in: Kacprzyk/Orlovski (eds.): 91-109

Ovchinnikov, S. (1988): On Ordering Fuzzy Numbers, in: Bouchon et al. (eds.): 79-86

Ovchinnikov, S. (1990): Means and Social Welfare Function in Fuzzy Binary Relation Spaces, in: Kacprzyk/Fedrizzi (eds.): 143-154 oder: Social choice and Lukasiewicz Logic, in: *Fuzzy Sets and Systems* **43** (1991): 275-289

Ovchinnikov, S. (1991): On Modelling Fuzzy Preference Relations, in: Bouchon-Meunier et al. (eds.): 154-164

Ovchinnikov, S.; Roubens, M. (1991): On strict preference relations, *Fuzzy Sets and Systems* **43**: 319-326

Pearl, J. (1988): *Probabilistic Reasoning in Intelligent Systems*, 2. ed., San Mateo: Morgan Kaufmann

Pedrycz, W. (1993a): *Fuzzy Control and Fuzzy Systems*, Taunton/England:Research Studies Press, New York u.a.: John Wiley & Sons Ltd.

Pedrycz, W. (1993b): s-t Fuzzy relational equations, in: *Fuzzy Sets and Systems* **59**: 189-195

Ponsard, C. (1985): Fuzzy Sets in Economics, in: Kacprzyk/Yager (eds.): 25-37

Ponsard, C. (1986): Spatial fuzzy consumer's decision making: A multicriteria analysis, *European Journal of Operational Research* **25**: 235-246

Ponsard, C.; Fustier, B. (eds.) (1986): *Fuzzy Economics and Spatial Analysis*, Dijon: Librairie de l'Université

Ponsard, C. (1990): Some dissenting views an the transitivity of individual preference, *Ann. Oper. Res.* **23**: 279-288

Puri, M.L.; Ralescu, D.A. (1986): Fuzzy Random Variables, *Journal of Mathematical Analysis and Applications* **114**: 409-422

Puri, M.L.; Ralescu, D.A. (1982): A Possibility Measure is not a Fuzzy Measure, *Fuzzy Sets and Systems* **7**: 311-313

Quiggin, J. (1982): A Theory of Anticipated Utility, *Journal of Economic Behavior and Organizations* **3**: 323-343

Quinio, P. (1991): Mathematical Connections between the Probability, Fuzzy Set, Possibility and Dempster-Shafer Theories, *ATR technical report*, TR-A-0112

Quinio, P.; Matsuyama, T. (1991): Random Closed Sets: a Unified Approach to the Representation of Imprecision and Uncertainty, in: Kruse/Siegel (eds.): 282-286

Ramakrishnan, R.; Rao, C. J.M. (1992): The fuzzy weighted additive rule, *Fuzzy Sets and Systems* **46**: 177-187

Rawls, J. (1971): *A Theory of Justice*, Oxford: University Press

Reinhardt, F.; Soeder, H. (1990): *dtv-Atlas zur Mathematik: Analysis und angewandte Mathematik*, Band 2, 7. Aufl., München: Deutscher Taschenbuchverlag

Rinne, H. (1995): *Taschenbuch der Statistik*, Thun/Frankfurt: Harri Deutsch

Rommelfanger, H. (1984): Entscheidungsmodelle mit Fuzzy-Nutzen, *Operations Research Proceedings 1983*: 559-567

Rommelfanger, H. (1986): Vergleich unscharfer Mengen über dem gleichen Entscheidungsraum, *Operations Research Proceedings 1985*: 421-428

Rommelfanger, H. (1988): *Entscheiden bei Unschärfe*, Berlin u.a.: Springer

Rommelfanger, H.; Unterharnscheidt, D. (1988): Modelle zur Aggregation von Bonitätskriterien, *Zeitschrift für betriebswirtschaftliche Forschung* **40**(6): 471-503

Roubens, M. (1989): Some properties of choice functions based on valued binary relations, *European Journal of Operations Research* **40**: 309-321

Roubens, M.; Vincke, P. (1987): Fuzzy Preferences in an Optimization Perspective, in: Kacprzyk/Orlovski (eds.): 77-90

Saade, J.J.; Schwarzlander, H. (1992): Ordering fuzzy sets over the real line: An approach based on decision making under uncertainty, *Fuzzy Sets and Systems* **50**: 237-246

Sales, T, (1982): Fuzzy Sets as Set Classes, *Stochastica* **6**: 249-264

Sauermann, H.; Selten, R. (1962): Anspruchsanpassungstheorie der Unternehmung, *Zeitschrift für die gesamte Staatswissenschaft* **118**: 577-597

Schelbert, H. (1981): Lineare Partielle Information und wirtschaftliche Entscheidungen, in: Menges et al. (eds.): 40-59

Schmeidler, D. (1989): Subjective Probability and Expected Utility without Additivity, *Econometrica* **57**(3): 571-587

Schneeweiß, H. (1967): *Entscheidungskriterien bei Risiko*, Berlin u.a.: Springer

Schweizer, B.; Sklar, A. (1960): Statistical Metric Spaces, *Pacific Journal of Mathematics* **10**: 313-334

Schweizer, B.; Sklar, A. (1961): Associative functions and statistical triangle inequalities, *Publicationes Mathematicae Debrecen* **8**: 169-186

Schweizer, B.; Sklar, A. (1963): Associative functions and abstract semigroups, *Publicationes Mathematicae Debrecen* **10**: 69-81

Sen, A.K. (1971): Choice Functions and Revealed Preference, *Review of Economic Studies* **38**: 307-317

Sen, A.K. (1979): *Collective Choice and Social Welfare*, 3rd ed., Amsterdam et al.: North-Holland

Sen, A.K. (1992): *Inequality Reexamined*, New York et al.: Russell Sage Foundation

Shackle, G.L.S. (1953): *Expectations in Economics*, Cambridge: Cambridge University Press

Shackle, G.L.S. (1961): *Decision, Order and Time in Human Affairs*, London/New York: Cambridge University Press

Shafer, G. (1976): *Mathematical Theory of Evidence*, Princeton New Jersey: Princeton University Press

Shafer, G. (1978): Non-additive Probabilities in the Work of Bernoulli and Lambert, *Archive for History of Exact Sciences* **79**: 309-370

Shepsle, K.A. (1972): The Paradox of Voting and Uncertainty, in: Niemi/Weisberg (eds.): 252-270

Silvert, W. (1979): Symmetric summation a class of operations on fuzzy sets, *IEEE Transactions on Systems Man and Cybernetics*, SMC-9: 657-659

Sinn, H.-W. (1980): *Ökonomische Entscheidungen bei Ungewissheit*, Tübingen: J.C.B. Mohr

Smith, C.A.B. (1961): Consistency in Statistical Inference and Decision, *Journal of Royal Statistical Society*, Series B, **23**: 1-25

Sommer, G. (1980): *Bayes-Entscheidungen bei unscharfer Problembeschreibung*, Frankfurt u.a.: Peter Lang

Spies, M. (1993): *Unsicheres Wissen*, Heidelberg u.a.: Spektrum Akademischer Verlag

Strassen, V. (1964): Meßfehler und Information, *Zeitschrift für Wahrscheinlichkeitstheorie* **2**: 273-305

Stoyan, D.; Stoyan, H. (1992): *Fraktale, Formen, Punktfelder - Methoden der Geometrie-Statistik*, Berlin: Akademie Verlag

Stoyan, D.; Kendall, W.S.; Mecke, J. (1987): *Stochastic Geometry and Its Applications*, Chichester et al.: John Wiley & Sons

Sudkamp, T. (1992): On probabilty-possibility transformations, *Fuzzy Sets and Systems* **51**: 73-81

Sugeno, M. (1974): *Theory of Fuzzy Integral and Its Applications*, Ph.D Thesis, Tokyo Institute of Technology

Sugeno, M. (1977): Fuzzy Measures and Fuzzy Integrals - A Survey, in: Gupta et al. (eds.): 89-102

Switalski, Z. (1988): Choice Functions Associated with Fuzzy Preference Relations, in: Kacprzyk/ Roubens (eds.): 106-188

Tan, S.K.; Wang, P.; Lee, E.S. (1993): Fuzzy Set Operations Based on the Theory of Falling Shadows, *Journal of Mathematical Analysis and Applications* **174**: 242-255

Tan, S.K.; Wang, P.; Zhang, X.Z. (1993): Fuzzy inference relation based on the theory of falling shadows, *Fuzzy Sets and Systems* **53**: 178-188

Tanaka, H.; Okuda, T.; Asai, K. (1976): A Formulation of Fuzzy Decision Problems and its Application to an Investment Problem, *Kybernetes* **5**: 25-30

Tanino, T. (1988): Fuzzy Preference Relations in Group Decision Making, in: Kacprzyk/Roubens (eds.): 54-71

Terano, T.; Asai, K.; Sugeno, M. (1992): *Fuzzy Systems Theory and its Applications*, Boston et al.: Academic Press

Thrall, R.M.; Coombs, C.H.; Davis, R.L. (eds.) (1954): *Decision processes*, New York/London

Thurstone, L.L. (1927): The Method of paired Comparisions for Social Values, *Journal of Abnormal and Social Psychology*, **XXI**: 384-408

Tintner, G. (1941): The pure theory of production under technological risk and uncertainty, *Econometrica* **9**: 305-312

Trillas, E. (1979): Sobre functiones de negation en la teoria de conjunctos difusos, *Stochastica* **III**(1): 47-60

Trockel, W. (1991): Über Informationsprobleme bei der Implementierung von Mechanismen, in: *Zeitschrift für Wirtschafts- u. Sozialwissenschaften* **111**: 207-226

Tsukamoto, Y.; Nikiforuk, P.N.; Gupta, M.M (1983): On the comparison of fuzzy sets using fuzzy chopping, in: Akashi (ed.): 46-51

Turksen, I.B. (1991): Measurement of membership functions and their aquisition, *Fuzzy Sets and Systems* **40**: 5-38

Wakker, P. (1989): *Additive Representations of Preferences - A New Foundation of Decision Analysis*, Dordrecht et al.: Kluwer

Wakker, P. (1990): A behavioral foundation for fuzzy measures, *Fuzzy Sets and Systems* **37**: 327-350

Wakker, P. (1991): Additive Representations on Rank-Ordered Sets - I. The Algebraic Approach, *Journal of Mathematical Psychology* **35**: 501-531

Wald, A. (1943): On Statistical Generalizations of Metric Systems, *Proceedings of the National Academy of Sciences* **29**: 196-197

Walley, P. (1991): *Statistical Reasoning with Imprecise Probabilities*, London u.a.: Chapman and Hall

Walley, P.; Fine, T.L. (1982): Towards a Frequentist Theory of Upper and Lower Probability, *The Annals of Statistics* **10**(3): 741-761

Wang, P. (1983): From the Fuzzy Statistics to the Falling Random Subsets, in: Wang (ed.): 81-96

Wang, P. (1987): Random Sets in Fuzzy Set Theory, *Systems & Control Enzyclopedia*, Bd. 6, New York: 3945-3947

Wang, P. (1991): Fuzziness vs. randomness, Falling shadow theory, *BUSEFAL* **48**: 64-73

Wang, P.; Sanchez, E. (1982): Treating a Fuzzy Subset as a Projectable Random Subset, in: Gupta/Sanchez (eds.) (1982a): 213-219

Wang, P.P. (ed.) (1983): *Advances in Fuzzy Sets, Possibility Theory and Applications*, New York, London: Plenum Press

Wang, P.P.; Chang, S.K. (eds.) (1980): *Fuzzy Sets - Theory and Applications to Policy Analysis and Information Systems*, New York, London: Plenum Press

Wang, Z.; Klir, G.J. (1992): *Fuzzy Measure Theory*, New York/London: Plenum

Watson, S.R.; Weiss, J.J.; Donnell, M.L. (1979): Fuzzy Decision Analysis, *IEEE Transactions on Systems Man and Cybernetics*, SMC-9: 1-9

Weatherford, R. (1982): *Philosophical Foundations of Probability Theory*, London: Routledge & Kegan Paul

Weber, S. (1983): A General Concept of Fuzzy Connectives, Negations and Implications Based on t-Norms and t-Conorms, *Fuzzy Sets and Systems* **11**: 115-134

Weber, S. (1984a): Measures of fuzzy sets and measures of fuzziness, *Fuzzy Sets and Systems* **13**: 247-271

Weber, S. (1984b): $\perp$-Decomposable Measures and Integrals for Archimedean t-Conorms, *Journal of Mathematical Analysis and Applications* **101**: 114-138

Weber, S. (1991): Uncertainty measures, decomposability and admissibility, *Fuzzy Sets and Systems* **40**: 395-405

Weil, W.; Wieacker, J.A. (1984): Densities for Stationary Random Sets and Point processes, *Adv. Appl. Prob.* **16**: 324-348

Weil, W.; Wieacker, J.A. (1988): A Representation Theorem for Random Sets, *Probability and Mathematical Statistics* **9.1**: 147-151

Wenxiu, H.; Lushu, L. (1992): The g_λ-measures and conditional g_λ-measures on measurable spaces, *Fuzzy Sets and Systems* **46**: 211-219

Whalen, T. (1984): Decision Making Under Uncertainty with Various Assumptions about Available Information, *IEEE Transactions on Systems Man and Cybernetics*, SMC-14: 888-900

Willner, D. (ed.) (1960): *Decisions, Values and Groups*, Vol. I, New York: Pergamon Press

Wonneberger, S. (1994): Generalization of an invertible mapping between probability and possibility, *Fuzzy Sets and Systems* **64**:229-240

Yaari, M.E. (1987): The Dual Theory of Choice under Risk, *Econometrica* **55**: 95-115

Yager, R.R. (1979): Possibilistic Decisions, *IEEE Transactions on Systems Man and Cybernetics*, SMC-9: 338-342

Yager, R.R. (1980a): On a general class of fuzzy connectives, *Fuzzy Sets and Systems* **4**: 235-242

Yager, R.R. (1980b): On choosing between fuzzy subsets, *Kybernetics* **9**: 151-154

Yager, R.R. (1981): A procedure for ordering fuzzy subsets, *Information Sciences* **24**: 143-151

Yager, R.R. (ed.) (1982): *Fuzzy Set and Possibility Theory*, New Yoprk et al.: Pergamon Press

Yager, R.R. (1987): Optimal Alternative Selection in the Face of Evidental Knowledge, in: Kacprzyk/Orlovski (eds.): 123-140

Zadeh, L.A. (1965): Fuzzy Sets, *Information and Control* **8**: 338-353

Zadeh, L.A. (1968): Probability Measures of Fuzzy Events, *Journal of Mathematical Analysis and Applications* **23**: 421-427

Zadeh, L.A. (1971): Similarity Relations and Fuzzy Orderings, *Information Sciences* **3**: 177-200

Zadeh, L.A. (1972): A Fuzzy-Set-Theoretic Interpretation of Linguistic Hedges, *Journal of Cybernetics* **2**: 4-34

Zadeh, L.A. (1978): Fuzzy-Sets as a Basis for a Theory of Possibility, *Fuzzy Sets and Systems* **1**: 3-28

Zahariev, S. (1990): Group Decision Making with Fuzzy and Non-Fuzzy Evaluations, in: Kacprzyk/Fedrizzi (eds.): 186-197

Zellner, A. (1971): *An Introduction to Bayesian Inference in Econometrics*, New York et al.: John Wiley & Sons

Zimmermann, A.J.; Zweifel, P.; Kofler, E. (1985): Application of the Linear Partial Information Model to Forecasting the Swiss Timber Market, *Journal of Forecasting* **4**: 387-398

Zimmermann, H.-J. (1987): *Fuzzy sets, decision making and expert systems*, Boston et al.: Kluwer

Zimmermann, H.-J. (1991): *Fuzzy Set Theory - and its Applications*, 2nd ed., Boston et al.: Kluwer

Zimmermann, H.-J. (1993): Fuzzy Technologien: Prinzipien, Werkzeuge, Potentiale, VDI: Düsseldorf

Zimmermann, H.-J.; Zadeh, L.A.; Gaines, B.R. (eds.) (1984): *Fuzzy Sets and Decision Analysis*, Amsterdam et al.: North-Holland

Zweifel, P. (1981): Risikoeinschätzung mit Hilfe der LPI-Analyse: Der Fall der Atomenergie, in: Menges et al. (eds.): 17-39

Wirtschaftswissenschaftliche Beiträge

Band 142: Ph. C. Rother, Geldnachfragetheoretische Implikationen der Europäischen Währungsunion, 1997. ISBN 3-7908-1014-2

Band 143: E. Steurer, Ökonometrische Methoden und maschinelle Lernverfahren zur Wechselkursprognose, 1997. ISBN 3-7908-1016-9

Band 144: A. Groebel, Strukturelle Entwicklungsmuster in Markt- und Planwirtschaften, 1997. ISBN 3-7908-1017-7

Band 145: Th. Trauth, Innovation und Außenhandel, 1997. ISBN 3-7908-1019-3

Band 146: E. Lübke, Ersparnis und wirtschaftliche Entwicklung bei alternder Bevölkerung, 1997. ISBN 3-7908-1022-3

Band 147: F. Deser, Chaos und Ordnung im Unternehmen, 1997. ISBN 3-7908-1023-1

Band 148: J. Henkel, Standorte, Nachfrageexternalitäten und Preisankündigungen, 1997. ISBN 3-7908-1029-0

Band 149: R. Fenge, Effizienz der Alterssicherung, 1997. ISBN 3-7908-1036-3

Band 150: C. Graack, Telekommunikationswirtschaft in der Europäischen Union, 1997. ISBN 3-7908-1037-1

Band 151: C. Muth, Währungsdesintegration – Das Ende von Währungsunionen, 1997. ISBN 3-7908-1039-8

Band 152: H. Schmidt, Konvergenz wachsender Volkswirtschaften, 1997. ISBN 3-7908-1055-X

Band 153: R. Meyer, Hierarchische Produktionsplanung für die marktorientierte Serienfertigung, 1997. ISBN 3-7908-1058-4

Band 154: K. Wesche, Die Geldnachfrage in Europa, 1998. ISBN 3-7908-1059-2

Band 155: V. Meier, Theorie der Pflegeversicherung, 1998. ISBN 3-7908-1065-7

Band 156: J. Volkert, Existenzsicherung in der marktwirtschaftlichen Demokratie, 1998. ISBN 3-7908-1060-6

Band 157: Ch. Rieck, Märkte, Preise und Koordinationsspiele, 1998. ISBN 3-7908-1066-5

Band 158: Th. Bauer, Arbeitsmarkteffekte der Migration und Einwanderungspolitik, 1998. ISBN 3-7908-1071-1

Band 159: D. Klapper, Die Analyse von Wettbewerbsbeziehungen mit Scannerdaten, 1998. ISBN 3-7908-1072-X

Band 160: M. Bräuninger, Rentenversicherung und Kapitalbildung, 1998. ISBN 3-7908-1077-0

Band 161: S. Monissen, Monetäre Transmissionsmechanismen in realen Konjunkturmodellen, 1998. ISBN 3-7908-1082-7

Band 162: Th. Kötter, Entwicklung statistischer Software, 1998. ISBN 3-7908-1095-9

Band 163: C. Mazzoni, Die Integration der Schweizer Finanzmärkte, 1998. ISBN 3-7908-1099-1

Band 164: J. Schmude (Hrsg.) Neue Unternehmen in Ostdeutschland, 1998. ISBN 3-7908-1109-2

Band 165: A. Rudolph, Prognoseverfahren in der Praxis, 1998. ISBN 3-7908-1117-3

Band 166: J. Weidmann, Geldpolitik und europäische Währungsintegration, 1998. ISBN 3-7908-1126-2

Band 167: A. Drost, Politökonomische Theorie der Alterssicherung, 1998. ISBN 3-7908-1139-4

Band 168: J. Peters, Technologische Spillovers zwischen Zulieferer und Abnehmer, 1999. ISBN 3-7908-1151-3

Band 169: P.J.J. Welfens, K. Gloede, H.G. Strohe, D. Wagner (Hrsg.) Systemtransformation in Deutschland und Rußland, 1999. ISBN 3-7908-1157-2

Band 170: Th. Langer, Alternative Entscheidungskonzepte in der Banktheorie, 1999. ISBN 3-7908-1186-6

Band 171: H. Singer, Finanzmarktökonomie, 1999. ISBN 3-7908-1204-8

Band 172: P.J.J. Welfens, C. Graack (Hrsg.) Technologieorientierte Unternehmensgründungen und Mittelstandspolitik in Europa, 1999. ISBN 3-7908-1211-0

Band 173: T. Pitz, Recycling aus produktionstheoretischer Sicht, 2000. ISBN 3-7908-1267-6

Band 174: G. Bol, G. Nakhaeizadeh, K.-H. Vollmer (Hrsg.) Datamining und Computational Finance, 2000. ISBN 3-7908-1284-6

Band 175: D. Nautz, Die Geldmarktsteuerung der Europäischen Zentralbank und das Geldangebot der Banken, 2000. ISBN 3-7908-1296-X

Band 176: G. Buttler, H. Herrmann, W. Scheffler, K.-I. Voigt (Hrsg.) Existenzgründung, 2000. ISBN 3-7908-1312-5

Band 177: B. Hempelmann, Optimales Franchising, 2000. ISBN 3-7908-1316-8

Band 178: R.F. Pelzel, Deregulierte Telekommunikationsmärkte, 2001. ISBN 3-7908-1331-1

MIX
Papier aus verantwortungsvollen Quellen
Paper from responsible sources
FSC® C105338

If you have any concerns about our products,
you can contact us on
ProductSafety@springernature.com

In case Publisher is established outside the EU,
the EU authorized representative is:
**Springer Nature Customer Service Center GmbH
Europaplatz 3, 69115 Heidelberg, Germany**

Printed by Libri Plureos GmbH
in Hamburg, Germany